天下文化

BELIEVE IN READING

NOISE

A Flaw in Human Judgment

雜訊

人類判斷的缺陷

丹尼爾・康納曼 DANIEL KAHNEMAN
奧利維・席波尼 OLIVIER SIBONY
凱斯・桑思汀 CASS R. SUNSTEIN 著

廖月娟、周宜芳 譯

獻給Noga、Ori和Gili

——丹尼爾・康納曼

獻給Fantin和Lelia

——奧利維・席波尼

獻給Samantha

——凱斯・桑思汀

目錄

各界好評

《雜訊》是我這十幾年來讀過的書當中最重要的一本。作者提出全新的想法。這想法極爲重要，你恨不得馬上付諸實踐。眞是傑作！

《恆毅力》（*Grit*）作者

安琪拉・達克沃斯（**Angela Duckworth**）

行爲科學書籍的四個黃金標準是：見解新穎、證據嚴謹、文筆洗練、能實際應用。很少有一本書能達到兩個標準，但《雜訊》四者皆具，有如打出全壘打一般。準備好面對這三位思想翹楚提供的閱讀震撼，讓他們幫助你重新思索如何評估別人、做決定和解決問題。

《給予》（*Giving*）作者

亞當・格蘭特（**Adam Grant**）

《雜訊》是對大眾看不到的龐大社會問題進行非常精彩的調查。

《蘋果橘子經濟學》（*Freakonomics*）共同作者
史蒂芬．李維特（**Steven Levitt**）

在《雜訊》中，三位作者以獨特、新穎的角度，切入人類在各個領域的判斷問題：從《魔球》（*Moneyball*）教練到中央銀行總裁、軍事指揮官，乃至國家元首。《雜訊》是一項偉大的成就，是心理學領域的里程碑。

《超級預測》（*Superforecasting*）作者
菲利普．泰特洛克（**Philip E. Tetlock**）

《快思慢想》、《推出你的影響力》和《雜訊》這三本書合起來就是一套經典的決策三部曲。這三本書教導所有領導人必要的知識來改善自己的決策，而且更重要的是，如何改進組織內的決策。《雜訊》揭示改進決策的重要標竿，而現有的行爲經濟學文獻大都沒有達到這個標竿。建議你趕快閱讀《雜訊》，以免組織裡有更多決策被雜訊破壞。

《覺察力》（*The Power of Noticing*）作者
麥斯．貝澤曼（**Max H. Bazerman**）

《雜訊》的影響力令人震撼，這本書探討人類判斷中一個很根本、但被嚴重低估的危險。作者更傳授減少雜訊的可行之道，你一定要深入閱讀。

《影響力》(*Influence*) 作者
羅伯特·席爾迪尼（**Robert Cialdini**）

選擇很重要。不幸的是，我們做的很多選擇都因爲雜訊而出現根本性的缺陷。因此，這本探討雜訊的書非常重要。本書以深入的研究作爲基礎，思想深刻卻不會艱澀，讓人得以心領神會。我帶著好奇心開始閱讀，讀完時心中充滿無限欣喜。我們終於知道如何在商業、政治和個人生活做出更好的決策。本書就是爲我們照亮前路的明燈。

《瞬時競爭優勢》(*The End of Competitive Advantage*) 作者
莉塔·麥奎斯（**Rita McGrath**）

眞是精采！《雜訊》深入探討人類判斷當中一個常被忽視的錯誤來源：隨機性。現在，雜訊的故事終於也得以像認知偏誤的故事那樣吸引人。康納曼、席波尼和桑思汀把躲在暗處的雜訊揪出來，讓我們看看雜訊的破壞性，了解爲什麼我們應該正視人類判斷中的隨機變異，就像注意偏誤的問題那樣費心。作者也提供實用的解決之道，教我們減少判斷中的雜訊（以及偏誤）。

《高勝算決策》(*Thinking in Bets*) 作者
安妮·杜克（**Annie Duke**）

關於這個地球，科學家已經研究得相當透徹，不可能發現一種未知、像大象那麼大的哺乳動物。決策研究的領域也是如此，然而康納曼、席波尼和桑思汀真的找出像大象一樣龐大的問題，那就是雜訊。作者告訴我們，為何雜訊是個大問題，為什麼雜訊比我們想的要來得多，以及如何減少雜訊。如果能照他們的建議去做，企業會有更高的獲利、人民能更健康、法律體系能更公平，我們也可以過著更快樂的生活。

紐約大學史登商學院（**NYU Stern School of Business**）

強納森·海特（**Jonathan Haidt**）

繁體中文版序

每個人都可以有更好的判斷

能把這本書獻給繁體中文版讀者，我們既榮幸又感激。我們的焦點是人類判斷：判斷如何會出錯，以及如何能變得更好。這是潛藏於所有人類經驗底層的問題，不管是在醫學、法律、公共政策、商業或是日常生活領域。

過去幾十年，已經有很多人注意到偏誤的問題。人類判斷令人驚異，而且人類心靈締造很多了不起的成就。但在某些情況之下，偏誤會造成系統性的誤差。如果人過於樂觀，就會出現偏誤。同樣的，若是太重視短期，就會忽略長期（這就是「現時偏誤」）。很多人會顯現樂觀偏誤和現時偏誤，雖然這樣的偏誤可能是有用的（如果你很樂觀，也許會比較願意勇於嘗試），但這也可能造成嚴重錯誤，因此產生大問題。

在這裡我們可以談到很多與偏誤有關的事情，以及如何減少偏誤帶來的有害影響，但我們的主題是雜訊。我們把雜訊定義爲我們不樂見的判斷變異。如果一位醫師說，病人的心臟有問題，不過另一位醫師說，病人只是壓力大，這時就有雜訊了。若是一位安檢人員說，某個工作場所安全無虞，但另一位安檢人員卻說那個工作場所很危險，顯然這就是雜訊。

從很多方面來看，雜訊是個未知的國度，一個尚未被發現的世界。這是一個嚴重的問題，世人卻視若無睹。雜訊會造成嚴重的不公平，在某些情況下，應該被視爲一種暴行，甚至是一種醜聞。而且在很多情況下，雜訊會付出高昂的成本，企業、員工、消費者、投資人及其他許多人也會受到傷害。

不過，我們也有一個好消息要告訴各位。在世界各地，都能利用很多方法來減少雜訊，從而降低成本，並提高公平性，不管你住在哪裡，或是用何種語言閱讀這些文字，都是如此。

序言

人類判斷的兩種錯誤

想像有一群朋友一起去射擊場打靶。他們分成四隊，每一隊有五人；同一隊的人共用一支步槍，每人發射一槍。圖1顯示各隊的結果。

圖1：四個隊伍

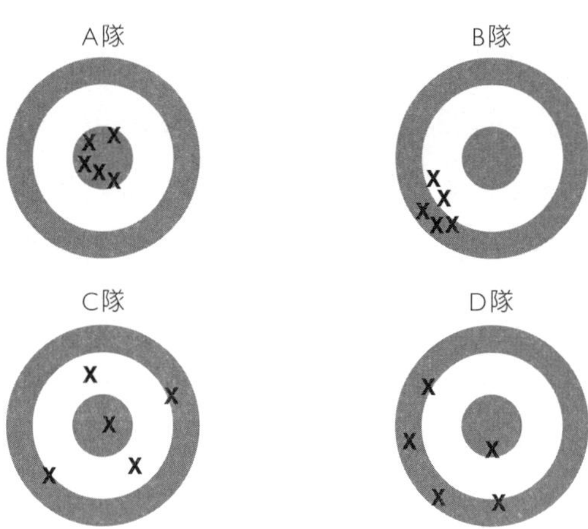

在最理想的情況下，每一槍都應該正中靶心。

A隊是最接近理想的一隊。這一隊的彈著點都落在靶心上，而且聚集在一起，幾乎是一個完美的模式。

B隊則有**偏誤**（biased），因爲這五發都沒射中靶心，而且都偏到同一個角落。如圖所示，我們可以從這種偏誤的一致性得到這樣的預測：如果這個團隊中有人再射擊一次，也會跟前五槍一樣落在同一個角落。這種偏誤一致性也許有原因可循：該隊的步槍瞄準器可能歪掉了？

我們認爲C隊有**雜訊**（noisy），因爲彈著點很分散。由於彈著點幾乎都在靶心四周，所以沒有明顯偏誤。若是團隊中有人再射一槍，我們無法預測可能的落點。此外，我們也無法從C隊的結果推想出任何有意思的假設。我們只知道這一隊的人幾乎都是生手，但不知道爲什麼這個隊伍的表現充滿雜訊。

D隊則既有偏誤，又有雜訊。他們跟B隊一樣，彈著點偏向一側，落點也和C隊一樣分散。

但我們要探討的不是打靶，本書的主題是人類的錯誤。儘管偏誤和雜訊，也就是系統性的偏誤和隨機散布，都是構成錯誤的因素，但兩者截然不同。從圖1的射擊結果即可看出其中差異。[1]

上述射擊場的例子是個隱喻，說明人類判斷可能出現什麼樣的錯誤，尤其是代表組織的成員所做出的種種判斷。在這些判斷當中，我們可從圖1看出兩種類型的錯誤：有些判

圖2：靶子的背面

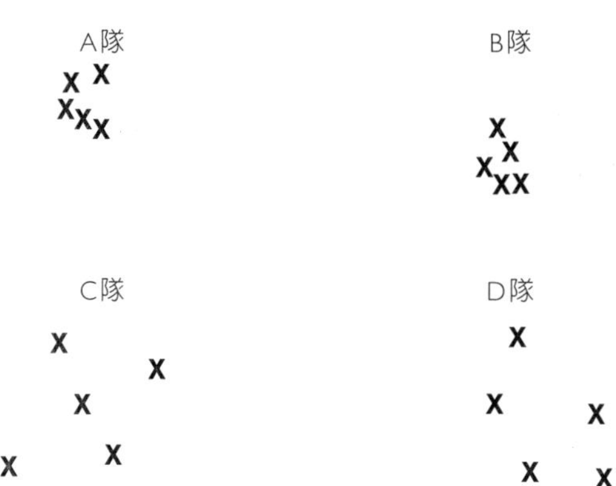

斷有偏誤，而且都往同一個方向偏離靶心。還有一些則有雜訊，你期待一群人會得到共識，他們的判斷卻非常不同。說來遺憾，很多組織都飽受偏誤和雜訊的困擾。

圖2顯示偏誤和雜訊的重要差異。當你在射擊場上看到的是這幾支隊伍射擊的靶子背面，而非射擊時瞄準的靶子正面，就會呈現出圖2的結果。

光看靶子的背面，你看不出A、B兩隊誰的彈著點比較接近靶心。但是你看C、D兩隊，就會發覺這兩隊的落點充滿雜訊，A、B兩隊則沒有這種現象。其實，就落點分散的情況而言，從圖2就可以得到和圖1一樣多的資訊。這是雜訊的一般特性，也就是說，我們可以在不知道目標或偏誤的情況之下，看出雜訊並進行衡量。

這個特性對我們的論述來說非常重要，因爲我們有很多結論都是在眞正的答案未知、甚至不可知時，對其中做出的判斷進行研究得到的。例如不同的醫師診斷同一個病人，儘管我們不知道眞正的病因爲何，依然可以研究爲何這些醫師有不同的意見。又如多位電影公司的主管估算一部影片的市場，雖然我們不知道那部片最後賺了多少錢，甚至不知道電影是否製作完成，我們仍然可以研究這些主管意見的差異。在衡量這些差異時，我們不需要知道誰是對的，我們只需要看靶子的背面，就可以衡量雜訊。

要了解判斷的錯誤，我們必須了解偏誤和雜訊。有時，雜訊是更重要的問題。然而，在與人類錯誤有關的公眾對話，以及在全世界的組織當中，雜訊很少被辨識出來。偏誤是大明星，雜訊只是跑龍套的小角色，常常上不了舞台。探討偏誤的科學研究論文已有數千篇，流行的科普書籍也有數十本，然而沒有幾本提到雜訊的問題。我們希望這本書能修正這種失衡。

現實世界充滿雜訊

在眞實世界的決策中，雜訊已經多到讓人怵目驚心的地步。就某些準確度很重要的領域而言，雜訊的數量多到令人憂心。例如：

- **醫療診斷充滿雜訊**。即使面對相同的病人，不同醫師對於病人是否罹患皮膚癌、乳癌、心臟病、肺結核、肺炎、憂鬱症與各種病症的判斷往往大相逕庭。精神科診斷的雜訊尤其多，顯然是因爲受到主觀判斷的影響。然而，有些領域的雜訊要比我們預想的來得多，如X光片的判讀。

- **兒童監護權的決定充滿雜訊**。兒童保護機構的個案管理師必須評估兒童是否有受虐的風險，如果有風險，就必須決定要不要把孩子交給寄養家庭。由於評估系統充滿雜訊，導致有些個案管理師比其他個案管理師更有可能把小孩交給寄養家庭。不幸被這些嚴厲的個案管理師送到寄養家庭的孩子，幾年後生活可能陷入不幸：比較可能成爲罪犯、未成年生子、收入低下。[2]
- **預測充滿雜訊**。不管是新產品的銷售量、失業率的增長、一家陷入困境的公司是否會破產，專業預測人員的看法往往有很大的分歧。其實，他們對每一件事的預測都是如此不同；而且不但不同預測人員的意見迥異，他們甚至可能不同意自己的看法。例如同一批軟體開發人員在不同的日子評估同一個專案的完成時間，這些人員預估的時數平均差異爲71%。[3]
- **政治庇護的決定充滿雜訊**。尋求政治庇護的人是否能得到允許進入美國，就跟買彩券差不多。一項隨機將案件分配給不同法官的研究發現，一位法官允許5%的案件通過，另一位法官則允許88%的案件通過。這項研究的標題說明了一切：〈難民的輪盤賭注〉。[4]（我們還會在本書中看到很多輪盤賭注。）

- **人事決定充滿雜訊**。不同面試官對同一個應徵者的評價可能天差地遠。同一個員工的績效考核，可能因爲打考績的主管不同而有很大的差異。
- **保釋裁定充滿雜訊**。被告是否獲准保釋或入獄等候審判，關鍵在於最後審理的法官。有些法官比較寬容，有些則比較嚴格。不同法官對於哪些被告可能逃亡或再犯的評估也會天差地遠。
- **法醫鑑定充滿雜訊**。一般人以爲指紋鑑定百分之百準確。但指紋鑑定人員在判斷犯罪現場發現的指紋，是否與某一個嫌犯的指紋吻合，可能有很大的差異。不只是不同的專家意見不一，即使是同一個專家看同一枚指紋，可能也會因爲情況不同而有不同的看法。其他法醫鑑定領域，甚至DNA分析，也有類似的問題。
- **專利授予的決定充滿雜訊**。以申請專利爲題的一篇頂尖研究報告的作者揭露其中涉及的雜訊：「專利局授予某項專利與否，與專利審查人大有關係。」[5]從公平的角度來看，這點顯然讓人不安。

這些例子只是冰山一角。只要是人類的判斷，就不免有雜訊。爲了提升判斷的品質，除了偏誤以外，我們還必須克服雜訊的問題。

本書架構

本書分爲六個部分。第一部探討的是雜訊與偏誤的差異。我們會看到公共組織和民間組織可能都充滿雜訊，有時雜訊甚至多到驚人的地步。爲了探究這個問題，我們先從兩個領域的判斷開始討論。第一個涉及刑事判決（因此屬於公部門），第二個則涉及保險（因此屬於私部門）。乍看之下，這兩個領域毫不相干，差別很大，但從雜訊的角度來看，則有很多共通點。爲了闡明論點，我們提出**雜訊審查**（noise audit）的做法，用來衡量同組織內的專業人士在考量相同的案例時出現多少差異。

第二部要探討的是人類判斷的本質，以及如何衡量判斷的準確度和錯誤數量。判斷容易受到偏誤和雜訊的影響，我們發現這兩種類型的錯誤可謂旗鼓相當。**場合雜訊**（occasion noise）是指同一個人或群體在判斷同一個案例時，因場合不同而意見歧異。我們發現，群體討論中的場合雜訊多得驚人，就連一些看似無關緊要的因素也有影響，例如誰先發言。

第三部會更深入探討一種已經有廣泛研究的判斷，也就是**預測性判斷**（predictive judgment）。我們會探討在做預測時，規則、公式和演算法勝過人類判斷的關鍵優勢。一般認爲這是因爲它們的洞察力更優越，其實不然，勝出的關鍵在於沒有雜訊。我們會討論預測性判斷品質的終極限制，也就是客觀的對未來感到無知（objective ignorance of the future），以及這如何與雜訊的干擾結合而影響預測的品質。最後，我們會面對一個你肯定會問自己的問題：如果雜訊無所不在，爲什麼你以前沒注意到？

第四部要轉向人類心理學。我們會解釋雜訊的核心原因。這些原因包括各種因素引發的個體差異，例如個性與認知方式的不同；考量各個層面時，個人獨特性的差異；以及儘管衡量標準相同，每一個人的運用方式卻各有不同。我們也會探討，爲何我們會對雜訊視而不見，而且對那些幾乎無法預測的事件和判斷常常不覺得意外。

第五部探討的是一個實際的問題，也就是如何增進判斷力，並防止出錯。（對減少雜訊的實際應用有興趣的讀者，可以跳過第三部和第四部對預測的挑戰和判斷心理學的討論，直接翻到這一部。）我們研究各領域爲了解決雜訊所做的努力，如醫療、商業、教育、政府部門等。我們也以**決策保健**（decision hygiene）爲題，介紹幾種減少雜訊的技巧。我們提出五個不同領域的案例。這些案例原本都有嚴重的雜訊問題，但我們看到相關人員努力不懈，終於減少雜訊，獲得不同程度的成功。這些案例包括不可靠的醫療診斷、績效評估、法醫鑑定、雇用決定和一般的預測。最後，我們提出中介評估法（mediating assessments protocol, MAP）：這是一種評估選項的通用方法，結合幾種決策保健的關鍵技巧，目標是產生更少的雜訊，並做出更可靠的判斷。

雜訊的水準要多高才合適？這就是第六部要探討的問題。也許有點反直覺的是，適當的水準並不是完全沒有雜訊。就某些領域而言，雜訊不可能完全消除。而在一些領域中，完全消除雜訊的代價太大。還有一些領域，消除雜訊會損害重要的競爭價值；例如，這麼做會打擊士氣，讓人覺得自己就像機器裡的一個小齒輪。當演算法成爲答案的一部分時，會引發各種反對意見。我們會在這裡討論其中一些例子。不過，我們無法接受目前的雜訊水準。我們敦促民間及公共組織進行雜訊審查，認眞面對雜訊的問題，盡力減少雜訊。如果能這麼做，即可減少廣泛的不公平現象，進而減少各種開支。

我們懷抱著這樣的希望，在每一章的最後都將以引文的形式，列出簡短的主張。你可以採納我們陳述的理念，或是運用在任何和你有關的問題或領域，不管是健康、安全、教育、金錢、就業、娛樂或其他方面。了解雜訊的問題並試圖解決是一個持續不斷的過程，也是一種集體的努力。每一個人都有機會貢獻一己之力。我們寫這本書就是希望大家能好好把握這些機會。

第一部
尋找雜訊

如果背景類似的兩個人犯了同樣的罪行，最後的判決卻截然不同，例如，一人被判處5年有期徒刑，另一人則被判緩刑，不必坐牢，這樣的結果會讓人難以接受。然而在很多地方，這種事卻層出不窮。可以確定的是，刑事司法體系充滿偏誤。但第1章我們將把焦點放在雜訊上，特別的是，有個著名的法官注意到這個問題，認爲發生這種事豈有此理，因此他發動改革，進而改變世界（儘管這麼做還不夠）。我們講述的是美國的事例，但我們相信同樣的事可能會（而且以後也會）發生在其他許多國家。有些國家甚至有比美國更嚴重的雜訊問題。我們利用判刑的例子，其中一個原因就是爲了顯現雜訊會造成極爲不公平的現象。

刑事判決特別引人注目，但我們也關注民間部門的雜訊問題，因爲其中也牽涉到很大的利害關係。爲了闡述這點，我們會在第2章以一家大型保險公司爲例。在保險公司裡，核保人員負責爲潛在客戶訂定保費，而理賠人員則必須判斷理賠金額。你也許會猜想，這樣的工作簡單、呆板，不同的專業人員會得出幾乎相同的金額。我們透過一個精心設計的實驗，也就是**雜訊審查**，來驗證這樣的預測是否正確。結果出乎我們意料，保險公司的領導階層更是驚愕失色。我們發現，大量的雜訊讓公司損失慘重。我們會用這個例子來說明，雜訊可能造成龐大的經濟損失。

這兩個例子的研究對象涉及眾多的人所做的大量判斷。但是很多重要的判斷都是**單一的**，而非一再重複出現的：比方說，如何處理一個獨特的商業機會、是否推出一種全新的產品、如何因應一種全球大流行的疫病、是否雇用一個條件不符合標準的人等。我們是否能從這些獨特的情況中找到雜訊？我們很容易認為這是不可能的。畢竟，雜訊是讓人討厭的變數，如何從單一決定找出變數？我們會試著在第3章回答這些問題。然而，我們發現，即使是看起來很獨特的情況，你所做的判斷仍有許許多多的可能性，你會發現有非常多的雜訊在其中。

這三章的主題可以用一句話來概括：**只要是判斷，就會有雜訊，而且雜訊要比你想像的還多**。這就是本書的重要主題。現在就來看看，雜訊到底有多少。

01

犯罪與量刑雜訊

假設某人犯了罪，例如在商店裡偷竊、持有海洛因、襲擊別人或持械搶劫。他可能被判處何種刑罰？

判決結果不該取決於案子碰巧被指派給哪一個法官、外面的天氣是冷是熱，或是判決前一天當地的球隊是否獲勝。若是三個背景相似的人都犯了同樣的罪，判決卻迥然不同：一個被判緩刑、一個被判2年有期徒刑，另一個人被判10年有期徒刑，這樣的結果將引起公憤。然而，這卻是在很多國家都看得到的現象，而且不只在遙遠的過去如此，在今天也依然可見。

長久以來，全世界的法官在量刑時都有自由裁量權。在很多國家，法學專家無不讚許這種自由裁量權，認爲這種做法既公正，又合乎人道。這些專家認爲刑事判決應該依據很多因素，不只是罪行的種類，還必須考量被告的性格與情況。因此，「刑罰個別化」的裁量方式成爲主流。如果法官受到規則的約束，罪犯就會受到不人道的待遇，他們不被視爲個體，特殊情況也無法納入考量。在很多人看來，「正當法律程序」似乎意味著法官的自由裁量權。

1970年代，世人對自由裁量權不再那麼熱中。原因很簡單：量刑雜訊多到令人震驚。1973年，著名的法官馬文·法蘭科（Marvin Frankel）引發大眾對這個問題的關注。法蘭科在成爲法官之前，是一個捍衛言論自由的鬥士，積極倡導人權，協助創立人權律師委員會（Lawyers Committee for Human Rights，這個組織現在稱爲「人權第一」〔Human Rights First〕）。

法蘭科是捍衛人權的悍將，而且對刑事司法體系的雜訊問題感到憤怒。他自陳的動機如下：[1]

> 如果有一個人因爲搶劫聯邦銀行而被定罪，最高可能會被判處25年有期徒刑。這意味被告坐牢的時間從0到25年都有可能。我很快就發覺，刑期長短並非完全取決於案件或被告，主要是看審理法官，也就是受法官的觀點、偏好與偏誤所影響。因此，同樣的案件、同一個被告，可能因爲審理法官的不同，出現迥然不同的判決。

法蘭科雖然沒有提供任何統計分析資料來支持他的判

斷，但是他列舉一連串有力的事證，顯示兩個人犯了幾乎同樣的罪，判決卻天差地遠。例如，兩名男子都沒有前科，都因爲兌現僞造支票觸法，兌現金額分別爲58.40美元和35.20美元。第一個人被判**15年**，第二個人則只被判**30天**。又如兩個類似的掏空案件，其中一名被告被判處監禁**117天**，另一名則被判處**20年**。法蘭科指出，這類案件層出不窮，深深感嘆聯邦法官「權力很大、幾乎完全不受約束」[2]，導致「專斷殘酷的情事每天都在發生」[3]，在一個「法治政府，而不是人治政府」[4]，他認爲這種情況無法接受。

法蘭科描述法官專斷造成的種種冤罪案件，呼籲國會終止這種「歧視」。他所說的「歧視」，主要是指雜訊，也就是莫名其妙的量刑差異。但是，他也關心偏誤，也就是種族和社經地位造成的不平等。爲了消除雜訊和偏誤，他認爲刑事被告不該受到差別待遇，除非可以「透過夠客觀的相關測試，確保判決結果不是單純官員、法官等個人發布的敕令（idiosyncratic ukases）。」（「個人發布的敕令」這個詞有點深奧，在這裡，法蘭科指的是個人的命令。）[5]此外，法蘭科主張，透過「詳細的個人資料或因素檢查清單，盡可能包括數字或其他客觀評分」[6]來減少雜訊。

法蘭科在1970年代初期寫下這些話，因此不至於是提倡「用機器來取代人類」。但令人驚異的是，他的觀點與這個看法非常相近。他認爲「法治需要一套客觀、放諸四海皆準的規則，對法官及其他人都有約束力。」他明白指出：

「量刑考量可以利用電腦輔助。」[7]他也建議創立量刑委員會。[8]

法蘭科的書成爲整個刑法史上最有影響力的著作，不只是在美國，甚至在全世界都有影響力。誠然，這本書寫得不夠嚴謹，但指陳的事實令人震驚，而且讓人印象深刻。後來有不少人立即跟進探討量刑雜訊，檢測這個問題的眞實性。

1974年有一項早期的大規模研究就是由法蘭科法官親自主導。這個研究調查針對來自不同地區的50名法官，要求他們檢視相同的量刑前調查報告，爲假設案件的被告量刑。研究人員的根本發現是，這些法官「幾無共識」[9]，而且刑罰差異大到「令人驚異」[10]。例如，根據法官的不同，一個海洛因毒犯被判處的刑期可能從1年到10年；[11]銀行劫匪的刑期則是5年到18年不等。[12]研究發現，就一起恐嚇取財案件而言，最重被判處20年有期徒刑加上65,000美元的罰金，最輕則只被判3年，而且沒有罰金。[13]最讓人驚訝的是：在20個案件中，不同法官對其中16個案件的被告刑期是否適當的意見皆有分歧。

在這項研究之後，還有一系列其他研究也都發現雜訊多到令人震驚。例如，1977年，威廉・奧斯汀（William Austin）與托馬斯・威廉斯（Thomas Williams）進行一項研究，以47名法官作爲調查對象。他們提出五個輕罪等級的案件，要這些法官回應。[14]每一樁案件的描述都包括法官在實際量刑時參酌的資料摘要，諸如被指控的罪名、證詞、被告的前科（如果有的話）、社會背景，以及與被告性格有關的證據。研究人員的重要發現是，法官量刑有「很大的差異」。以一起侵入住宅竊盜案件爲例，建議的刑期從5年到30天（外加罰款100美元）都有。以一個非法持有大麻的案件而言，有些法官建議判處監禁，有一些法官則認爲可讓被告保釋。

1981年進行的一項更大規模的研究，則是以208名聯邦法官爲研究對象。研究人員提出16個假設案件，請他們進行裁決。[15]主要的研究結果令人吃驚：

> 在這16個案件中，只有3個案件讓法官一致同意判處監禁。而即使大多數的法官認爲被告該處以監禁，建議的刑期卻長短不一。有一樁詐欺案的建議刑期平均爲8.5年，最長則是無期徒刑。另一個案件的建議刑期平均爲1.1年，最長則是15年。

儘管這些研究很有啟發性，但全都是嚴格控制的實驗，幾乎可以肯定是低估在刑事司法現實世界裡雜訊的嚴重程度。現實生活中的法官接觸到的訊息遠比參與實驗的法官來得多，畢竟實驗提供的是特別設計的片段資訊。當然，有些額外的訊息很重要，但也有充分的證據顯示，有些毫不相關的訊息，儘管微不足道而且看似隨機，也會讓判決結果出現重大差異。例如，在法院剛開門的時候或是休息時間過後，會發現法官比較可能批准假釋。如果法官肚子餓，會變得比較嚴格。[16]

有一項研究針對少年法庭數千件案件進行調查，發現當地橄欖球隊如果在週末輸球，法官在禮拜一量刑時會比較嚴格（而且在那週的其他日子會比較寬容）。[17]黑人被告首當其衝，受到這種更嚴格判決的影響。另一項研究調查30年當中審理的150萬件案件，同樣發現，如果當地球隊在開庭前一天輸球，法官會比較嚴格；反之，如果前一天贏球，法官則較爲寬容。[18]

有一項研究調查法國法官在12年當中所做的600萬個判決，發現量刑那天如果是被告的生日，法官會比較寬容。[19]（我們懷疑如果量刑那天是法官的生日，量刑時也會比較寬容，但這個假設還沒得到驗證。）即使是像室外氣溫這樣看似無關的因素也會影響法官。[20]有一項研究針對移民法庭在4年間做出的207,000件判決進行調查，發現每日的氣溫變化的確有明顯影響：在外頭很熱的時候，申請者比較不可能得到庇護。因此如果你在祖國遭到政治迫害，打算到其他國家申請庇護，你最好希望（甚至祈禱）召開聽證會那天是個涼爽怡人的日子。

減少量刑雜訊

1970年代法蘭科法官的論點及支持其論點的實證研究

結果，引起美國前總統約翰·甘迺迪（John F. Kennedy）的弟弟愛德華·甘迺迪（Edward M. Kennedy）的注意。他是最有影響力的參議員，量刑差異的問題讓他驚駭。早在1975年，他就提出量刑改革法案，可惜沒有進展。但他不屈不撓，指著證據，年復一年積極推動這個法案。1984年，他成功了。國會終於面對不公不義的量刑差異，通過《1984年量刑改革法》（Sentencing Reform Act of 1984）。

量刑改革法希望藉由縮減「法律賦予法官及假釋機構不受約束的自由裁量權」[21]，以減少刑事司法體系的雜訊。國會議員提到「量刑的巨大差異」[22]，並特別指出紐約地區的問題，例如相同的案件被判處的刑期可能從3年到20年不等。美國量刑委員會（US Sentencing Commission）應運而生，這正是法蘭科法官建議設立的機構，這個委員會的主要任務很明確：發布量刑基準，這是強制性的法規，並爲量刑設下限制範圍。

翌年，量刑委員會以10,000個實際案件爲基礎，分析類似犯罪事例的平均刑期，制定量刑準則。深度參與訂立過程的法官史蒂芬·布雷耶（Stephen Breyer）藉著指出委員會內部難以解決的分歧，來捍衛過去的實務做法：「委員會裡的成員何不坐下來研究如何把這件事合理化，而不只是參考過去案件？答案很簡單：我們做不到。之所以做不到，是因爲在各地都有很好的論點認爲情況剛好相反……你可以試著把所有罪行依照等級和刑罰列出來……然後蒐集你朋友的結果，看看兩者是否吻合。我可以告訴你，這兩邊根本對不上。」[23]

根據量刑基準，法官在確定刑期時必須考慮兩個因素：罪行和被告的犯罪紀錄。所有的罪行依照嚴重性分爲43個等級。被告的犯罪紀錄包括被告被定罪的次數以及罪行的嚴重性。[*]一旦把罪行和犯罪紀錄納入考量，依據量刑基準得出的量刑範圍就有一定的限制，最高刑度和最底刑度之間的差距不得超過6個月或25%。法官如果發現特殊事由，得以加重或減輕刑罰，然而因爲偏離量刑範圍，必須向上訴法院說明理由。[24]

即使必須依據量刑基準判刑，這樣的標準也不是死板的。儘管量刑基準沒能完全達成法蘭科法官的理想，還是給予法官相當的裁量空間。無論如何，運用各種方法、針對不同時期所做的各種研究都得出同樣的結論：量刑基準使雜訊得以減少。更準確的說，這讓「量刑法官身分的偶然性所造成的量刑淨差異得以減少」。[25]

最詳盡的研究來自委員會本身。[26]比較（在量刑基準生效前）1985年裁決的銀行搶劫、販賣古柯鹼、販賣海洛因和盜用銀行資金等案件的結果，以及從1989年1月19日至1990年9月30日間的判決。把罪犯跟量刑基準中的相關因素進行「匹配」。就每一種罪行而言，後面那段時期的法官量刑差異要比之前小得多。

根據另一項研究，在1986年和1987年，法官之間判處的刑期差異爲17%或4.9個月。而在1988年至1993年間，這個數字則降到11%或3.9個月。[27]還有一項涵蓋不同時期的獨立研究，是以案件負荷量相近的法官作爲調查對象，發現法官之間的量刑差異也大有改善。[28]

儘管有這些發現，量刑基準還是遭到猛烈的批評。有些人與不少法官都認爲，某些判決過於嚴厲。這點與偏誤有關，而非雜訊。有一個相當有趣的反對意見來自許多法官，他們認爲，就我們想要達到的目的而言，量刑基準反而很不公平，因爲這會使法官沒能充分考量案件的細節。減少雜訊的代價就是使判決變得機械化，讓人難以接受。耶魯大學法學教授凱特·史迪斯（Kate Stith）與聯邦法官荷西·卡布倫思（José Cabranes）論道：「我們需要洞見與公平，而非無視細節……只有把每一個案件的複雜性納入考量，才能做到這點。」[29]

這種反對意見引發各界對量刑基準的強烈質疑，有些質疑是基於政策，有些則是根據法律。起先這樣的質疑都沒有效果，直到2005年因爲與本文總結的辯論無關的技術性原因，最高法院否決量刑改革法，從此量刑基準不再具有強制力，僅具參考性。[30 **]值得注意的是，聯邦法官因爲最高法

* 譯注：量刑委員會將量刑基準設計成「量刑基準表」，表中有垂直軸線和水平軸線兩部分。垂直軸線是被告的各種犯罪行為樣態，可區分為43種等級。水平軸線則是被告的犯罪紀錄，可區分為6級。實際量刑時，法官找出被告在垂直軸線上的犯罪等級及水平軸線上的犯罪紀錄種類，兩者在表上的交集會顯示監禁月數，就是被告的實際量刑範圍。

院的決定而更加稱心快意。75%的法官偏好參考性的體制，只有3%的法官認爲具有強制力的體制比較好。[31]

將量刑基準從具有強制力改爲僅具參考性有什麼影響？哈佛法學教授克麗絲朵・楊（Crystal Yang，音譯）對這個問題進行調查研究。她的研究沒有透過實驗或問卷，而是建立一個龐大的眞實判決資料庫，涉及近40萬名刑事被告。她最重要的發現是，從多種衡量標準來看，在2005年之後，法官之間的量刑差異明顯加大，在量刑基準仍具有強制性之前，即使是比較嚴厲的法官，判處的刑期也只比一般法官多2.8個月。在量刑基準只具有參考性之後，差異增大爲兩倍，這似乎回到法蘭科法官在40年前指陳的現象。楊教授論道，她的發現「顯示現今的量刑方式有很大的公平性問題，儘管被告背景相似、罪行大致相同，卻可能因爲審理法官的不同而有差別待遇。」[32]

在量刑基準變成僅具參考性之後，法官比較可能根據個人的價值觀來行事。強制性的量刑基準得以減少偏誤和雜訊，而聯邦最高法院否決量刑改革法之後，非裔美國人與白人被告即使罪行相同，被判處的刑罰差異明顯變大。同時，女性法官比男性法官更有可能行使這樣的自由裁量權，變得比較寬容。民主黨總統任命的法官也是。

法蘭科法官在2002年過世。三年後，量刑基準遭到降格，司法判決又回到他所說的噩夢：失序的法律世界。

只要涉及判斷，不免會有差異

我們可以從法蘭科法官為量刑基準奮鬥的故事，窺見本書的幾個要點。首先，世界很複雜、充滿不確定性，因此判斷很困難。這個問題在司法判決尤其明顯，大多數的專業人士要做的判斷也很不容易，如醫師、護理師、律師、工程師、教師、建築師、好萊塢主管、召募委員會成員、圖書出版商、企業主管、球隊經理人等，都是如此。只要涉及判斷，就不免會有差異。

第二，這些差異遠超過我們的預期。雖然很少人反對法官的自由裁量權原則，但幾乎每一個人都反對不公平的量刑差異。**系統雜訊**（system noise），也就是指在理想中應該完全相同的判斷，出現不想要的變異，這可能會造成許多不公平的現象及很多種錯誤，也會付出很高的經濟代價。

第三，雜訊是可以減少的。法蘭科法官提倡的方式，以及量刑委員會實施的規則與基準，就是成功減少雜訊的其中一個方法。其他減少雜訊的方法則適用於其他類型的判斷。有些方法在減少雜訊的同時，也能減少偏誤。

第四，減少雜訊的做法常會引發反對和重重阻力。這也是必須解決的問題，否則再怎麼努力對抗雜訊，也會失敗。

** 譯注：由於量刑基準數字化、格式化的結構性缺陷持續暴露，已出現監獄負荷過重的問題。2005年，聯邦最高法院就「美國訴布克案」（U.S. v. Booker）裁定初審法官的量刑裁決違反美國憲法第六修正案，從此量刑改革往不同的方向發展。

關於量刑雜訊

「實驗顯示，不同法官對相同案件的建議判決有很大的差異。這樣的差異是不公平的。被告被判處的刑罰不該取決於剛好被分配給哪位法官來審理。」

「刑罰輕重的影響因素不該包括審理法官的心情，或是室外的氣溫。」

「量刑基準是解決這個問題的一個做法。很多人不喜歡這種做法，因為這會限制法官的自由裁量權，而法官的自由裁量權也許有助於公平與正確。畢竟，每一個案件都是獨特的，不是嗎？」

02
系統雜訊

我們會對雜訊這個主題感興趣，並不是因爲碰到像刑事司法體系那樣高潮迭起的案例。其實，我們碰到的案例可說是純屬意外，因爲牽涉其中的保險公司，剛好是我們當中兩個人所屬顧問公司的客戶。

當然，不是每個人都對保險業感興趣。但我們發現，對營利組織來說，雜訊的問題可能非常嚴重，結果讓充滿雜訊的決策造成很大的損失。我們協助保險公司的經驗有助於解釋爲什麼我們常常看不到雜訊的問題，並了解該怎麼做才能解決問題。

保險公司的主管總是在衡量「促進判斷達到一致」（亦即減少雜訊）的潛在價值。他們希望代表公司的人員在做出重要的財務決策時，盡可能意見一致。每一個人都認爲這樣的一致性是好的。然而，每一個人也都同意，他們的判斷不可能完全一致，因爲判斷並非制式，而且含有主觀的成分。因此，雜訊是無可避免的。

關於雜訊問題到底有多大，每一個人的看法也有所不同。這家保險公司主管原本懷疑雜訊對公司來說是個重大的問題。幸好，他們同意透過一種簡單的實驗來找尋答案，也就是我們所謂的**雜訊審查**，這點非常值得讚揚。結果讓他們大吃一驚，這個案例正是雜訊問題的一個完美例證。

抽籤創造的雜訊

在任何大公司，很多專業人員在公司授權下所做的判斷，與公司利益息息相關。例如，保險公司雇用很多核保人員，他們會依據財務風險提出保費的報價給投保人，例如銀行擔心因爲詐欺或魔鬼交易（rogue trading）*而導致巨額虧損，因此向保險公司投保。保險公司也雇用理賠人員來計算未來的理賠成本，並與申請理賠者交涉。

每一家保險公司的大型分支機構都有數名合格的核保人員。如果有人想要知道報價，公司會指派剛好有空的人去做。其實，挑選決定報價的特定核保人員，就跟抽籤決定沒什麼兩樣。

保費確切的金額對公司有重大影響。如果保費高，客戶也願意接受的話，對公司來說是有利的。但保費高也有將業務拱手讓給競爭對手的風險。保費低的話，客戶的接受度會比較高，但對公司也比較不利。以任何風險而言，都有所謂的「金髮姑娘價格」（Goldilocks price）[**]，也就是剛剛好，既不會太高，也不會太低。一大群專業人士判斷出來的平均價格，可能和金髮姑娘價格相差無幾。不管高於或低於這個價格都得付出代價，這就是爲何判斷充滿雜訊，判斷的差異會損害公司利益。

理賠人員的工作也會影響公司的財務。例如，有一名工人因爲職災右手殘廢，永遠無法復原，因而申請失能理賠。公司於是指派一名理賠人員負責這個案子，就像指派核保人員一樣，因爲這個理賠人員正好有空，所以承辦此案。理賠人員蒐集關於案件的事實證據，估算最後的理賠金額。同一名理賠人員也必須負責與理賠申請人的代理人進行協商，確保申請人獲得保單條款承諾的理賠給付，同時也得保護公司，讓公司不會付出過多的理賠金。

早期的估價很重要，因爲這爲理賠人員未來與申請人的協商設定一個隱性目標。在法律上，保險公司有義務爲每一筆理賠案件預留預計成本（亦即有足夠的現金得以支付）。同樣的，從公司的角度來看，理賠金額最好符合金髮姑娘原則。保險公司提出的理賠金額不一定會被申請人接受。如果

---

* 譯注：指銀行內部交易員在未經授權的情況下，私自進行期貨、外匯選擇權等交易。

** 譯注：這個典故來自英國作家羅伯特．邵西（Robert Southey）的童話故事《三隻小熊》。有個金髮姑娘上山採蘑菇，誤闖三隻熊的家，裡面有三碗粥、三張床、三張椅子，小女孩選擇了最適合她的最小碗的粥、最小張的床和椅子。因此，金髮姑娘意指恰到好處的原則。

保險公司提出的給付金額太少，申請人可能會延請律師，將保險公司告上法院。反之，如果理賠準備金過多，理賠人員可能會輕易同意請求人的要求。因此，理賠人員的判斷對公司來說很重要，而且對申請人而言甚至更重要。

在此，我們用**抽籤**這個詞是爲了強調在選擇核保人員和理賠人員時，機運所產生的作用。在保險公司的正常運作中，一名專業人員被指派負責某一個案件，沒有人知道如果換另一個人會有什麼樣的結果。

抽籤有其作用，不一定是不公平的。不管大學選課這種幸運的事，或是兵役抽籤這種倒楣的事，我們都會透過抽籤來分配。這樣的抽籤是有目的的，至於我們提到的抽籤找人來做判斷，並沒有分配任何東西，只會產生不確定性。想像一下，有一家保險公司的核保人員沒有雜訊問題，設定的保費總是很適當，但是一個隨機裝置介入了，使得客戶眞正看到的保費報價與實際報價不同。顯然，這種抽籤沒有任何正當的道理。就專業判斷而言，若是結果取決於隨機挑選出來的人是誰，這樣的系統也沒有道理可言。

利用雜訊審查，揭露系統雜訊

用抽籤的方式指派某一個法官來量刑，或是挑選某一個射擊手代表團隊射擊，都會產生變異，但這種變異是不可見的。雜訊審查，例如對聯邦法官的量刑所做的審查，是揭露雜訊的一種方式。在這樣的審查中，同一個案件會由很多人進行評估，如此一來就可以看出評估的差異。

由於核保人員和理賠人員都是根據書面資料來做判斷，因此特別適合做這樣的審查。爲了準備雜訊審查，保險公司的主管爲每一個小組（包括核保人員和理賠人員）建構五個具有代表性的案件，並附上詳細描述。員工必須獨立評估其中的兩、三個案例。沒有人告知他們這個研究的目的在於調查他們判斷的差異。[1]

在繼續閱讀之前，不妨想想，你會如何回答以下的問題：在一家營運良好的保險公司，如果隨機挑選兩位核保人員和理賠人員，你預期他們對同一個案件估計的金額會有多大的差異？明確的說，兩人估算的差異會是平均值的多少百分比？

我們請這家保險公司的多位主管回答這個問題，在之後的幾年，我們也詢問很多不同專業的人士，請他們估算差異。出乎意料的是，有一個答案要比其他答案更常出現。這家保險公司大多數的主管都猜測差異在10%以下，而我們詢問828位來自不同行業的執行長及資深主管，他們認爲在類似的專家判斷中會出現多大的差異，最常出現的答案及答案的中位數也是10%（第二常出現的答案則是15%）。10%的差異有多大呢？舉例來說，兩位核保人員，一位提出的保費報價是9,500美元，另一位則是報價10,500美元。這樣的差異雖然不算微不足道，但仍在組織可以容忍的範圍之內。

然而，我們進行的雜訊審查發現的差異要大得多。根據我們的計算，核保人員的中位數差異爲55%，約爲大多數人（包括該保險公司主管）預期的五倍。這樣的結果意味著，如果一個核保人員核定的保費爲9,500美元，另一個人提出的核保金額不是10,500，而是16,700美元。至於理賠人員的中位數差異則爲43%。我們必須強調，這些結果是中位數，所以在半數的案例之中，兩個人的判斷差異甚至更大。

我們向保險公司主管報告雜訊審查的結果。他們很快就了解，龐大的雜訊量讓公司付出昂貴的代價。一位資深主管估計，公司核保雜訊的年度成本可能高達幾億美元，這些成本包括報價太高的業務流失，以及報價太低帶來的損失。

由於沒有人知道每一個案件的「金髮姑娘價格」，因此沒有人能明確說出其中有多少錯誤（或偏誤）。正如我們不必看靶心，只從靶子背面就可以看出落點分散的情況，並且了解這樣的差異是個問題。數據顯示，客戶被要求支付的價格取決於負責處理這筆交易的員工，一定程度上就像抽籤讓人不安。至少可以這麼說，客戶要是聽到保險公司給的報價是未經他們同意經由抽籤所決定的，必定會很不高興。一般而言，我們和一家組織打交道時，總是希望他們的系統能可靠的提供一致的判斷，不希望他們的系統有雜訊。

不必要的變異 vs. 有利的多樣性

系統雜訊的一個關鍵特性是：這是不必要的，但我們必須在這裡強調，判斷的變異不一定總是不必要的。

請思考偏好或品味的問題。如果十位影評人看同一部電影、十位品酒師品評同一支酒、十位讀者讀同一本小說，我們不會認爲他們有相同的意見。畢竟人各有所好，這是很自然的，也是我們完全可以預料到的。如果在一個世界裡，每一個人的好惡完全相同，那麼沒有人願意活在這樣的世界。（好吧，是幾乎沒有人願意。）但是，如果個人品味被誤認爲專業判斷，品味差異也可能造成錯誤。如果一個電影製片人決定以一個很不尋常的主題拍片（比方說，轉盤電話的興衰），只是因爲他很喜歡這個劇本，要是其他人都不喜歡的話，他可能就犯了重大錯誤。

在競爭的情況之下，判斷的差異不但在我們意料之中，也是件好事，這時，最好的判斷會獲得獎勵。例如，有好幾家公司（或是同公司的不同團隊）都對同一項客戶的問題競相產出創新的解決方案時，我們可不希望他們都專注在相同的方法上。又如多個研究團隊想要攻克同一個科學問題，像是開發一種疫苗，我們會非常希望他們從不同的角度來切入問題。即使是預測者有時也會表現得像個競爭者。如果一個分析師能正確預測到沒有人看到的衰退，必然會聲名大噪，至於那些從不偏離共識的人則默默無聞。在這種情況下，想法和判斷的變異是好的，因爲變異只是第一步。在第二個階段，這些判斷的結果將互相對立，一較高下。市場就像自然界，沒有變異的話，選擇就不能發揮作用。

品味和競爭都會帶來有趣的判斷問題。但在我們要探討的判斷裡，我們不希望看到變異。系統雜訊是系統的問題，而這樣的系統是組織，不是市場。當交易員評估同一檔股票的價值時，有些人因此賺錢，有些人則會賠錢。市場本來就是眾聲喧嘩，各彈各調。但是如果一家公司隨機挑選一位交易員，代表公司預測某一檔股票，同事的意見卻與他的評估大不相同，這家公司必然會面臨系統雜訊，對公司來說，這是一大問題。

關於這個問題，另一個可供參考的實例是一家資產管理公司。我們對他們的資深經理人提出我們的發現，鼓勵他們嘗試自行進行雜訊審查。於是，他們要求投資部42位資深人員估計一檔股票的公允價格（在這個價格，投資人會對這檔股票的買賣毫無興趣）。他們只是根據一頁公司業務的描述與一些資料來進行分析，這些資料包括過去三年的簡化損益表、資產負債表、現金流量表，以及未來兩年的預測。他們跟保險公司使用的相同方法來衡量雜訊，發現雜訊的中位數爲41%。在同一家公司裡，使用相同價值評估方法的投資人員之間卻有這麼大的差異，不可能是好消息。

凡是由從一群同等資格的人當中隨機挑選人出來做判斷的地方，像前面提到的資產管理公司、刑事司法體系，或是早先討論的那家保險公司，雜訊就會是問題。很多組織都飽受系統雜訊的困擾：你去醫院接受哪位醫師的診治、在法庭上由哪位法官審理你的案子、哪位專利審查員審查你的申請案、哪位客服專員聽你投訴等，往往是隨機指派的。在這些判斷當中，不必要的變異可能會造成嚴重的問題，包括金錢損失，以及層出不窮的不公平。

對於判斷當中不必要的變異，常會出現一種誤解，認爲這種變異並不重要，因爲隨機錯誤應該會互相抵消。當然，關於同一個案件所做的判斷，正負誤差往往會互相抵消，之後我們會詳細討論如何利用這個特性來減少雜訊。但是，一個充滿雜訊的系統不會對同一個案件做出多個判斷，而是對不同的案件做出有干擾的判斷。如果一家保險公司的一份保單報價太高，另一份報價過低，兩者的平均值似乎是適當的，但其實這家保險公司還是犯了兩個代價高昂的錯誤。如果有兩個壞人都該被判處5年有期徒刑，結果一個被判3年，另一個被判7年，儘管平均還是5年，但是正義仍未獲得伸張。在充滿雜訊的系統裡，錯誤不會互相抵消，只會相加。

意見一致的錯覺

幾十年前已經有大量文獻記載專業判斷的雜訊。由於我們已經知道這些文獻，上述保險公司的雜訊審查結果並沒有讓我們感到驚訝。不過讓我們吃驚的是，保險公司主管對我們提出的發現所做出的反應：公司裡沒有人預期雜訊的數量會那麼大。然而，沒有人質疑這個雜訊審查結果的可信度，也沒有人宣稱這樣的雜訊量可以接受。但雜訊的問題，以及因爲雜訊帶來的巨大代價，對組織而言似乎是個新問題。雜訊就像地下室漏水一樣。我們會容忍這個問題不是因爲這是可以接受的，而是因爲一直沒有注意到這個問題的存在。

在同一個辦公室工作、扮演相同角色的專業人員，爲何未曾發現彼此之間有如此大的差異？怎麼可能呢？主管明明知道這會對公司的績效和聲譽造成重大威脅，爲何不曾察覺呢？我們發現，在組織中，系統雜訊的問題往往沒有人知道，有意思的是，雜訊處處可見，卻很少有人注意到這個問題。雜訊審查告訴我們，受人尊敬的專業人士及雇用他們的組織，對日常專業判斷一直抱持著一種**意見一致的錯覺**。其實，他們日常的專業判斷並不一致。

爲了開始了解意見一致的錯覺是如何產生的，請想像你是個核保人員，在一個上班日處理業務。你已經有超過五年的經驗，你知道同事敬重你，你也尊重他們，與他們相處融洽。你對自己的工作能力很有信心。在全面分析一家金融公司面臨的複雜風險之後，你得出結論：200,000美元的保費是適當的。這個問題雖然複雜一點，但與你每天解決的問題沒多大差別。

現在，再請你想像這種情況：有人告訴你，跟你坐在同一個辦公室的同事拿到相同的資料，評估同樣的風險。你會相信這些同事當中一半以上的人設定的保費不是高於255,000美元，就是低於145,000美元嗎？你應該會覺得這種情況難以接受。其實，我們猜想，知道雜訊審查也接受審查結果的核保人員，未曾眞正相信他們就像審查的結論一樣，自己並不是例外。

大多數的人大抵有個深信不疑的信念，認爲這個世界看起來這樣，是因爲本來就是這樣。接著，也很容易相信：「我這樣看世界，別人應該也是這樣看。」這種信念就是所謂的**天真的現實主義**，這對於我們與其他人共享的現實感受很重要。我們極少質疑這種信念。[2]不管在任何時候，我們對周遭的世界都抱持單一的解釋，而且通常很少會去投入創造其他解釋。我們認爲一種解釋就夠了，而且我們也感受到這樣的解釋是正確的。在日常生活中，我們認爲自己見到的就是那樣，不會去想像其他可能。

以專業判斷而言，我們相信別人的看法跟我們大抵相同，這種信念會透過多種方式強化。首先，我們跟同事有著相同的語言，也有同樣的思考規則，知道在做決定時何種考量是重要的。經驗也告訴我們，與其他人意見一致是對的，如果有人違反規則，就會做出荒謬的判斷。我們偶爾會把和同事的意見分歧看作是他們的判斷失誤。我們很少有機會注意到我們一致同意的規則是模糊的，足以消除一些可能性，卻無法一起積極的對某種情況做出反應。我們喜歡待在與同事意見一致的舒適圈，未曾注意到他們看到的世界其實和我們不一樣。

接受我們訪談的一位核保人員描述他在部門成為老手的經驗：「我還是新人時，75%的案子都會跟主管討論……過了幾年，我就不必這麼做了。現在我已經被視為老手……久而久之，我對自己的判斷愈來愈有自信。」他和很多人一樣，對自己判斷的信心主要是透過歷練來的。

我們已經十分了解這個過程的心理學。信心是從判斷的主觀經驗來的。所謂一回生、二回熟，因為過往處理過許多類似案件，判斷就會愈來愈熟練與從容。經過一段時間，這位核保人員同意過去的自我學到的經驗，他對自己的判斷也愈來愈有信心。但他並沒有表明，在結束學徒階段之後，他已經學到與其他人意見一致，會留意自己和其他人意見分歧的程度，甚至會刻意避免跟同事有不同的做法。

對保險公司來說，只有透過雜訊審查，一致同意的錯覺才會被戳破。為什麼公司領導人一直沒有意識到雜訊的問題？可能的答案有好幾個，但在很多情況下，最重要的一點似乎是意見分歧讓人不安。大多數的組織偏好共識與和諧，討厭異議和衝突。現行做法似乎是想盡量減少意見相左發生的頻率，眞的發生意見不一時，則找理由來掩飾問題。

明尼蘇達大學心理學教授納森．康塞爾（Nathan Kuncel）是預測成績表現的一流研究者。他跟我們分享一個例子可以說明這個問題。他曾協助一所大學檢討招生審核的過程。申請者的資料先是由第一位招生人員審閱、評分之後，就交給第二位評分。康塞爾建議校方把第一位招生人員的評分隱藏起來，以免影響第二位評分人員，本書後面會詳述他主張這麼做的理由。校方的答覆是：「我們曾經這麼做，但因爲出現太多意見分歧的情況，因此改採現在的方式。」很多組織都跟這所大學一樣，認爲避免衝突至少跟做出正確決定一樣重要。

很多公司也會利用另一種機制：那就是事後檢討不適當的判斷。以學習機制而言，事後檢討是有用的。但是如果眞的出錯，也就是判斷脫離專業常規的話，討論這個問題其實沒有什麼意思。專家們很容易得出結論，認爲錯誤在於判斷脫離共識。（他們也可能說這只是一個罕見的例外。）糟糕的判斷要比好的判斷容易辨識。如果只會指責同事鑄成大錯、把做錯事的同事邊緣化，就不會了解可以接受的判斷可能有很多種。反之，對錯誤判斷輕易達成共識，可能會強化意見一致的錯覺。如此一來，也就不知道系統雜訊是無所不在，無法得到眞正的教訓。

我們希望你開始同意我們的看法，認知到系統雜訊是個嚴重的問題。這個問題的存在不是意外；判斷天生就非制式，因此雜訊應運而生。然而，正如我們在各章節指出的，如果一個組織正視雜訊的問題時，觀察到的雜訊量幾乎總是令人震驚。我們的結論很簡單：只要有判斷，就有雜訊，而且雜訊比你想像的要來得多。

關於保險公司的系統雜訊

「我們仰賴核保人員、理賠人員等人的專業判斷品質。我們指派每一個案件給能勝任的老手，但我們誤以為每一個人的判斷都差不多。」

「系統雜訊要比我們想的大上五倍，或者大到我們無法忍受。如果沒有雜訊審查，我們就永遠不知道這個問題。雜訊審查會戳破意見一致的錯覺。」

「系統雜訊是個嚴重的問題：我們因此損失好幾億美元。」

「只要有判斷，就有雜訊，而且雜訊比你想像的要來得多。」

03
單一決策

到目前爲止，我們討論的案例都涉及重複判斷。如果有人被判犯了竊盜罪，最恰當的刑罰爲何？對某個風險因子該收取多少保費？雖然每個案件在某種程度上都是獨一無二的，但上述的判斷都是**重複決策**。醫師爲病人診斷、法官審理假釋案件、招生人員審查入學申請書、會計師代客報稅，這些都是重複決策。

重複決策的雜訊可以透過雜訊審查顯露出來，如前一章的描述。如果針對類似案子做決定的專業人員可以互換，就可以很容易定義與測量出不必要的變異。然而，要把雜訊的概念運用在我們稱爲**單一決策**的判斷，似乎就困難得多，甚至或許是不可能的。

2014年世界面臨的危機就是一例。那年，伊波拉疫情在西非爆發，數千人死亡。由於世界緊密連繫，專家預測病毒會快速擴散到全世界，使歐洲和北美受到重創。在美國，一直有人呼籲阻隔來自疫區的班機，並採取積極措施，關閉邊境。疫情讓美國政府備感壓力，知名人士及有識之士都表態支持。

這是美國總統歐巴馬在任期內面臨最艱難的一項決定，他以前沒經歷過這樣的事件，未來也不會再碰上。他決定不關閉邊境，反而派醫務工作者和軍人等3,000人到西非。儘管世界各國常常無法好好合作，然而各國在歐巴馬的領導下同心協力，利用自己的資源和專長，從根源解決這個難纏的問題。

單一決策 vs. 重複決策

只做一次的決策，如歐巴馬總統對伊波拉疫情的因應措施，是單一決策，因爲這樣的決策不是個人或團體常常必須做出的決定，沒有預先準備好的因應措施，它們具有眞正獨特的特質。在面對伊波拉疫情的危機時，歐巴馬總統及團隊沒有眞正的前例可以借鑑。重要的政治決策往往是單一決策最好的例子，軍事指揮官做出攸關命運的抉擇也是如此。

就私人生活而言，選擇工作、買房子或求婚，這些決定也有同樣的特點。即使這不是你的第一份工作、第一次置產或結婚，在你之前已經有無數的人面臨這些決定，你依然覺得你要做的決定是獨一無二的。在商業領域，公司領導人常常必須做一些對他們來說似乎獨一無二的決定：例如是否推動可能帶來巨大變革的創新計畫、在疫情進入全球大流行階段是否關閉店面、是否在外國開設辦事處、受到政府監管時是否屈服等。

可以說，單一決策與重複決策不是完全不同的兩種決策類別，而是處在連續的光譜之上。核保人員也許會處理一些很不尋常的案件。相反的，如果你已經是第四次買房，你可能會覺得買房子是一個重複性的決定。但極端的例子顯示兩者的差異是有意義的。打仗是一回事，年度預算審查則是另一回事。

單一決策的雜訊

單一決策向來被視爲與大型組織中可互相替代的人員經常做出的重複決策不同。社會科學學者研究重複性決策，高風險的單一決策則是歷史學家和管理大師的研究範圍。這兩種決策的研究方法截然不同。重複決策的分析通常傾向利用統計學，社會科學家也會評估很多類似決策，以辨識模式、規律性，並衡量準確性。相比之下，單一決策的討論通常會採用因果關係的觀點，而且是在事情發生之後才檢視，把焦點放在找出事情發生的原因。歷史分析，如成功或失敗的管理案例研究，旨在了解一個本質上獨一無二的判斷是如何做出來的。

單一決策的本質，爲雜訊研究帶來一個重要的問題。我們已經定義雜訊是在判斷同一個問題時出現不想要的變異。由於單一問題永遠不會重複出現，因此這樣的定義並不適用在單一決策上。畢竟，歷史只會進行一次。例如你無法拿2014年歐巴馬決定派醫務工作者和軍人前往西非的決策，與其他美國總統在特定時間處理特定問題的決策進行比較（雖然你可以猜測）。你也許可以把跟某個人結婚的決定拿來和跟自己情況類似的人相比，但這樣的比較與核保人員對同一個案子提出報價的比較毫不相干。你和配偶都是獨一無二的。在這樣的單一決定，並無法直接觀察其中的雜訊。

然而，單一決策無法擺脫重複決策產生的因素。在射擊場上，C隊（有雜訊的隊伍）的步槍瞄準器可能歪了，或者他們也許只是手很不穩。如果我們只看C隊的第一個射擊手，就不知道他們的雜訊問題有多嚴重，但雜訊的來源依然存在。同樣的，你在做單一決策時，必須想像有另一個決策者能力與你不相上下，與你有同樣的目標和價值觀，即使你們掌握的事實完全相同，卻會有不同的結論。作爲決策者，你必須意識到，如果情況或決策過程中有些不相關的層面出現差異，你就可能做出不同的決定。

換言之，我們無法衡量單一決策的雜訊，然而我們可以透過反事實思維（counterfactual thinking）*，肯定雜訊的存在。如某個射擊手的手不能保持穩定時，彈著點可能會落在其他地方，決策者及決策過程的雜訊，意味單一決策可能會有所不同。

考慮所有會影響單一決策的因素。如果負責分析伊波拉疫情威脅及制定因應計畫的專家，換成具有不同背景和生活經驗的另一批人，向歐巴馬總統提出的建議是否還是一樣？如果用稍微不同的方式提出同樣的事實，討論還是會以相同的方式展開嗎？如果關鍵人物的心情不同，或是在暴風雪中開會，最後的決策會不同嗎？從這個角度來看，單一決策似乎就有了變化的空間。由於還有許多我們根本不知道的因素，決策可能會有所不同。

另一個反事實思維的練習則是考量不同國家和地區如何因應新冠肺炎危機（COVID-19）。即使病毒差不多在同一時間、用類似的方式侵襲，各國的反應仍有很大的差異。從這種差異明顯可見各國的決策含有雜訊。如果這次疫情只侵害一個國家呢？在這種情況之下，我們無法觀察到任何差異，就算可以觀察到，也無法減少決策的雜訊。

控制單一決策的雜訊

這種理論的討論很重要。如果單一決策和重複決策一樣有很多雜訊，減少重複決策的雜訊應該有助於增進單一決策

* 譯注：指模擬與過去事實相反的一種思維方式。

的品質。

這種做法要比表面上看來更反直覺。如果你得做一個獨一無二的決定，你的本能或許是視之為絕無僅有的決定。有些人甚至聲稱，機率思維（probabilistic thinking）的規則與在不確定性之下做的單一決策完全無關，而且單一決策需要採用完全不同的方法。

我們的意見恰恰相反。從減少雜訊的角度來看，**單一決策就像是只發生一次的重複決策**。不管你的決策只做一次，或是做一百次，都該以減少偏誤和雜訊為目標。減少錯誤的做法，對獨一無二的決策及重複決策應該同樣有效。

關於單一決策

「你碰到了一個非比尋常的機會，你的因應方式將使你暴露在雜訊之中。」

「記住：單一決策就像是只發生一次的重複決策。」

「造就你今天的個人經驗與你現在的決定沒有什麼關係。」

第二部

你的頭腦也是一把尺

在日常生活和科學中，測量是指利用儀器確定物體或事件在刻度上的數值。你會用捲尺測量一條地毯的長度；用溫度計測量溫度是華氏或攝氏幾度。

判斷的行爲也很類似。法官會依據罪行的嚴重程度來對罪犯量刑。核保人員也會在評量風險後核定保費，又如醫師會爲病人診斷。（衡量結果不一定是數字，「犯罪事實無合理懷疑之餘地」、「黑色素瘤末期」、「建議手術治療」等也是判斷。）

因此，判斷可以被描述爲**由人的頭腦作為儀器的一種測量**。測量的概念隱含追求準確的目的：盡可能接近眞實數值，而且把錯誤降到最低。判斷的目的不是爲了給人留下印象、不是爲了表態，也不是爲了說服別人。請注意，這裡提到的判斷，概念是源於專業心理學的文獻，意義要比日常語言中的判斷來得狹隘。**判斷**也不是**思維**的同義詞，**做出準確的判斷**不等於**擁有良好的判斷力**。

依照我們的定義，判斷是可以用一個詞或一句話概括的結論。如果一個情報分析員寫了一篇很長的報告，最後的結論是某國的政權不穩，只有結論才是判斷。**判斷**就像**測量**，指的是進行判斷的心智活動，以及這種活動的產物。英文中的「judge」除了意指「判斷」，也可以用來描述「做判斷的人」，不一定是指法官。

雖然準確是目標，要百分之百達成這個目標是不可能的，即使是科學測量也做不到，更別提判斷了。有誤差是難免的，有些誤差是偏誤，有些誤差則是雜訊。

爲了體驗雜訊和偏誤造成的誤差，你可以花不到一分鐘的時間玩個遊戲。如果你的智慧型手機上有碼錶，應該有計時的功能，你不必看碼錶或螢幕就能測量一連串的時間間隔。你的目標是在不看手機下，產生五次十秒整的時間間隔。在開始之前，你也許會想觀察十秒有多長。好，開始。

現在，看看手機上顯示每次的間隔時間。（手機本身並非完全沒有雜訊，只是雜訊很小。）你會發現每次間隔不是剛好十秒，而是在十秒上下變動，你試著產生毫秒無差的時間間隔，但是你做不到。這種你無法控制的差異就是雜訊的一個例子。

會有這樣的發現，我們並不驚訝，因爲雜訊也普遍存在我們的生理和心理當中。從生物學來看，不同個體之間的變異是必然的；在一個豆莢裡，沒有兩顆豌豆是完全相同的。即使是同一個人的身體也有變異。你的心跳並沒有完全規律。你不可能完美準確的重現同樣的手勢。接受聽力檢查時，有些聲音非常小，小到你聽不見，有的聲音則很大，你總是聽得很清楚，還有一些聲音有時聽得到，有時聽不到。

現在，看看手機上那五個數字。你看出一個模式了嗎？例如，這五次的時間是否都比十秒短？如果是的話，代表你的內在時鐘走得快了點。在這個簡單的遊戲中，偏誤是你的時間與十秒間的差異，不管這樣的偏誤是比較快還是比較慢。雜訊造成每次測量結果的不同，就像早先看到的分散的彈著點。在統計學中，衡量變異最常用的方法就是**標準差**（standard deviation），而我們會利用標準差來衡量判斷中的雜訊。[1]

大多數的判斷都類似你剛剛做的測量，特別是**預測性**判斷。在我們預測時，我們會設法接近真實數字。經濟預測專家的目標是盡可能接近真實的明年國內生產毛額成長數字；醫師的目的是達成正確的診斷。（請注意：本書所用的**預測**一詞並不是指預測未來，我們認爲，醫師對某種病症的診斷就是一種預測。）

我們把判斷和測量做類比，是因爲這樣有助於了解雜訊在誤差中的作用。做預測性判斷的人就像瞄準靶心的射擊手，或是想要精確測量出粒子重量的物理學家。在他們判斷中的雜訊意味著誤差。簡而言之，如果判斷是爲了得到精確的數值，兩種不同的判斷不可能都是正確的。就像測量儀器一樣，在特定任務中，有些人會比其他人出現更多誤差，或許這是因爲缺乏技巧或訓練。但也跟測量儀器一樣，做判斷的人並不會永遠完美無缺。我們需要了解並測量他們的誤差。

當然，大多數的專業判斷要比測量時間間隔來得複雜。在第4章，我們會定義不同類型的專業判斷，並探討它們的目標。在第5章，我們會討論如何測量誤差，以及如何量化系統雜訊對誤差的影響。第6章則會更進一步探討系統雜訊並辨識其組成部分，也就是不同類型的雜訊。在第7章，我們會探討其中一個組成部分，也就是場合雜訊（occasion noise）。最後，我們會在第8章顯示群體如何經常放大判斷中的雜訊。

我們可從這些章節得到一個簡單的結論：一個人的頭腦就像測量儀器，總是不完美，不但帶有偏誤，也充滿雜訊。爲什麼？到底有多糟？且讓我們一探究竟。

04
什麼是判斷

廣義來說，本書與專業判斷有關，這是假設如果做判斷的人有足夠的能力，就能做出正確的判斷。然而，就判斷的概念而言，你不得不承認，你永遠無法確定一個判斷是不是正確的。

請想想「判斷問題」和「主觀判斷」的差別。我們認為「明日太陽會升起」或「氯化鈉的化學式是NaCl」不是判斷問題，因為明智的人都會完全同意這樣的陳述。判斷問題意指答案具有一定的不確定性，我們允許有常識和能力的人提出不同的意見。

至於允許多少意見分歧則是有限度的。其實，**判斷**這個詞大抵用在人們認為大家應該意見一致的時候。判斷問題和意見或品味的問題不同。意見或品味如果有無法解決的分歧是完全可以接受的。保險公司的主管對雜訊審查結果感到震驚，然而如果他們知道有的理賠人員欣賞披頭四，有的喜愛滾石樂團，或是有人愛鮭魚，有人喜歡鮪魚，則一點問題也沒有。

判斷問題（包括專業判斷）介於兩者之間，一邊是事實或計算的問題，另一邊則是品味或意見問題。他們可以**預期會出現有限的分歧**。

判斷中究竟有多少分歧是可以接受的？這個問題本身就是一種主觀判斷，而且取決於問題的難度。如果某一個判斷是荒謬的，就特別容易意見一致。如果只是一般詐騙案，儘管不同法官的判決有很大的差異，法官仍會一致同意：不管是罰款一美元或是判處無期徒刑都不合理。在一場葡萄酒比賽中，哪些酒該脫穎而出，評審總是意見分歧，但對於哪些酒很糟、該被淘汰，他們往往異口同聲。[1]

判斷的經驗

在進一步討論判斷的經驗之前，我們要請你來判斷一下。如果你好好完成這個練習，就會從這章剩下的內容中吸收到更多知識。

> 想像你是一個團隊裡的成員，負責爲一家還算成功的地區性金融公司評估角逐執行長職務的幾個求職者。這家公司正面臨日益激烈的競爭。你的任務是

評估以下求職者在上任兩年後成功的可能性。這裡說的「成功」是指這位求職者在兩年後能保住執行長的職位。請用0（不可能）到100（必然）的數值來表示該求職者成功的機率。

邁克·甘巴迪（Michael Gambardi）現年37歲。12年前從哈佛商學院畢業後擔任過多個職位。起先，他是兩家新創公司的創辦人和投資人。由於這兩家公司沒能吸引資金挹注，最後以失敗收場。之後，他到一家大型保險公司服務，很快就晉升爲歐洲地區的營運長。他在工作崗位上推動一項重要改革，加速解決理賠案件。同事和部屬都稱許他的工作效率，但也指出他有霸道和粗暴的一面。在他任職期間，主管離職率很高。同事和部屬也說，他是個正直的人，願意一肩挑起失敗的責任。在過去兩年，他是一家中型金融公司的執行長，使公司轉危爲安、重新站穩腳步。雖然他這個人很難合作，但是他的治理還算成功。他表示，他會不斷努力向前。幾年前與他面試的人力資源專家給他的創造力和活力打了很高的分數，但也把他描述成一個高傲的人，有時甚至會很專橫。

別忘了甘巴迪正在角逐一家地區性金融公司執行長的職務。這家公司雖然還算成功，但是正面臨日益激烈的競爭。如果甘巴迪雀屏中選，兩年後保住這個職位的機率有多大？在繼續閱讀之前，請從0到100之間選定一個數字。如有必要，可以再讀一次前面的描述。

如果你認眞評估，或許會發覺這個任務很難。你接收到的訊息量很多，其中似乎有很多不一致的地方。爲了做出判斷，你不得不形塑一個連貫的印象。在建構印象的過程中，你把焦點放在一些似乎很重要的細節，但很可能會忽略其他的事情。如果你必須解擇爲何選擇那個數字，你會提到一些顯著的事實，然而這並無法完全說明你爲何做這樣的判斷。

你的思考過程可以說明「判斷」這種心智運作有幾個特點：

- 在你根據描述所得到的線索當中（在你需要知道的事情中，這些只是一部分資訊），你沒有充分意識到自己會特別注意一些細節，而忽略其他的資訊。你有注意到甘巴迪是義大利的姓氏嗎？你還記得他上哪一所學校嗎？這個練習的目的是讓你被眾多訊息淹沒，因此不容易記住所有的細節。當你回想我們呈現的資訊，你記得的事情很可能跟其他讀者不同。選擇性注意（selective attention）與選擇性回憶（selective recall）就是人與人之間會有差異的一個來源。

- 然後，你隨意把這些線索整合起來，成爲對甘巴迪未來表現的整體印象。這裡的關鍵字是**隨意**。你沒有建構一個回答問題的計畫。在你沒有完全意識到自己在做什麼的情況下，就甘巴迪的長處和弱點，以及他得面臨的挑戰，你的大腦已經建構一個前後一致的印象。這種隨意使你得以很快形成一個印象。然而，也產生了變異性。如果是正式的運作過程，例如把一列數字加起來，可以保證會有相同的結果，但在非正式的運作當中，雜訊是無可避免的。
- 最後，你把這個整體印象轉換爲一個衡量成功機率的數字。從0到100之間選定一個與你的印象匹配的數字，這可以說是一個令人驚異的過程。我們會在第14章討論到這點。同樣的，你不知道自己究竟爲何會有這樣的反應。比方說，你爲何選擇65，而非61或69？很有可能，在某個時刻，這個數字出現在你腦海中。你想了一下，這個數字適當嗎？如果不適當，則會出現另一個數字。這個過程也是導致不同人的判斷出現差異的來源。

在一個複雜的判斷過程中，這三個步驟裡的每個步驟都包含一些變異性，也就難怪關於甘巴迪是否適任的答案裡有很多雜訊。如果你請幾個朋友閱讀這個案例，或許會發現他們對甘巴迪成功機率的估計值分散程度很大。我們把這個案例交給115名MBA的學生，他們對甘巴迪成功機率的估計值從10分到95分都有，可見當中有非常多的雜訊。

附帶一提，你可能已經注意到前述碼錶的練習和甘巴迪是否適任的問題，顯示出兩種不同的雜訊。以碼錶練習而言，在一連串的嘗試中，判斷的變異性來自單一判斷者（也就是你自己），而就甘巴迪的案例來說，判斷的變異性來自多個不同的判斷者。用測量的術語來說，前者顯示**個體內的信度**（within-person reliability），而後者則顯示**個體間的信度**（between-person reliability）。

判斷完成的內在訊號

你對甘巴迪問題的答案是一種預測性判斷，就像我們之前對這個詞的定義。然而，這種判斷與其他具有預測性質的判斷，如曼谷明天的最高溫、今晚足球比賽的結果，或是下一屆總統大選誰會勝出等明顯不同。就這些問題而言，如果你和朋友意見不同，你會在某個時候發現誰是對的。但是，若你們對甘巴迪日後的表現有不同的看法，時間**不會**告訴你正確答案。原因很簡單：甘巴迪根本就不存在。

即使要評估的是一個眞實的人，我們也知道結果，這種單一的機率判斷（除了0或100%）並無法確認或否證。結果無法顯示事前機率（ex ante probability）是多少。如果說某一個事件不會發生的機率是90%，這種機率的判斷不見得是不好的。畢竟，如果可能發生的機率只有10%，最後也只有10%的時間會發生。關於甘巴迪的問題則是**無法驗證的**預測性判斷，原因有二：一是甘巴迪純屬虛構，二是答案為機率大小。

很多專業判斷都是無法驗證的。例如，除非出現太離譜的錯誤，核保人員永遠不會知道某一份保單的報價太高或太低。其他預測因為受到條件限制，也許也無法驗證。「如果我們參戰，必然會被擊垮」是個重要的預測，但這個預測可能一直無法驗證（希望如此）。或者要預測的時間點在遙遠的未來，超出專業人員考量的範圍，例如，預測二十一世紀末的平均氣溫。

如果上述有關甘巴迪的問題無法驗證，是否會影響到你的評估？例如，你是否會問，甘巴迪是眞實的人，還是虛構人物？你是否想知道結果有沒有可能在後面的篇幅揭露？你是否想過，即使你了解這個案例的眞實情況，依然不知道確切的答案？或許你沒想過上述的問題，因為在你回答問題時，這些考量似乎無關緊要。

能驗證與否並不會改變判斷經驗。如果問題的答案很快就會揭曉，你也許會更努力思考，因為擔心出錯會讓你變得專注。反之，如果是一個荒謬的假設性問題，你可能會拒絕思考。（例如，「如果甘巴迪有三條腿，而且會飛，他能成爲更好的執行長嗎？」）但是，一般而言，你在思考一個合理的假設性問題時，就像解決一個眞實的問題一樣。這種相似性對心理學研究很重要，因爲心理學大多是利用虛構的問題進行研究。

由於沒有結果，而且你甚至可能不會問自己是否會有結果，在你思考這個問題時，你不會設法減少錯誤。你努力做出正確判斷，有足夠的信心讓某個數字成爲你的答案。當然，你對這個答案並沒有百分之百的自信，不像你對4×6＝24一樣有十足的把握。你意識到這個問題含有一些不確定性（正如我們會看到的，不確定性比你認爲的還多）。但到了某個時間點，你會認爲事情不再有進展，因此決定你的答案。

是什麼讓你覺得你的判斷是正確的，或者至少你認爲這個答案夠正確了？我們認爲這種感覺就是**判斷完成的內在訊號**，這個訊號與任何外界資訊無關。如果你的答案似乎與證據夠吻合，你就會覺得自己的答案應該沒錯。儘管你得到的證據是混亂、模糊、矛盾的，你依然對自己的答案有信心。但是答案是0或100都不會給你這種吻合的感覺。你決定的數値才能讓你有一致的感覺。正如你經驗到的情況，判斷的目的就是形成一致的解決方案。

這種內在訊號的基本特徵是，一致感屬於判斷經驗的一部分。內在訊號並不是取決於眞實的結果。因此，無法驗證的判斷就跟眞實、可驗證的判斷一樣，都可以利用內在訊號。這也就是爲何我們在對甘巴迪這樣的虛構人物做判斷時，感覺就像是對眞實世界做判斷。

評估判斷的兩個方法

可驗證性不會改變判斷的經驗，但確實會改變事後對判斷的評估。

客觀的觀察者可以根據簡單的誤差測量方式，爲可驗證的判斷進行評分：也就是衡量判斷與結果的差異。如果有個天氣預報員說今天最高溫是攝氏21度，事實上只有18度，預報員判斷有誤，多估了3度。顯然，這種評估方式不適用於無法驗證的判斷，如前述甘巴迪的例子，因爲這樣的問題並沒有眞實的結果。那麼，我們要如何決定什麼是良好的判斷呢？

答案是第二種評估判斷的方法。不管是可驗證或無法驗證的判斷，這種方法都可以使用。這個方法包括評估判斷的**過程**。我們如果提到一個判斷的好壞，也許指的是輸出的訊息（例如你就甘巴迪的問題所提出的數字）或是過程（你如何得出這個數字）。

評估判斷過程的一種方法是觀察那個過程運用在大量案例時是如何執行的。例如一個政治預測者對地方選舉中大量候選人的勝選機率預測。他描述這些候選人當中有100人可能勝選機率爲70%。如果當中有70人眞的當選，即可用這樣的結果來評估「該預測者利用機率來評估」的技巧。我們必須把他做的所有判斷視爲一個整體來評估，而不是看他對某個候選人勝選機率的判斷正確與否。同樣的，要確定對某個群體的偏好或偏見，最好透過大量案例的統計結果。

關於判斷過程的另一個問題是，是否符合邏輯原則或機率理論。很多與判斷的認知偏誤有關的研究都是探討這樣的問題。

聚焦於判斷的過程，而非結果，即使是無法驗證的判斷，例如對虛構問題或長遠預測的判斷，還是有可能評估判斷的品質。我們可能無法將這些判斷與已知的結果相比，但我們依然可以分辨這些判斷是否錯誤。如果我們轉爲討論如何**改進**判斷的問題，而非只是評估判斷的優劣，我們也會把焦點放在過程。在本書裡，我們推薦用來減少偏誤和雜訊的方法，都是爲了在處理一堆類似案例時，採用能減少誤差的判斷過程。

我們對比兩種評估判斷的方法：一種是比較判斷的**結果**，另一種則是評估判斷**過程**的品質。請注意，如果判斷可以驗證，就同一個案例而言，這兩種方法可能得出不同的結論。一個熟練而謹愼的預測者，儘管已經利用最好的工具和技巧，在預測單季通貨膨脹率時，依然常常會出錯。同時，如果讓一隻黑猩猩以射飛鏢的方式預測單季通貨膨脹率，牠有時可能會射中正確數字。

爲了解決這個問題，研究決策的學者提供明確的建議：把焦點放在過程，而非單一案例的結果。然而，我們了解這並非現實生活的標準做法。大家常常評估專業人員所做的判斷與可驗證的結果吻合程度有多接近，而且如果你問他們，判斷的目的是什麼，他們會告訴你：盡可能貼近結果。

總而言之，如果是可驗證的判斷，我們希望預測符合結果。不管判斷是不是能夠驗證，我們想要達成的是一種判斷完成的內在訊號，這個訊號源自於事實與判斷達成一致。其實，我們該努力達成的目標是，在處理一堆類似案例時能產生最佳判斷的判斷過程。

評估性判斷

到目前爲止，本章把焦點放在預測性判斷的工作。而且我們會討論的大多數判斷都屬於這種類型。但在第1章，也就是討論法蘭科法官及聯邦法官的量刑雜訊時，我們探討的是另一種類型的判斷。爲重刑犯量刑不是預測，而是一種**評估性判斷**（evaluative judgment），目的在使刑罰與罪行的嚴重程度相符。酒展的評審和美食評論家也會做出評估性判斷。給學生的報告打分數的教授、滑冰比賽的評審、審查研究計畫補助經費申請案的委員會也都會做出評估性判斷。

如果你面臨好幾個選擇必須做決定，而且得在其中做出取捨，就會涉及另一種評估性判斷。例如經理人在召募新人時，必須在眾多應徵者之間做出選擇，又如管理團隊決定推行哪一種策略，甚至總統要選擇以哪個方式來因應非洲疫情。當然，這些決策都依賴可以提供參考資料的預測性判斷，例如，某個職務求職者第一年會有怎麼樣的表現、股市對某一個策略行動將會有什麼樣的反應，或是一場疫情如果不遏阻，將會如何迅速蔓延。但最終的決定涉及權衡各種選擇的利弊得失，而這種權衡則是透過評估性判斷來達成。[2]

就像預測性判斷，評估性判斷預期也會出現一定的意見分歧。一個自重的聯邦法官應該不會說：「我就愛這樣判，我一點也不在乎同事是否有不同的看法。」如果一個決策者必須從幾個策略方案中做選擇，他會希望掌握相同的訊息、而且有共同目標的同事和觀察者能同意自己的意見，至少不要有太大的分歧。評估性判斷部分取決於判斷者的價值觀和偏好，但這樣的判斷不是單純的品味或意見問題。

因此，預測性判斷與評估性判斷的界限是模糊的。做判斷的人往往沒察覺到這一點。為罪犯量刑的法官或是給學生報告打分數的教授都會認眞思考，努力找出「適當的」答案。他們對自己的判斷及判斷的理由產生信心。專業人員的感覺、言語和行為也很相像，不管是做預測性判斷（「這個新產品能賣多好？」）或評估性判斷（「我的助理今年表現如何？」），都認為自己的判斷是有道理的。

雜訊有什麼問題？

如果發現預測性判斷中有雜訊，代表其中必有問題。例如兩位醫師在診斷上有不同的看法，或是兩個預測者對下一季的銷售金額意見分歧，這其中至少有一個人是錯的。會出現錯誤可能是因爲其中一個人的能力較差，因此比較可能出錯，也可能因爲其他來源的雜訊。無論原因爲何，如果不能做出正確的判斷，將會爲依賴診斷或預測的人帶來嚴重的後果。

評估性判斷的雜訊也有問題，但原因完全不同。在一個體系裡，如果法官可以替換，而且審理案件的法官幾乎是隨機指派，那麼相同的案件如果量刑結果天差地遠，並不符合世人對公平與一致性的期待。如果對同一個被告的判決有巨大的差異，就會陷入法蘭科法官譴責的「專斷殘酷」。即使是認同量刑個別化的法官，以及對搶劫犯的量刑持不同意見的法官，也都同意量刑的判斷不該變成抽籤。同樣的，即使差異程度較小，如果同一篇論文得到的分數相差甚大、同一家餐廳得到不同的食品安全等級、同一個滑冰選手拿到的成績有高有低，或者同樣是憂鬱症患者，有人能從社會福利安全局領到身心障礙生活津貼，有人卻領不到半毛錢，也會產生問題。

即使不公平只是個小問題，系統雜訊也會帶來另一個問題。受評估性判斷影響的人希望判斷反映的是整個體系的價值觀，而不是法官個人的價值觀。如果一個顧客抱怨購買的筆電有瑕疵，退貨之後獲得全額退款，另一個顧客只獲得抱歉；如果一個員工在一家公司待了五年，要求晉升，也獲得升職，另一個員工也有五年資歷，能力與表現不相上下，卻被客氣的駁回升職要求，這必然代表系統有很大的問題。系統雜訊就是不一致，而不一致會損害系統的信譽。

雜訊可以測量

我們必須測量的雜訊，就是同一個問題有多種判斷。我們不必知道眞正的價值。正如在序言裡提到打靶的故事，即使看到的是靶子後面，看不到靶心，依然看得到彈著點分散的情況。一旦我們知道所有的槍手都瞄準相同的靶心，就能測量雜訊，這就是雜訊審查。如果我們要求所有的預測者估計下一季的銷售金額，其預測值分散的情況就是雜訊。

這種偏誤與雜訊的區別對於改善判斷的目標來說非常重要。如果我們無法驗證判斷是對是錯，要怎麼改善判斷？這種說法似乎自相矛盾。但是，如果我們從測量雜訊開始，的確有可能達到目標。不管判斷的目的只是追求準確，或是在不同的價值觀之間做比較複雜的取捨，雜訊雖然是我們不樂見的，但通常是可以測量的。如第五部的討論，一旦把雜訊測量出來，往往可以減少雜訊。

關於專業判斷

「就判斷問題而言，你無法指望大家的意見完全一致。」

「是的，這是判斷的問題，但有些判斷過於離譜，一看就知道是錯的。」

「從多個求職者當中做出選擇，只是表現你的好惡，而不是嚴肅的判斷。」

「一個決策需要預測性判斷，也需要評估性判斷。」

05

誤差的測量

顯然，一直出現偏誤會產生代價高昂的錯誤。如果你的體重計量出來的體重總是多了一點，如果一個經理人常常樂觀的預測專案所需時間是實際完成時間的一半，或是一個膽小的主管對未來的銷售年復一年過度悲觀，都會造成許多嚴重的錯誤。

我們已經看到，雜訊也會產生代價很高的錯誤。如果一個經理人經常預測專案所需時間是實際完成時間的一半，偶爾預測所需時間為實際完成時間的兩倍，說這個經理人的「平均預測時間」是對的，一點幫助也沒有。不同的錯誤會相加，不會互相抵消。

因此有個重要問題是：偏誤和雜訊如何造成誤差，以及對誤差有多大的影響？本章旨在回答這個問題。我們要傳達的基本訊息很明確：在所有類型的專業判斷中，只要是以準確爲目標，**在計算整體誤差時，偏誤和雜訊會扮演相同的角色**。在某些情況下，偏誤是造成誤差最主要的因素，在其他情況下，則主要是雜訊造成誤差（而且這種情況比我們預期的更常見）。但不管是在哪個情況下，雜訊的減少會對整體誤差有相同的影響，就跟減少相同數量的偏誤帶來的影響一樣。因此，雜訊的測量與降低、和偏誤的測量與降低一樣重要。

這個結論建立在一種特殊的測量誤差方法上。這種方法的歷史久遠，在科學與統計學上已經被廣泛接受。本章會概述這種方法發展的歷史，並簡要介紹基本的理論。

大利市公司是否該減少雜訊？

想像有一家名爲大利市（GoodSell）的大型零售公司，雇用很多銷售預測員。他們的工作是預測大利市在各地區的市占率。銷售預測部門的主管艾美・席金（Amy Simkin）讀了一本有關雜訊的書之後，開始進行雜訊審查。所有的預測員都對同個地區的市占率獨立做出預估。

圖3的平滑曲線顯示雜訊審查的結果。艾美可以看出所有的預測都分布在我們熟悉的鐘形曲線上，也就是呈現常態分布或高斯分布（Gaussian distribution）。

最常見的預測值出現在鐘形曲線的峰頂，也就是44%。艾美也看出公司的預測系統充滿雜訊：如果所有的預

圖3：大利市公司對某個地區的市占率預測

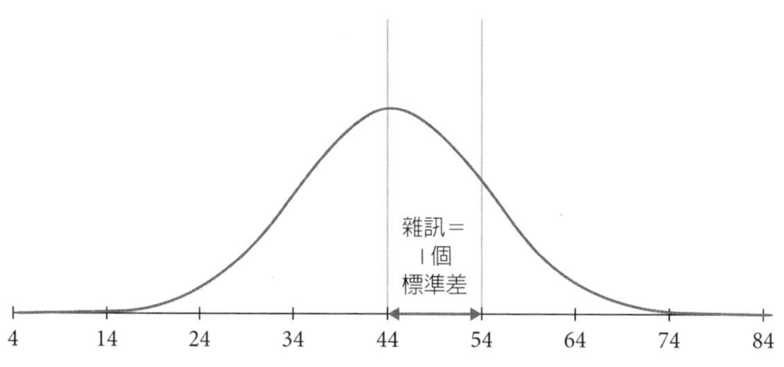

測都是正確的，預測值應該完全相同，但這裡的預測值變化很大。

我們可以用一個數字來代表大利市預測系統的雜訊量。就像我們用手機碼錶測量一連串的時間間隔一樣，我們也可以計算大利市銷售預測值的**標準差**。正如其名，標準差代表一組數值與平均值的差異。在圖3的例子中，標準差是10個百分點。正如每一個常態分布，大約三分之二的預測都落在平均值正負一個標準差的範圍內，以這個例子來說，是在市占率34%和54%之間。（更好的雜訊審查會利用好幾個預測問題來取得更穩健的估計，但就這裡的討論來說，一個預測問題就足夠了。）

就像第2章提到那家真實存在的保險公司高階主管一樣，艾美對雜訊審查的結果也很驚愕，而且想要採取行動。雜訊量多到讓人無法接受，代表預測員沒能好好依循工作流程進行預測。艾美要求公司聘請一位雜訊顧問，以提高預測部門的效能和紀律。不幸的是，老闆沒有答應她的要求。老闆說的似乎很有道理：他問，如果我們不知道預測是對是錯，如何減少錯誤？他也說，當然，如果預測的平均誤差很大（也就是出現嚴重偏誤的情況），那就應該先解決這個問題。他做出的結論是，在採取任何行動改善預測之前，大利市應該等一等，並找出這些預測是否準確。

在最初的雜訊審查一年後，預測員試著預測的市占率結果出爐。大利市在目標地區的市占率是34%。現在，我們知道每一個預測員的誤差，也就是他們的預測與結果的差異。預測市占率爲34%的人，誤差爲0，對預測到平均值爲44%的人而言，誤差爲10%，而對預測到偏低數值24%的人來說，誤差則是−10%。

圖4顯示誤差分布情況，看起來和圖3的預測曲線相

圖4：大利市公司對某地區的預測誤差分布

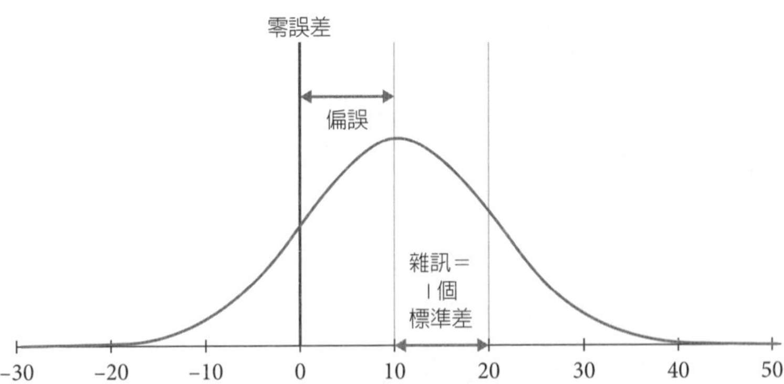

同，但每個預測值已經減去眞正的數值（34%）。分布曲線沒有改變，標準差依然是10%。

圖3與圖4的區別，就像圖1與圖2從靶子正面和背面檢視彈著點分布的情況一樣（見序言）。要觀察射擊中的雜訊，不需要知道靶心的位置；同樣的，對已知的預測雜訊而言，眞實結果並沒有影響。

艾美·席金和她的老闆現在知道一些先前不知道的事情，那就是預測的偏誤量。偏誤是每個誤差值的平均值，在這個例子當中也是10%。在這組數值當中，偏誤和雜訊剛好完全相同。（要特別說明：一般而言，雜訊和偏誤不會剛好相同。但在這個例子中，雜訊和偏誤相同只是爲了更容易理解它們的作用。）我們也可以看到，大多數的預測者都有過度樂觀的問題，也就是說，他們會高估可以達成的市占率：因此，大多數人的預測都落在零誤差垂直線的右側。（事實上，從常態分布的曲線圖來看，我們發現在這個案例中84%的預測都高估實際的市占率。）

艾美的老闆難掩得意之情的說，看吧，我說的沒錯，預測當中有很多偏誤！的確，顯然減少偏誤是對的。但艾美想知道，不管在一年前或是現在，減少雜訊是否也是個好主意？如果把減少雜訊的價值和減少偏誤的價值相比較呢？

平均的平方

爲了回答艾美的問題，我們需要一個針對誤差所做的「評分規則」，將單一誤差加權合併成測量整體誤差的單一數值。幸好，的確有這樣的工具，也就是高斯（Carl Friedrich Gauss）在1795年發明的最小平方法（method of least squares）。[1]高斯是著名的數學天才，生於1777年，十幾歲開始就發現很多重要的數學定理。

高斯提出一個測量個體誤差對總體誤差影響的方法。他衡量總體誤差的方法就是所謂的**均方差**（mean squared error; MSE），是指個體測量誤差平方的平均值。

關於高斯測量總體誤差的方法已經超出本書的範圍，他的解決方案也不是一看就懂。爲什麼要用誤差的平方？這個想法似乎讓人一頭霧水，甚至很怪異。然而你會看到，這建立在我們幾乎都有的直覺上。

爲了了解原因，讓我們來看一個看似完全不同的問題，不過最後你會發現這其實是同一個問題。想像有人給你一把尺，請你測量一條線的長度是多少公釐。你可以測量五次。測量出來的結果是圖5倒三角形尖端指的點。

如你所見，這五次的測量結果都在971到980公釐之間。對於這條線眞正的長度，你的最佳估計值爲何？有兩個最有可能的答案。一個是中位數，也就是在兩個較大值和兩個較小值中間的數字：973公釐。另一個則是算術平均數，

圖5：同一長度測量五次的結果。

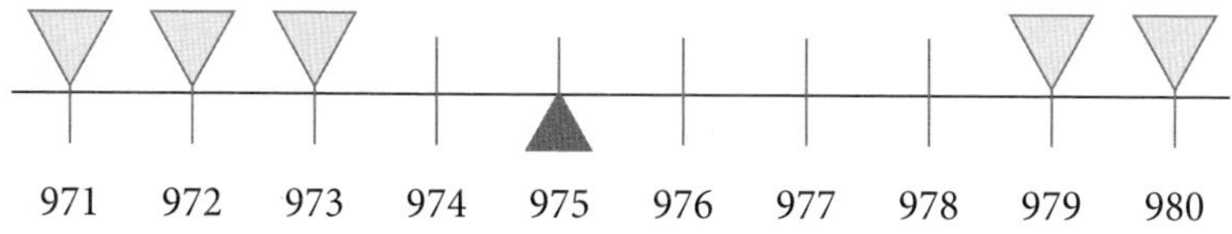

也就是一般說的平均值，在這個例子是975公釐，也就是圖5中正三角形頂點指的數字。你的直覺或許偏好平均值，這樣的直覺是正確的。平均值包含較多的訊息，會受到數字大小的影響，而中位數則只受到順序的影響。

這個估計的問題（關於你明顯的直覺），和這裡我們關心的總體誤差測量問題大有關聯。其實，這兩個問題就像同一枚硬幣的兩面，因爲最佳估計值就是使現有測量的總體誤差達到最小。因此，如果你認爲最佳估計值就是平均值，這樣的直覺是正確的。你用來測量總體誤差的公式應該能夠得出算數平均數，因爲這個數值的誤差是最小的。

均方差就具有這種特性，而且是總體誤差唯一的定義。在圖6中，我們計算五次測量值的均方差，而這條線的眞正長度有10個可能的整數值。例如，如果眞正的數值是971，五次測量的誤差分別是0、1、2、8、9。這些誤差的平方和是150，平均值是30。這個數字很大，意味有些測量值和眞正的數值相差甚遠。你可以看到，愈接近平均值975，均方差就愈小，離975愈遠，均方差就愈大。平均值是最好的估計值，因爲會使總體誤差達到最小。

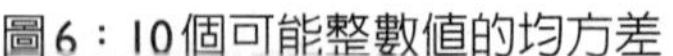
圖6：10個可能整數值的均方差

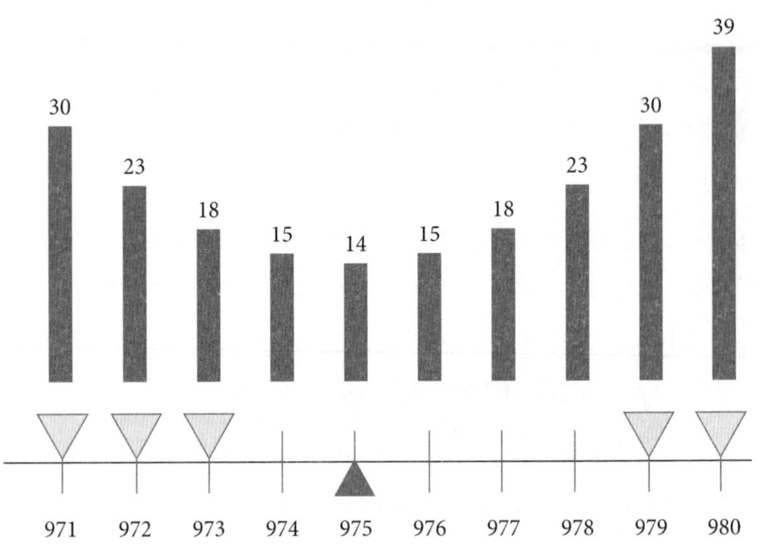

你還可以看到，當你的估計值偏離平均值時，總體誤差會迅速增加。舉例來說，雖然你的估計值只增加3公釐，從976變成979，均方差卻會加倍。這就是均方差的一個關鍵特點：大誤差值的平方比小誤差值的平方有更大的權重。

你現在明白爲什麼高斯衡量總體誤差的公式叫做均方差，也知道爲什麼他的估計方式叫做最小平方法。中心思想就是誤差的平方，沒有其他公式能符合「平均數是最佳估計值」的直覺。

其他數學家很快就看出高斯方法的優點。在高斯的眾多功績中，其中之一就是利用均方差（及其他數學上的創新）解決歐洲最優秀天文學家都苦惱的一個難題：重新發現穀神星（Ceres），這是1801年被太陽遮蔽而不見蹤影前、短暫被追蹤到的小行星。天文學家一直想要估算穀神星的軌道，但他們對望遠鏡測量誤差的計算方式有錯，因此小行星從未在他們預估的地點出現。高斯使用最小平方法重新計算，當天文學家把望遠鏡轉向他指出的方位時，他們發現了穀神星！

不同領域的科學家很快就採用最小平方法。兩百多年後，為了追求精確，這個方法仍是評估誤差的標準方法。將誤差進行平方加權就是統計學的核心。在所有科學學門的應用中，均方差占有非常重要的地位。正如我們會看到，這種方法有許多令人驚異之處。

誤差方程式

偏誤和雜訊在誤差的作用，可以簡單的用所謂的**誤差方程式**來表達。第一個等式把單次測量中的誤差分解成兩部分，也就是你現在熟悉的偏誤（平均誤差），以及殘留的「雜訊誤差」。當誤差大於偏誤時，雜訊誤差為正值，誤差小於偏誤時，雜訊誤差為負值。雜訊誤差的平均值為零。第一個誤差方程式沒有什麼新意：

單次測量的誤差＝偏誤＋雜訊誤差

第二個誤差方程式是均方差，也就是我們現在介紹的總體誤差。利用簡單的代數即可顯示出，均方差等於偏誤的平方加上雜訊的平方。[2]（請回想：雜訊是測量的標準差，與雜訊誤差的標準差相同。）因此：

總體誤差（均方差）= 偏誤^2+ 雜訊^2

這個等式的形式（兩個平方的和），也許會讓你想起中學學到的畢氏定理（Pythagorean theorem）。你也許還記得，直角三角形兩個較短邊的長度平方和等於斜邊長的平方。所以，你可以將均方差、偏誤^{2}和雜訊^{2}想成是三個位於直角三角形三個邊上的正方形。圖7顯示均方差（深黑正方形）等於其他兩個正方形面積的和。在左圖中，雜訊比偏誤還多，而在右圖中，則偏誤比雜訊還多，但兩個圖的均方差是一樣的，誤差方程式在這兩種情況下都會成立。

如數學等式及圖形所示，偏誤和雜訊在誤差方程式中扮

圖7：誤差方程式的分解

演同樣的角色。兩者是互相獨立的，就總體誤差而言，兩者的權重也相等。（我們在後面的章節分析雜訊的成分時，也會使用類似的分解法。）

誤差方程式爲艾美的問題提供一個答案：雜訊或偏誤減少的量一樣的話，總體誤差會如何受到影響？答案很簡單：在誤差方程式中，偏誤和雜訊是可以互換的，無論是誰減少，總體誤差減少的量都是一樣的。在圖4中，偏誤和雜訊剛好相同（都是10%），因此兩者對總體誤差的影響是相等的。

從誤差方程式來看，艾美一開始就想減少雜訊的做法的確沒錯。只要你觀察到雜訊，就該努力減少雜訊！這個方程式顯示，艾美的老闆建議大利市公司等到測量預測的偏誤結果出爐，再來決定該怎麼做，這種做法是錯的。以總體誤差而言，雜訊和偏誤是獨立的：不管偏誤有多少，減少雜訊的好處都是一樣的。

這個概念非常反直覺，但是至關重要。爲了說明這點，圖8顯示減少相同數量的偏誤和雜訊的效果。爲了讓你了解這兩個圖，我們用虛線表示原來的誤差分布（出自圖4）。

在圖A中，我們假定艾美的老闆決定照他的方式去做：他發現偏誤，並透過某種方法減少一半的偏誤（也許是提供回饋給過度樂觀的預測者）。先把雜訊的問題放在一邊。改善很明顯：整個預測的分布朝眞正的數值靠近。

圖B顯示，如果老闆同意艾美的要求，偏誤沒有改變，

圖8：偏誤減少一半vs.雜訊減少一半的誤差分布圖

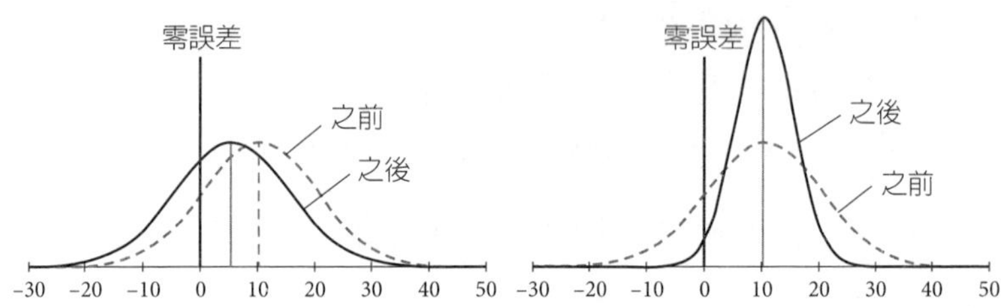

雜訊則減少了一半。奇怪的是，雜訊減少看起來反而更糟。現在預測比較集中（雜訊較少），卻沒有更準確（偏誤沒有減少）。84%的預測都在眞實數值的另一側，幾乎全部（98%）的預測值都超出眞實數值。雜訊減少似乎使預測更不準，這應該不是艾美希望看到的改善！

儘管表面上看來是這樣，不過圖B的總體誤差減少數量和圖A是相同的。圖B給我們預測更不準的錯覺，來自於對偏誤的錯誤直覺。衡量偏誤的相關指標不是正負誤差的不平衡，而是平均誤差，也就是鐘形曲線高峰值與眞實數值的距離。在圖B中，與原始預測相比，平均誤差並沒有改變，依然很高，有10%，但是沒有變得更糟。沒錯，但現在偏誤更引人注目，因爲偏誤在總體誤差所占的分量變大（爲80%，而不是50%），這是因爲雜訊減少的緣故。而在圖A，偏誤減少了，但雜訊不變。不管在圖A或圖B，均方差是一樣的：減少同等數量的雜訊或偏誤，對均方差的影響都一樣。

從這個例子來看，就預測性判斷的評量而言，均方差與一般人的直覺衝突。如果要讓均方差達到最小，就必須盡量避免大誤差。以測量長度爲例，把誤差從11公分減少爲10公分，與把1公分的誤差減少到零誤差相比，前者的成效是後者的21倍。不幸的是，我們的直覺卻幾乎剛好相反：我們熱衷於追求零誤差，對小誤差非常敏感，但幾乎完全不在乎兩個大誤差的差異。[3]即使你眞的相信你的目標是做出準確的判斷，但你對結果產生的情緒化反應，與科學上認爲達到準確的情況並不相容。

當然，最好的方法就是減少雜訊，也減少偏誤。既然偏誤和雜訊是獨立的，就用不著在艾美和她的老闆之間做選擇。如果大利市公司決定減少雜訊，而事實上雜訊的減少會使偏誤變得更明顯，讓人無法視而不見，這說不定反而是件好事。減少雜訊的目標達成之後，會確保減少偏誤成爲公司的下一個目標。

誠然，如果偏誤要比雜訊大得多，還是得優先處理偏誤的問題。但大利市公司的例子凸顯另一個值得注意的問題。在這簡化的模型中，我們假設雜訊和偏誤的數量相同。從誤差方程式來看，雜訊和偏誤對總體誤差的影響也是相同的：偏誤占總體誤差的50%，雜訊也是。然而，正如前述，84%預測者的錯誤都在同個方向。偏誤這麼大（七個人當中有六個犯了同個方向的錯），竟然和雜訊的影響相同。因此，如果發現在一些情況下，雜訊比偏誤來得嚴重，也就不會讓人訝異了。

我們用單一個案來說明誤差方程式的應用，也就是大利市公司在某一地區的市占率預測。當然，總是會有人希望同時對多個個案進行雜訊審查。其實，做法完全一樣。誤差方程式可用在不同的個案上，總體誤差就是偏誤平方與雜訊平方的和。如果艾美能取得多個地區的預測資料，那就更好了，不管資料來自同一批預測員或另一批預測員。只要她把結果平均，就能更準確掌握大利市公司預測系統的偏誤和雜訊。

雜訊的代價

誤差方程式是本書的思想基礎，「為減少預測性判斷中的系統雜訊」的目標提供依據，這個目標與減少統計偏誤同樣重要。（我們要強調的是，統計偏誤並不是社會歧視的同義詞，只是指一組判斷的平均誤差。）

誤差方程式及我們從中得出的結論，取決於使用均方差作為總體誤差的衡量標準。這個規則適用於純粹的預測性判斷，包括預測和估計。而預測和估計的目標就是在準確度（accuracy）最高（偏誤最小）和精確度（precision）最高（雜訊最小）下接近真正的數值。

然而，誤差方程式並不適用於評估性判斷，因為誤差的概念取決於真正數值的存在，因此很難運用在評估性判斷上。此外，即使能明確指出誤差是多少，它們的代價很少是成比例的，而且不大可能與誤差的平方成正比。

例如，對於一家電梯製造公司來說，電梯最大載重量的估計錯誤所造成的結果，顯然是不對稱的：低估會付出代價，但高估可能會造成災難。同樣的，平方誤差（squared error）也與何時該出門趕火車的決定無關。對這個決定來說，晚一分鐘或晚五分鐘的結果可能是一樣的。又如第2章中提到的保費報價和理賠金額的估算，不論估得太高或太低，都會帶來損失，但是沒有理由認爲這兩種情況的代價是相等的。

這些例子凸顯出有必要區分預測性判斷和評估性判斷的角色。關於什麼是好的決策，我們大抵認爲不該把自己的價值觀和事實混爲一談。好的決策必須以客觀、準確的預測性判斷作爲基礎，完全不受希望和恐懼的影響，或是受偏好和價值觀左右。對電梯公司來說，第一步應該是計算不同工法的電梯最大載重量。在第二步，安全才是最主要的考量因素，這時，評估性判斷會選擇一個可以接受的安全邊際來設定最大載重量。（當然，這個選擇也取決於設定該安全邊際的成本與收益等事實判斷。）同樣的，決定何時出門前往車站的第一步，應該是客觀評估不同交通方式可能各需要多少時間。至於趕不上火車或早到浪費時間的代價，只有在你願意接受這些風險的情況下才必須考量。

同樣的邏輯可以運用在重大決策上。一位軍事指揮官在決定是否發動攻擊時，必須權衡很多因素，但這位指揮官仰賴的情報大抵是預測性判斷。一個政府在因應健康危機，如傳染病在全球大流行時，應該考量各種選擇的利弊。然而，如果無法準確預測各種選擇（包括決定什麼都不做）的可能後果，就不能進行評估。

上述提到的所有例子最終都需要評估性判斷。決策者必須考量多種選擇，並運用自己的價值觀做出最佳選擇。但這些決策都必須以價值中立的預測爲基礎，目標是準確（盡可能接近靶心），而均方差就是衡量誤差最適當的方法。只要偏誤不會大幅增加，減少雜訊將能改善預測性判斷。

關於誤差方程式

「奇怪的是，減少相同數量的偏誤或雜訊對準確性有同樣的影響。」

「不管你對偏誤的了解為何，減少預測性判斷中的雜訊總是有用的。」

「當個別的判斷中，有84%比真實數值高，16%比真實數字低時，表示有很大的偏誤，不過，這時偏誤與雜訊量是相同的。」

「每一個決策都涉及預測性判斷，而準確性應該是唯一的目標，你必須把你的價值觀和事實分開。」

06

雜訊分析

前一章討論單一個案的測量或判斷的變異。我們只看一個案例時，所有判斷的變異都是誤差，而誤差的兩個構成要素就是偏誤和雜訊。當然，我們檢測的判斷體系，包括法院和保險公司，全都必須處理不同的案件，並從中加以區分。如果聯邦法官和保險公司的理賠人員不管碰到什麼案件，都做出同樣的判決或判斷，他們就沒有什麼用處了。不同案件中的判斷差異，大多數都是刻意造成的。

然而，我們可不希望同個案件出現不同的判斷，這種判斷的變異就是系統雜訊。正如我們會看到的，在雜訊審查中，看同一批人如何對幾個案件做出判斷，可以對系統雜訊進行更詳細的分析。

量刑的雜訊審查

爲了說明多種案例的雜訊分析，我們使用非常詳盡的聯邦法官量刑雜訊審查資料。[1]分析結果發表於1981年，是第1章討論的量刑改革運動的一部分。這項研究雖然僅限於量刑決定，然而其他專業判斷也可以從中汲取教訓。這次雜訊審查的目的不只是檢視法蘭科法官等人蒐集到的生動軼事案例，還要用更有系統的方式來「確認量刑差異的程度」。

這項研究的作者群設計16個假設被告有罪、而且要被判刑的案件。這些案件包括搶劫、詐騙，但有六個層面有所不同，如被告是主嫌還是共犯、是否有前科、搶劫案件是否使用武器等。

研究人員以美國208名在職聯邦法官爲調查樣本，精心安排結構性訪談（structured interview）*。在90分鐘的訪談時間中，法官要看研究人員提供的16件案例摘要，並對被告量刑。[2]

你可利用圖像來了解這項研究。請想像有一張很大的表格，有十六個由A到P的直欄代表案件，還有由1至208的橫列代表208名法官。從A1到P208，每一個儲存格代表某一位法官對某一個案件被告判處的刑期。圖9顯示這3,328個儲存格的表格樣貌。爲了研究雜訊，我們會把焦點放在16個直欄，每一欄都是獨立的雜訊審查。

圖9：量刑研究表

	A案	B案	C案	O案	P案	法官平均值
1號法官	0.5	1.5	--	13.5	12.0	**6.6**
2號法官	2.0	--	5.5	17.5	20.0	**8.4**
3號法官	1.5	1.8	4.0	15.0	14.0	**5.0**
207號法官	1.0	0.5	3.0	16.0	10.0	**7.3**
208號法官	0.5	0.3	4.0	25.5	20.0	**8.7**
案件平均刑期	**1.0**	**1.1**	**3.7**	**12.2**	**15.3**	**7.0**

典型個案標準差：3.4年

法官平均值標準差：2.4年

平均刑期

對於一個案件，無法客觀認定刑期的「眞實數值」。在下文中，我們會把208個法官對每個案件的量刑平均（平均刑期）視爲那個案件的「公正」判決。正如第1章所述，美國量刑委員會也是採用相同的假設，以過去案件的平均刑期作爲設立量刑基準的基礎。圖9假設每一個案件的平均量刑是零偏誤。

我們很清楚，事實上，這種假設是錯誤的：某些案件的平均刑期，跟其他類似案件的平均刑期相較之下，可能會有偏誤，例如受到種族歧視的影響。各案件偏誤的變異量（有些是正偏誤，有些則是負偏誤）是造成誤差和不公平最主要的原因。令人費解的是，這種變異量就是我們經常說的

＊ 譯注：結構性訪談是由訪問者事先設計好結構性的問題，然後依照問題順序詢問受訪者，同時受訪者必須依照答案的結構做選擇，無法暢所欲言。

「偏見」。[3]本章及本書的分析是把焦點放在雜訊上，這是另一個誤差的來源。法蘭科法官強調雜訊造成的不公平，也請世人注意偏見的問題（包括種族歧視）。同樣的，我們把重點放在雜訊上，並不表示衡量與對抗共同偏誤的重要性會因而減損。

爲了方便起見，圖9表格最後一行標注每一個案件的平均刑期。案件按照罪行嚴重程度排列：A案的平均刑期爲1年，P案則是15.3年。16個案件的平均刑期則是7年。[4]

現在，請想像在一個完美的世界中，所有的法官都是完美無缺的司法衡量工具，量刑雜訊爲零。圖9呈現的是這樣的世界嗎？顯然，A案那欄裡的數值應該完全相同，因爲所有的法官審理A案，都是判處被告一年徒刑。其他15欄也應該是這樣。當然，每一個橫列裡的數值會有不同，那是因爲審理的案件不同。但是每一列的上一列和下一列都應該完全相同。這張表格唯一的差異應該來自案件之間的差異。

很遺憾，聯邦司法世界並不完美。法官的看法並不相同，每一個直欄裡的差異性很大，代表每個案件的判決都有雜訊。法官的量刑不該有這麼大的差異，本研究的目的就是分析這個問題。

刑度抽籤

在上述完美的世界裡，只要是同一個案件，不管是哪一個法官，判處的刑罰應該完全相同。圖9每一欄格子裡的208個數字也會完全一致。現在，你可以檢視每一欄，並藉著改變一些格子的數字來增加雜訊，有的數字會讓平均刑期增加，有的則會減少平均刑期。由於這樣的改變並非完全相同，在各欄之內的數字就會產生差異。這種差異就是雜訊。

這項研究的重要結果是可以觀察到**每一個案件的量刑差異**很大。要測量每個案件中的雜訊，就是看各案件刑期的標準差是多少。就一般的案件而言，平均刑期爲7年，標準差則是3.4年。[5]

雖然你可能已經很熟悉**標準差**這個術語，但你也許會發現具體的描述是有用的。想像你隨機抽選兩位法官，並計算他們對某個案件的量刑差異。現在，重複相同的步驟，算出所有案件任意兩位法官的差異，並求出所有結果的平均值。這個衡量數字就是**平均絶對差**（mean absolute difference），這應該可以讓你了解聯邦法庭被告面臨的情況就如同抽籤一樣。如果所有刑期呈現常態分布，平均絕對差會是標準差的1.128倍，這意味著在同一個案件，兩個隨機選擇的判決平均差異是3.8年。在第3章中，我們提到保險公司的客戶在投保時，會由哪一位核保人員承辦就像抽籤。刑事被告也是如此，至少可以說，他們受到的影響更大。

平均刑期爲7年，法官之間的平均絕對差爲3.8年，這樣的結果令人不安，在我們看來也是難以接受。然而，我們有充分的理由懷疑，在實際執法中，雜訊甚至更多。首先，這次雜訊審查是利用假設的案件，而且很容易比較，並依照一定的順序呈現。眞實案件不大可能有這樣的一致性。其次，法庭上的法官能掌握的訊息要比這次參與研究的法官要多得多。新訊息除非很確切，不然會提供法官更多機會做出不同的判斷。因爲這些理由，我們懷疑，眞實法庭中的被告面對的雜訊要比這裡看到的情況還多。

水準雜訊

在下一步的分析中，作者群將雜訊分解爲幾個部分。關於雜訊，你的第一個念頭也許認爲這跟法官的嚴厲程度不同有關，法蘭科法官也是這麼想。任何辯護律師都會告訴你，每一個法官都有自己的風格，有些法官是嚴厲的「絞刑法官」（hanging judges），比一般法官要來得嚴厲，有些法官則是「好人法官」（bleeding-heart judges），比一般法官來得寬容。我們將這樣的偏差稱爲**水準誤差**（level error）。（再次強調：這裡的誤差定義爲離均差；如果一般法官的判決是錯的，誤差反倒可以矯正不公平的現象。）

任何判斷都會出現水準誤差的變異。例如在評估員工績效時，有些主管比其他主管來得寬鬆，有些預測者對市占率的預測比其他人來得樂觀，或是有些骨科醫師會比其他醫師更積極的推薦背部手術。

圖9中的每一列顯示每一位法官的量刑。每位法官判處的平均刑期在該列的最右邊，這是衡量法官嚴厲程度的一個方法。事實證明，就這方面而言，法官之間的差異頗大。最右欄顯示的標準差為2.4年。這樣的變異與公平正義無關。反之，正如你的猜測，平均量刑的差異反映法官其他特質的不同，如他們的背景、生活經驗、政治理念、偏見等。研究人員調查法官對量刑的一般態度，如法官是否認為量刑的主要目的是隔離懲罰（incapacitation，把犯人隔離在社會之外）、使犯人改過自新，或是嚇阻犯罪。他們發現，認為量刑主要目的是使犯人改過自新的法官，往往會比強調隔離懲罰與嚇阻犯罪的法官判處較短的監禁期、以及較長的監管期。美國南部的法官判處的刑期要比美國其他地區的法官來得長。可見，保守的意識型態與嚴厲的刑罰相關。

總結來說，量刑的平均水準就像一種人格特質。法官的嚴厲或寬鬆，就像外向程度或親和性等人格特質一樣，都是可以衡量的。我們猜測法官量刑嚴厲與否，就像其他特質一樣，和很多因素相關，如遺傳因素、生活經歷，以及其他的人格特質。這些都與案件或被告無關。我們用**水準雜訊**（level noise）這個詞來代表法官平均判決的變異性，這和水準誤差的變異性是相同的。

型態雜訊

如圖9的黑色箭頭所示，水準雜訊是2.4年，系統雜訊爲3.4年。這樣的差異代表系統雜訊要比個別法官平均嚴厲程度的差異要來得大。這是雜訊的另一種成分，我們稱爲**型態雜訊**（pattern noise）。

爲了了解型態雜訊，請再看一次圖9，把焦點放在隨機選擇的一格，例如C3。C案的平均刑期在該欄最下方，你可以看到是3.7年。現在，再看看3號法官評定所有案件的平均刑期，即第三列最右欄，也就是5.0年，比總平均數少了2.0年。如果在C欄，法官嚴厲程度的變異是唯一的雜訊來源，可以預測C3爲3.7年－2.0年＝1.7年。但是，C3的實際數值爲4年，顯示法官在爲此案量刑時特別嚴厲。

你可以透過這種簡單的加法邏輯，預測這張表上每一欄的數值，但你發現大多數的格子都偏離這個簡單的模型。[6]你看同一列，就會發現同一位法官並非審理所有案件都一樣嚴厲，與他們個人的平均值相比，他們有時比較嚴厲，有時則比較寬容。我們稱這些殘餘的偏差是**型態誤差**（pattern error）。如果你把表中每一格的型態誤差寫下來，就會發現每一位法官（橫列）的型態誤差加起來爲零，每一個案件（直欄）的型態誤差加起來也是零。然而，型態誤差對雜訊的影響不會被抵消，因爲爲了計算雜訊，所有格子中的數值都必須以二次方計算。

還有一個更簡單的方法，可以確認量刑的簡單加法模型不成立。你可以在表格中看到，每一欄最下方的平均刑期從左至右逐漸增加，其中每一列的數值卻不是如此。以208號法官爲例，在他的判決之下，O案的被告刑期卻比P案的被告長。如果所有的案件都依照每一位法官認爲合適的刑期長短來排列，排列順序應該不同。

我們用**型態雜訊**來形容剛提到的變異性，因爲這種變異性反映法官對特定案件的態度呈現複雜的型態。例如，一位法官一般來說可能比較嚴厲，但對白領罪犯會比較寬容。另一位法官雖然傾向從輕處罰，但罪犯若是累犯，則會更加嚴厲。第三位法官的嚴厲程度也許接近平均值，但是對於共犯會比較寬容，要是受害者是老人則會比較嚴厲。（爲了方便閱讀，我們使用**型態雜訊**這個術語。適當的統計學術語應該是**法官×各案件的交互作用**，意思是「逐案判斷」。對於曾受過統計訓練的人，我們很抱歉讓你們有變換術語的負擔。）

在刑事司法的脈絡下，法官對某些案件的特殊反應，也許反映法官個人的量刑哲學。其他反應則可能源於法官自己幾乎沒有察覺的聯想，如某個被告讓他想起一個特別可惡的罪犯，或是被告長得像他的女兒。無論來源爲何，這些型態都不是偶然的：如果法官再次看到同樣的案件，預計還會有相同的反應。不過在實務上，型態雜訊很難預測，而且爲原來已經無法預測的抽籤式量刑增加更多的不確定性。正如這項研究的作者群提到：「法官之間的型態差異在罪行／罪犯特徵的影響下，成爲另一種量刑差異。」[7]

你也許已經發現，我們可以依照前一章誤差方程式把誤差分解成偏誤和雜訊的邏輯，把系統雜訊分解爲水準雜訊和型態雜訊。這次，系統雜訊的方程式可以這麼表示：

系統雜訊^2＝水準雜訊^2＋型態雜訊^2

圖10：系統雜訊的分解

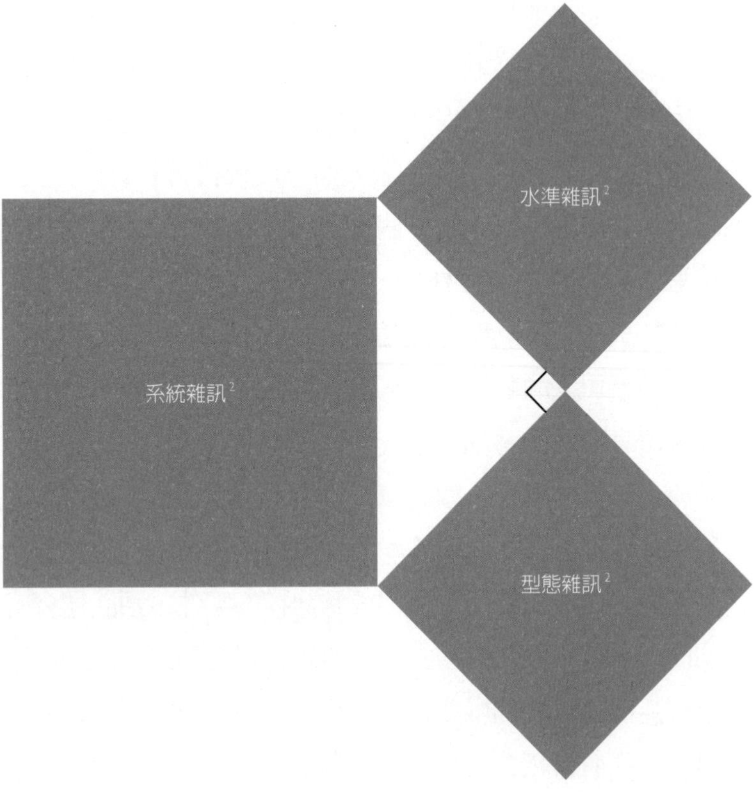

這個方程式也可以和誤差方程式一樣用圖形來表現（見圖10）。圖中三角形直角的兩個邊長是相等的，這是因爲在量刑的研究中，型態雜訊和水準雜訊對系統雜訊的影響，大致上是相同的。[8]

型態雜訊處處可見，如醫師決定是否收病人住院、公司決定雇用誰、律師決定是否接受委任、好萊塢主管決定製作哪些電視節目等。在這些情況當中，都會出現型態雜訊，不同法官爲多個案件量刑時，對於案件的排序也有所不同。

雜訊的成分

我們在解析型態雜訊時忽略一個重要的複雜性，那就是隨機誤差可能的影響。

還記得先前的碼錶練習。你反覆測量10秒鐘的時間，結果每一次的結果都不一樣，這顯示個體內的變異。同樣的，如果要求那些法官再次爲那16個案件量刑，他們判定的刑期不會和前一次完全相同。事實上，正如我們看到的，如果原來的研究在同一週的另一天進行，法官不會做出完全一樣的判決。如果法官的女兒那天發生值得恭喜的事情，或是法官支持的球隊昨天贏了，也有可能那天風和日麗，使得法官心情愉悅，因此在量刑時就會比較寬容。這種個體內的變異，在概念上和剛才討論的個體間的穩定差異是不同的，但是要區別變異的源頭並不容易。如果是短暫性影響引起的變異，我們稱為**場合雜訊**。

在這個研究中，我們刻意忽略場合雜訊，在雜訊審查中把法官量刑的個人特殊型態解釋成穩定的態度。這種假設當然是樂觀的，但我們有理由相信在這個研究中，場合雜訊的影響不大。參與這項研究的法官都有豐富的經驗，罪行和被告的特徵有什麼樣的重要性，他們自然都有自己的定見。在下一章，我們會更詳細探討場合雜訊，並說明如何將場合雜訊從型態雜訊的穩定成分中分開來。

總之，我們討論幾種雜訊。**系統雜訊**是指多人對同一個案件的判斷出現令人討厭的變異性。我們已經找出系統雜訊的兩個主要成分：

- **水準雜訊**是不同法官判斷平均水準的變異。
- **型態雜訊**是法官對特定案件反應的變異。

在這個研究中，水準雜訊與型態雜訊的數量大致相等。然而，我們認為型態雜訊必然包含一些**場合雜訊**，可以把場合雜訊當作隨機誤差。

我們以司法體系中的雜訊審查作為例證，但同樣的分析適用於各種雜訊審查，如在商業、醫療、政府或其他領域的雜訊審查。水準雜訊和型態雜訊（後者包括場合雜訊）都對系統雜訊有影響，在接下來的討論中，我們還會再探討這些問題。

關於雜訊分析

「水準雜訊就是不同法官呈現出不同的嚴厲程度。型態雜訊是指不同法官對某一個被告更嚴厲或更寬容而出現意見分歧的狀況。型態雜訊當中包含場合雜訊，這是指法官自己有不同的意見。」

「在一個完美的世界裡，所有的被告應該享有公平的待遇。但在現實世界，他們面對的是一個充滿雜訊的系統。」

07

場合雜訊

一個職業籃球選手準備要罰球。他站在罰球線上，聚精會神，然後，投籃。這一連串精準的動作，他已經練習過無數次。他能進球得分嗎？

我們不知道，他也不知道。NBA球員的命中率一般是75％。顯然，有些球員的表現比較好，但是沒有任何一個球員會百分之百命中。史上最高的罰球命中率大概比90％高一些。[1]（寫到這裡時，三大罰球王是史蒂芬・柯瑞〔Stephen “Steph” Curry〕、史蒂夫・納許〔Steve Nash〕和馬克・普萊斯〔Mark Price〕。）NBA球員在職業生涯中罰球命中率最低的大約是50％。（舉例來說，傳奇球星俠克歐尼爾〔Shaquille O’Neal〕的罰球命中率只有53％左右。[2]）雖然籃框總是10呎高（3.05公尺）、離罰球線15呎遠（4.6公尺），而且一顆籃球的重量爲22盎司（624公克），然而每次都要用精準的連續動作與姿勢投籃得分，實在很不容易。可想而知，不同的球員之間會有變異，即使同一位球員也會有不一樣的表現。罰球就像是一種抽籤，如果投籃的人是柯瑞，命中率會比歐尼爾要高得多，儘管如此，這仍像抽籤。

這種變異從何而來？我們已經知道，無數的因素會影響球員在罰球線上的表現：例如上場太久因而疲倦、比數接近時的心理壓力、主場觀眾的歡呼聲，或是敵隊的球迷發出噓聲等。如果像柯瑞或納許這樣的罰球王出現失誤，我們會說或許是上述的因素造成的。事實上，我們不大可能知道這些因素在失誤當中確實扮演的角色。罰球投籃的變異性就是一種雜訊。

二次抽籤

罰球投籃的變異性或其他生理過程的變化都在意料之中。我們已經習慣身體的變化：在不同時間，我們的心率、血壓、反射動作、音調、手的顫抖都會不同。儘管我們試著簽下完全一致的筆跡，但是每張支票上的簽名還是有些不同。

心思的變異就更不容易察覺了。當然，我們都有過改變心意的經驗，即使是在沒有新的訊息之下。昨晚讓我們捧腹大笑的電影，現在看起來似乎只是平庸之作、過目即忘。

昨天我們對一個人嚴厲批判，今天又覺得應該可以放他一馬。一個我們本來不欣賞或不了解的論點，細思之後，現在反過來感覺很有吸引力。這些例子都顯示，對一些比較主觀的小事，我們比較容易出現這樣的轉變。

事實上，我們的觀點確實會毫無來由的發生變化。即使是專家審慎的判斷也是如此。例如，同一位醫師再看一次相同的病例時，診斷的結果可能截然不同（見第22章）。又如，在美國一場重要的葡萄酒大賽，同一支酒，評審品嘗了兩次，給分相同的只有18%（通常分數相同的都是最糟的酒）。[3]法醫鑑定相同的指紋兩次，僅管時間只有相隔數週，可能會得出完全不同的結論（見第20章）。就算是經驗豐富的軟體開發顧問預估同一個專案的完成時間，前後兩次估算出來的時間可能相差甚遠。[4]簡而言之，就像籃球球員罰球投籃不會每一次都完全相同一樣，即使擺在我們眼前的事實完全相同，在兩個場合之下所做的判斷還是免不了會有差異。

前面描述，挑選核保人員、法官或醫師就像抽籤，而且會產生系統雜訊。場合雜訊就是二次抽籤的產物。這次抽籤涉及專業人員做判斷的時間點、專業人員的心情、記憶猶新的案例，以及每個場合的無數特點。第二次抽籤通常要比第一次抽籤來得抽象。例如，我們看到第一次抽籤可能由不同的核保人員來承辦，但這位核保人員的實際反應可能是抽象並違反事實的。我們只知道這樣的判斷會發生是來自各種可能性的選擇，而這些看不到的可能性會出現變異。場合雜訊就是這麼來的。

場合雜訊的測量

測量場合雜訊並不容易，基於同樣的理由，場合雜訊的存在一旦成爲事實，也常教人吃驚。當人們經過深思熟慮形成專業意見時，會找理由證明自己的觀點無誤。如果有人要求他們解釋自己的判斷，他們通常會拿出有說服力的論據來捍衛。如果他們再次面對同樣的問題，並發覺這是同樣的問題，就會拿出早先的答案，這樣既省力，又可保持一致性。像是這個來自教學專業的例子：如果一位老師給一位學生的報告打了高分，一個禮拜後，看到原來的分數之後再看一次報告，他就不大可能給低分。

基於這個原因，只要案例讓人印象深刻，場合雜訊就很難直接測量出來。例如你給一位核保人員或刑事法官看他們承辦過的案件，他們也許會記得那個案件，然後做出相同的判斷。有篇文獻檢視專業判斷的變異（技術上稱爲**再測信度**〔test-retest reliability〕，或簡稱**信度**〔reliability〕），其中包括很多研究，要求專家在同一個期間針對同一件事進行兩次判斷。結果不意外，他們往往會同意自己的意見。[5]

前面我們描述在實驗中，刻意讓專家受試者認不出是自己判斷過的例子。如葡萄酒評審以盲測來品評，讓指紋鑑識人員看已經比對過的指紋，以及未告訴軟體開發專家要評估的專案其實不是幾個禮拜或幾個月後的案子，而是已經評估過的專案。

另一個間接確認場合雜訊是否存在的方法，就是利用大數據和計量經濟學。過去的專業決策如果有大樣本可以利用，分析人員有時就能檢驗這些決策是否受到特定場合或一些不相關因素的影響，如在一天中的哪個時刻或是室外氣溫。這些不相關的因素對判斷的影響如果具有統計顯著性，那就是場合雜訊存在的證據。從現實的角度來看，我們不可能找出所有場合雜訊的外在來源，但就已發現的外在來源，可以看出這些來源非常廣泛。如果我們要控制場合雜訊，就得設法了解場合雜訊是怎麼來的。

群眾智慧效應

想想這個問題：美國的機場數量占全世界機場的比例有多少？你思考這個問題時，腦中也許會出現一個答案。但這個思考過程跟你想起自己今年幾歲或你的電話號碼不同。你知道你剛剛想到的答案是個估計值。這不是一個隨機的數字，1%或 99%顯然都是錯誤的。你想到的數字只是你無法排除的眾多可能之一。如果有人把你的答案加一個百分點或減一個百分點，你可能覺得這樣猜測也一樣合理。（如果你想知道，正確答案是32%。[6]）

愛德華・傅爾（Edward Vul）與哈爾・帕希勒（Harold Pashler）兩位學者請人回答這個問題（以及許多類似問題）不只一次，而是兩次。[7]第一次回答問題時，他們並沒有被告知必須再猜測一次。傅爾和帕希勒假設兩個答案的平均值會比任何一個答案更爲準確。

結果證明他們的假設是對的。一般而言，第一次猜測的數字要比第二次更接近正確答案，但是最好的估計值來自兩次猜測的平均值。[8]

傅爾和帕希勒從**群衆智慧效應**這個著名現象獲得靈感，這是指把不同人的獨立判斷加以平均，通常能提高準確率。維多利亞時代著名的博學家法蘭西斯・高爾頓（Francis Galton）是演化生物學宗師達爾文的表弟。他在1907年發表的報告中提到，他參加了一場家禽家畜博覽會，主辦單位請民眾猜測一頭得獎公牛宰殺、開膛後的重量。他取得787位村民猜測的答案。結果，公牛的重量是1,198磅，所有村民答案的平均值爲1,197磅*，只差1磅就完全猜中。而且中位數（1,207磅）也很接近標準答案。雖然村民的個別預測值充滿雜訊，但平均值幾無偏誤，足可顯示「群眾的智慧」。高爾頓的實驗結果讓他很驚訝，他本來只相信自己的判斷，對村民的判斷不以爲然，但這個結果讓他極力主張，他的結果證明「民主判斷的可信度要比我們預期的來得高」。

還有幾百種情況也可以發現類似的結果。當然，如果問題太難，只有專家的答案才有可能接近正確答案，而群眾的答案不一定準確。但是，若你要求一群人猜測一個透明罐子裡有多少顆雷根糖（Jelly Beans）、預測居住城市一週後的氣溫，或是估計一個州內兩個城市的距離等，多人猜測的平均值可能最接近正確答案。因爲這是基本統計學：把幾個獨立判斷（或測量）平均起來，就會產生一個新的判斷。與個別判斷相比，儘管新判斷的偏誤沒有減少，雜訊卻變少了。[9]

傅爾與帕希勒想知道同樣的效應是否也能延伸到場合雜訊？如果你讓同一個人猜測兩次，就像綜合不同人的猜測一樣，這樣是否會更接近正確答案？他們發現的確如此。因此傅爾與帕希勒爲這個發現取了一個生動的名稱：**內心中的群體**。

不過，將同一個人的兩次猜測平均起來，不像尋求獨立的第二意見一樣可以大幅改善判斷。如傅爾和帕希勒所言：「問自己同樣的問題兩次，跟從別人那裡獲得第二意見相比，價值只有後者的十分之一。」[10]這樣的幫助不大，但你可以藉由拉長第二次猜測的時間來獲得更大的效益。傅爾和帕希勒過了三個禮拜再問受試者相同的問題，這時得到的好處就比較明顯了，約是第二意見價值的三分之一。如果不必向外界求助，也不需要額外的訊息，這倒是不失爲一個好

* 譯注：請參閱Revisiting Francis Galton's Forecasting Competition by Kenneth F. Wallis. http://hummedia.manchester.ac.uk/schools/soss/economics/conference/Ken%20Wallis.pdf

方法。而且這樣的結果印證了古老諺語給決策者的建議：「先睡一覺，明天再說。」

差不多同時，有兩位德國研究人員史帝芬．何索（Stefan Herzog）與雷夫．赫維格（Ralph Hertwig）也利用相同的原則進行研究，只是執行方式不同。[11]他們不是要求受試者再次猜測，而是要受試者想出其他可能，而且讓答案盡量和第一次的猜測不同。如此一來，受試者就得努力去看第一次沒考慮到的訊息。他們給受試者的指示如下：

> 首先，假設你第一次猜錯了。接著，請想想哪些原因使你無法猜中。哪些假設和考慮可能是錯的？第三，你有什麼新的考量？這些考量意味著什麼？第一次估計值太高，還是太低？第四，請基於這個新觀點，想出不同的答案。

接下來，何索和赫維格也跟傅爾和帕希勒一樣，把受試者的兩個估計值加以平均。他們將這種技巧命名為**辯證性的自我重複抽樣法**（dialectical bootstrapping），相較於簡單要求受試者緊接著再猜一次，這套做法讓準確率得以大幅提升。因爲受試者被迫以新的角度思考問題，因此在自己心裡重新抽樣，有如要求另一個自己提供答案。這兩個自己皆屬於「內心中的群體」，而且是兩個不同的成員。因此，他們的平均值就比較接近正確答案。這種「辯證性」的估計連續進行兩次之後，準確度會提升到大約第二意見價值的一半。

何索和赫維格的結論是，決策者最後只要在兩個做法之間做選擇：如果你可以從別人那裡得到意見，那就去做，因爲眞正的群眾智慧能大幅增進你的判斷；如果無法得到別人的意見，那就自己進行第二次判斷，創造「內心中的群體」。你可以給自己一段時間和最初的想法保持距離，或是積極的跟自己辯論，設法從另一個角度來看問題。最後，不管你用的是哪一種群體，除非你有非常好的理由非得側重其中一個估計值，否則最好還是把這些估計值取平均值。

這一系列的研究不但提供實用的建議，還能讓人洞視判斷的本質。正如傅爾和帕希勒所言：「受試者的反應是從內在的機率分布提取樣本，而不是從他們擁有的所有知識所選定。」[12]這個觀點與你回答前述美國機場問題的經驗相呼應。你想出來的第一個答案並沒有囊括你所有的知識，甚至不是你知識的精華。許許多多可能的答案就像一朵又一朵的雲飄浮在你的腦海裡，你的答案只是其中一朵。就一些非常專業的問題而言，針對同一個問題，同一個人可能會有不同的答案，這種變異性並非偶然：我們所做的每一個判斷，總會受到場合雜訊的影響。

場合雜訊的來源

至少有一種場合雜訊是我們都會注意到的，那就是情緒。我們都有經驗，知道自己的判斷如何受到感覺的影響，而且我們當然也知道其他人的判斷同樣會因爲情緒而有所變化。

情緒對判斷的影響一直是很多心理學研究的主題。誘發一個人的情緒，使他暫時沉浸在快樂或悲傷之中，然後測量他做判斷和決策的變異，這是很容易做到的。研究人員利用多種技巧來達到目的。例如，有時要求受試者把快樂或悲傷的回憶寫下來。有時則只是要求受試者看一段搞笑或催淚的影片。

有幾位心理學家花了數十年的時間研究情緒操縱的效果。或許最多產的一位是澳洲心理學家約瑟夫．福嘉斯（Joseph Forgas）。[13]他發表以情緒爲主的研究報告大概有100篇。

福嘉斯的一些研究可以證實你的想法：人在心情好的時候通常會比較正向，比較容易回想起快樂的回憶、而非悲傷的回憶，比較容易贊同別人的意見，比較慷慨，也比較樂於助人等等。負面情緒的效果則恰恰相反。福嘉斯寫道：「如果一個人心情好，看到一張笑臉，就會覺得那個人是友善的，若是一個人心情不好，就會覺得那張笑臉很不討喜。如果一個人心情好，你跟他聊天氣，他會認爲你很有禮貌，要是他心情不好，就會覺得你很無聊。」[14]

換言之，情緒對你的思考影響很大，像是你注意到周遭有什麼、你想起什麼、你如何解讀這些訊號。但是，情緒還有另一個更驚人的效應：情緒也會改變你的思考**方式**，而且這種效應也許跟你想的不同。心情好其實福禍參半，心情差則可能有一絲希望。不同心情帶來的利弊得失得視情況而定。

例如，在談判時，心情好會有幫助。一個人如果心情好會比較願意合作，也更容易引起互惠。因此，他們往往比不高興的談判者得到更好的結果。當然，成功的談判也能使人快樂，但在這些實驗中，情緒不是在談判的過程中引發的，而是在談判之前就存在的。此外，在談判的過程中，談判者的心情如果從愉悅轉爲憤怒，往往也能取得好的結果，[15]在碰到頑固的對手時，請記住這點！

從另一方面來看，好心情也會讓人更容易接受自己的第一印象，而不會質疑自己的第一印象是不是正確。福嘉斯有一項研究，要求受試者閱讀一篇哲學短文，並在文章中附上作者的照片。有些讀者看到的是一個典型的哲學教授：男性、中年人，而且戴著眼鏡。而一些讀者看到的則是一個年輕女子。[16]也許你猜到了，這個研究是爲了測試讀者是否容易受到刻板印象的影響：是否一篇哲學文章出自中年男子之手，比出自年輕女子所作更能獲得讀者青睞？沒錯，的確如此。但更重要的是，在好心情時，差異更大。一個人在心情好的時候比較容易讓偏見左右自己的思維。

還有一些研究探討情緒是否會讓人容易受騙。心理學家高登·潘尼庫（Gordon Pennycook）等人曾進行很多研究，看受試者對無意義的廢話或看似意義深遠的廢話有何反應。[17]他們從心靈大師的語錄隨機抽選一些名詞和動詞來組合成文法正確的句子，例如：「完整性平息了無窮的現象」或「隱藏的意義轉化了無與倫比的抽象美」。如果受試者傾向贊同這種語句，就具有所謂「廢話感受性」的特質。（自從普林斯頓大學哲學家哈利．法蘭克福〔Harry Frankfurt〕出版《論廢話》〔*On Bullshit*〕[18]這本有洞見的著作以來，**廢話**一詞已成爲專門術語。作者在書中區分廢話、說謊等虛僞陳述。）

當然，有些人比較容易接受廢話。他們會被一些「聽起來似乎很有道理的話打動，以爲這樣的陳述是正確、有意義的，但其實這些不過是空洞的廢話。」[19]然而，這種容易受騙的特質並非永遠不變。如果你讓一個人心情好，他就會比較容易相信廢話、容易上當；[20]他們不太容易察覺到被人欺騙，也比較不會識別具誤導性的訊息。反之，目擊證人在心情不好的時候，比較不會被誤導性的訊息牽著鼻子走，也會避免做僞證。[21]

甚至道德判斷也會受到情緒的強烈影響。在一項研究中，研究人員對受試者提出一個經典道德哲學問題，也就是「電車難題」。[22]在這個思想實驗中，研究人員告訴受試者：想像你站在天橋上，一列失控的電車就要駛來，撞上在軌道前方工作的五個人。如果你把一個大個子從天橋上推下去，就可以剛好擋住電車，那五個人就可以得救，但那個大個子必死無疑。

這個電車難題說明不同道德推理思維之間的衝突。從功利主義者的觀點來看，如英國哲學家邊沁（Jeremy Bentham）提出的原則，一命換五命，理所當然。然而，若是就義務倫理學的見解而言，如德國哲學家康德（Immanuel Kant）那一派的看法，殺人是不該做的事，即使是爲了救好幾個人的性命也不能這麼做。電車難題顯然包含個人情緒的因素：出手把一個人從天橋上推下去，讓他被迎面而來的電車撞死，這種行爲特別令人反感。如果要以功利主義作爲著眼點，決定把一個人從天橋上推下去，必須克服自己內心的嫌惡感。只有少數人（在本研究中，不到十分之一的人）表示自己願意這麼做。

然而，如果讓受試者觀看一段五分鐘的短片來誘發一種正向的情緒，那麼表示願意把別人從天橋上推下去的人數則增爲三倍。無論我們是否把聖經十戒中的「不可殺人」戒律視爲絕對原則，或者爲了救五條人命而願意下手殺死一個陌生人，應該都會反映出我們最根深柢固的價值觀。儘管如此，我們的選擇似乎取決於剛才看到的短片。

我們詳細說明與情緒有關的研究，是因爲必須強調一個重要事實：**你不可能永遠都一樣**。一個人的情緒出現變化時（當然，這是你可以意識到的），認知機制的一些特徵也會跟著改變（這就**不是**你可以完全意識到的）。如果有個複雜的判斷問題擺在你面前，你當下的情緒可能會影響你處理問題的方式與結論，即使你認爲自己的情緒沒有這樣的影響，甚至能自信說明你的答案是正確的。簡而言之，你的內心充滿雜訊。

其他許多偶發因素也會誘發判斷中的場合雜訊。在不該影響專業判斷的外在因素中，頭號嫌犯有兩個：壓力和疲勞。例如，有一項研究調查基層醫療院所將近70萬門診人次的醫師開藥行爲，發現醫師看了一整天的病人，在門診時間快結束的時候，比較可能會開出鴉片類止痛藥。[23]當然，這不是指下午四點就診的病人疼痛的情況總是比早上九點就診的病人來得嚴重。醫師看診進度太慢也不該影響開立處方藥品的決定。其實，就其他疼痛治療而言，如開非類固醇消炎止痛藥，或是把病人轉到物理治療中心等，並沒有受到就診時間的影響。可見在時間壓力下，醫師顯然比較傾向採取速效的解決方案，儘管這麼做可能有嚴重的缺點。其他研究也發現，在門診時間即將結束時，醫師比較可能開抗生素[24]，而且比較不會開流感疫苗。[25]

即使是天氣也可能對專業判斷產生很大的影響。由於這些判斷常常是在有空調的房間做成，所以天氣的影響也許是透過情緒「傳遞」（也就是說，天氣並不會直接影響決定，而是天氣影響決策者的心情，進而改變他們的決策方式。）壞天氣與記憶力的增強具有相關性[26]；若是室外氣溫高，法官的判決常會傾向嚴厲；股市的表現也會受到天氣的影響。在某些情況下，天氣的影響則不是那麼顯著。心理學家尤里・賽門森（Uri Simonsohn）的研究顯示，大學入學委員會的審查人員在陰天時，比較會注意申請者的學科能力表現，晴天則比較會注意到學科能力以外的特質。賽門森的研究報告標題教人印象深刻：「陰天讓書呆子勝算大。」[27]

判斷會隨機變異的另一個案例是案件審查順序。如果一個人在審酌一個案件，通常會以剛審過的前一樁案件作爲參考架構。專業人員依序做出一連串的決策，如法官、貸款專員、棒球裁判等，都傾向恢復某種形式的平衡：如果已經做了好幾個結果相同的決定，接下來就可能做出反方向的決定，不管這樣的裁定是否眞的合理。因此，錯誤（與不公平）是無可避免的。例如，美國移民法庭的法官在審理庇護案件時，如果前兩個案子都批准了，下一個申請者過關的機率則會減少19%。又如一個人向銀行申請貸款，前兩個申請者都被拒絕，此人就可能被核准，但是前兩個申請者都通過的話，同一個人就可能被拒絕。這種行爲反映一種被稱爲**賭徒謬誤**（gambler's fallacy）的認知偏誤，指的是我們往往低估一連串好事與壞事會隨機發生的機率。[28]

場合雜訊的衡量

相較於整體的系統雜訊而言，場合雜訊究竟有多大？雖然沒有單一的數字適用於所有的情況，但有一個通則。就場合雜訊的大小而言，本章描述的影響，在判斷的水準和類型上，要比個體間的穩定差異來得小。

如前述在美國移民法庭，當一位法官已經連續批准兩個庇護案，接下來的申請者被批准的機率將下降19%。這種變異當然令人不安，但程度與不同法官間的變異相比其實很小。天普大學法學院教授賈雅．拉姆吉－諾嘉雷斯（Jaya Ramji-Nogales）及研究同仁發現，在邁阿密的一間法院，有一位法官對難民申請庇護案的批准率高達88%，另一位法官的批准率只有5%。[29]（這是真實的數據，不是雜訊審查，所以申請者是兩組不同的人，然而他們會給哪位法官審理，則是近乎隨機指派的。作者群也確認申請者的國籍，但並不能解釋這樣的差異。）如果有這麼大的差異，減掉19%似乎沒有很大的影響。

同樣的，指紋鑑定人員和醫師有時也會與自己的意見不一致，但跟其他人意見不一致的情況比較多。在我們回顧的每一個案例中，場合雜訊在整體系統雜訊的比例是可以測量出來的，然而若與不同個體間的差異相比，場合雜訊的影響很小。

換言之，你不是永遠不變的人，而且你的不一致情況其實比你想的要來得多。儘管如此，你與昨天的你的相似程度，依然大於你與今天另一個人的相似程度。

造成場合雜訊的內在原因

情緒、疲勞、天氣、順序影響……很多因素都會觸發同一個人對同一案件的判斷出現我們不樂見的變異。我們希望建構一個情境，使所有會影響決策的外在因素都變成已知與可控制的。至少在理論上，應該可以減少這種情境的場合雜訊。但即使有這樣的情境，場合雜訊也許依然無法完全消除。

賓州大學心理學家麥可・卡哈納（Michael Kahana）及同事研究記憶的表現。[30]（就我們的定義而言，記憶並不是一種判斷工作，而是條件可嚴格控制、表現的差異也很容易測量的認知工作。）在一項研究中，他們詳盡分析79名受試者的記憶表現。受試者在不同的日子裡參加23次測試，每次都必須從24張不同的清單中，記憶其中一張清單上24個單字。記憶的表現視記憶單字的比例而定。

卡哈納及研究同事關心的不是不同受試者之間的差異，而是每一個受試者表現差異的預測。受試者警覺的程度是否會影響表現？他們在測試的前一晚睡了多久？在不同時段測試會有什麼影響？之前如果有練習的經驗，表現會不會變好？疲倦或厭倦會有影響嗎？有些清單上的單字是不是比較容易記憶？

這些問題的答案都是肯定的，但影響不是很大。根據包含上述所有預測因子的模型，一個受試者的表現受上述因素影響的程度只有11%。正如研究者所言：「去除所有預測因子的影響之後，剩下的變異仍多到令人驚訝。」即使在這種嚴格控制的情境之下，驅動場合雜訊的因素究竟是哪些仍是個謎。

在研究人員研究的所有變數中，預測受試者記憶某張單字清單的表現時，最好的預測因子並非外來因素，而是記憶上一張清單時的表現。受試者記憶某張清單得了高分，下一張的表現也不錯；如果記憶某張清單的表現普通，下一張也會一樣普通。受試者在不同清單的表現好壞不是隨機的，而是會出現起起伏伏的變化，但沒有受到明顯外在原因的影響。

這些研究結果認為，記憶的表現大抵取決於卡哈納等人所謂的「掌控記憶功能的內生性神經過程的效率」。換言之，大腦效能時時刻刻的變化不只是受天氣或教人分心的干預等外部影響驅動，而是大腦本身運作的一項特性。

很可能大腦運作的內在變異也會影響判斷的品質，這是我們無法控制的。大腦功能的變異性，應該可以讓任何認為場合雜訊可以消除的人停下來思考一下。就像籃球球員在罰球線上投籃，並不像一開始以為的那麼簡單，因為運動員的每一條肌肉不會做出完全相同的姿勢，而我們的每一個神經元不會以完全相同的方式運作也一樣。如果說，我們的頭腦是一種測量儀器，這個儀器不可能是完美的。

然而，有些不良影響是可以控制的，這就是我們可以努力的方向。對群體決策來說，這麼做尤其重要，請參閱第8章的討論。

關於場合雜訊

「判斷就像罰球：無論我們多麼想精準呈現這個動作，沒有兩次罰球是完全相同的。」

「你的判斷取決於你的心情、你剛剛討論什麼案子，甚至天氣也有影響。你不是永遠不變的。」

「雖然你已經不是上週的你，但你與上週的你的相似程度，依然大於你與今天的另一個人的相似程度。場合雜訊不是系統雜訊最大的來源。」

08

群體如何擴大雜訊

個人判斷中的雜訊已經夠糟了，但群體決策又會使這個問題更令人頭痛。群體可能朝各個不同的方向前進，部分取決於本來應該不相干的因素，像是誰第一個發言、誰最後發言、誰發言時充滿自信、誰穿黑色衣服、誰坐在誰的旁邊、誰適時露出微笑、皺眉或是做出手勢。這些因素，還有很多其他因素，都會影響結果。每天，類似的群體都會做出截然不同的決定，如人員的召募或晉升、辦事處的關閉、溝通策略、環境法規、國家安全、大學招生、新產品上市等。

強調這點似乎很奇怪，畢竟我們在前一章才提到總合多人的判斷可以減少雜訊。然而由於群體動力的關係，群體也會增加雜訊。有些「明智的群體」，平均判斷接近正確答案，但是也有一些群體會追隨獨裁者、助長市場泡沫、相信魔法或是受到共同的錯覺左右。即使只是細微的差異就能使一個群體擁抱肯定的答案，而另一個基本上完全相同的群體卻堅決說「不」。在此要強調一點，由於群體成員之間充滿變動，雜訊的水準可能很高。不管我們說的是幾個類似群體或單一群體的雜訊，皆是如此。我們應該把這些群體對某個重要問題的判斷視爲眾多可能性中的一種。

歌曲中的雜訊

爲了尋找證據，我們從一個讓人意想不到的地方下手：普林斯頓社會學教授馬修．薩根尼克（Matthew Salganik）等人針對歌曲下載所做的一項大型研究。[1]在這項研究的設計中，實驗人員創建一個由數千人組成的控制組（一個中等規模網站的訪客），控制組的成員可以聆聽、下載72首新樂團的歌曲。這些歌曲的曲名都很生動，像是〈被困在橘子皮裡〉、〈咬〉、〈眼罩〉、〈棒球魔法師v1〉、〈粉紅侵略〉等。（有些聽起來好像跟這裡的研究主題相關，像是〈最佳錯誤〉、〈我是個錯誤〉、〈超越答案的信念〉、〈生命的奧祕〉、〈祝我好運〉和〈脫離困境〉。）

在控制組中，沒有人告訴他們其他成員說了什麼或做了什麼。他們喜歡聽什麼歌、想下載哪一些曲子，都必須自己獨立判斷。但是薩根尼克及其研究同仁又創建其他八個組，把其他網站幾千人的訪客隨機分配到這些組別當中。對這八個組的人來說，一切都一樣，只有一個例外：他們能看到每一首歌曲在同組人之間的下載次數。例如，如果〈最佳錯誤〉在某一組中特別受歡迎，該組成員都看得到，若是一首曲子沒有人下載，那一組的人也都會知道。

就任何重要層面而言，各組都沒有明顯的差異，因此這項研究有如從頭到尾做了八次。你也許會預測，到了最後，好聽的歌排名總是會爬到頂端，難聽的歌則會降到最下面。如果是這樣，各組的歌曲排行應該會相同或類似。在不同的組別之間不會有雜訊。其實，這正是薩根尼克等人想要探究的問題。他們在測試雜訊的一個特殊驅動因素：**社會影響**。

從各組的歌曲排行榜來看，最重要的發現是，各組的排行截然不同，因此不同的組別之間有很多雜訊。在其中一組，〈最佳錯誤〉很熱門，但〈我是個錯誤〉則乏人問津。然而，在另一組，也許很多人都很喜歡〈我是個錯誤〉，〈最佳錯誤〉則是冷門歌。如果一首歌曲一開始就大受歡迎，可能一直停留在排行榜的前幾名。如果聽眾一開始的反應很冷淡，逆轉的可能性就不高。

可以肯定的是，表現最糟的歌曲（根據控制組的表現）未曾爬上排行榜的頂端，而表現最佳的歌曲也從來沒有敬陪末座。除此之外，幾乎任何情況都會發生。正如作者強調的：「在社會影響的條件下，成功的程度更難以預測。」簡而言之，社會影響會在不同的群體之間產生顯著的雜訊。而且如果你仔細想想，各個群體本身也有雜訊，他們判斷喜歡或討厭一首歌，這樣的感受很容易出現差異，而且取決於這首歌是否打從一開始就受歡迎。

正如薩根尼克等人後來闡述的，群體結果很容易操縱，因爲人氣會自我增強。[2]在後續的實驗中，研究人員耍了個小心機，他們故意把控制組的排行榜顚倒過來（換句話說，他們謊報歌曲的受歡迎程度），這意味受試者會把最冷門的歌當作是最熱門的歌曲，反之亦然。然後，研究人員測試這些受試者會有什麼舉動。結果，大多數的冷門歌曲變得熱門，而熱門歌曲則變得冷門。在非常大的群體當中，人氣旺的就會更旺，人氣少的就會更少，即使受試者受到研究者的誤導，相信不實的歌曲排行榜。唯一的例外是，控制組當中最受歡迎的歌曲隨時間經過排名會爬升，這意味著即使將榜單倒置，不會讓最佳歌曲墊底。然而，就大多數的歌曲而言，被倒置的排行榜將影響最後的排行榜。

這些研究讓人得以一窺一般群體判斷的特質。假設有個由十個人組成的小團體，正在討論是否進行一項大膽的新計畫。如果有一、兩個擁護這個計畫的人先發言，就可能成功帶風向，讓大家贊同這麼做。反之，如果懷疑者先發言，所有的人就可能傾向反對。因爲我們都很容易受到別人的影響，所以會有這樣的結果。因此，原本相似的群體做出的判斷可能大不相同，只因爲最先發言的人不同。就像前述歌曲下載的研究，〈最佳錯誤〉和〈我是個錯誤〉如果一開始就大受歡迎，就很容易在排行榜上脫穎而出，專業判斷也是如此。在討論一項新計畫時，如果團體成員聽不到熱情支持的聲音，就像一首歌曲沉在排行榜底部，最後可能胎死腹中，只因支持者沒能爲之喉舌。

在歌曲下載之外……

你可能抱持懷疑的態度，認爲歌曲下載的案例是獨特的，至少是特殊的，其他群體的判斷則是另一回事。但是，在其他很多領域也看得到類似的現象。[3]以英國公投案的受歡迎程度爲例，人民在考慮是否支持某一個公投案時，首先當然會先判斷這是不是個好主意。這跟薩根尼克等人觀察到的模式有相似之處：如果一開始就衝出人氣，人氣就會愈來愈旺，要是一個提案第一天沒有吸引多少人支持，恐怕就凶多吉少。政治和音樂一樣，深受社會影響，特別是人們會看別人的反應是受到吸引或是討厭。

康乃爾大學社會學家麥可．梅西（Michael Macy）等人以上述歌曲下載實驗爲基礎問道，要是可以看到其他人的觀點，如民主黨人表明支持某個問題的立場等，共和黨人是否會抱持反對態度，反之亦然。[4]答案簡單來說是肯定的。如果民主黨人在一個網路群體中，看到某一個觀點一開始就獲得民主黨人的支持，他們就會爲這個觀點背書，最後大多數民主黨人都會傾向支持這種觀點。但是在另一個網路群體，如果民主黨人看到同樣的觀點一開始就獲得共和黨人的支持，就可能反對這個觀點，最後導致大多數民主黨人反對這樣的觀點。共和黨人的表現也是如此。簡而言之，政治立場就像歌曲，最終命運取決於一開始是否受到支持。正如研究者說的：「少數先行者的偶然變化會使很多人一窩蜂跟進。」所以，不管民主黨或是共和黨人，都會擁抱一堆互不相干的觀點。也就是說，他們會擁抱某些觀點可能只是基於偶然。

至於群體決策如何受到直接影響的問題：一般人如何判斷網站上的評論？[5]耶路撒冷希伯來大學的教授列夫．穆奇尼克（Lev Muchnik）及研究同事為了實驗，成立一個時事評論的網站，除了讓使用者評論時事，也讓使用者對其他使用者的評論給予正面或負面評價。研究人員會刻意並自動先給某些評論正面評價。你也許會認為，在數百人或數千人看過評論也給予評價之後，第一個評價應該沒什麼影響。雖然這是合理的想法，但事實卻不然。網站的訪問者看到第一個正面評價（還記得這完全是假造的評價吧），給予正面評價的可能性多了32%。

令人驚奇的是，這種效應一直存在。5個月後，受到操縱的第一個正面評價使評論的平均評價提高25%。這種正面評價就是雜訊的來源。不管評價的理由為何，都可能為評論的整體受歡迎程度帶來很大的改變。

這項研究讓我們得以一窺群體如何轉向，以及為什麼群體充滿雜訊（同樣的，類似的群體可能做出完全不同的判斷，而單一群體做出的判斷只是眾多可能性中的一個。）群體中的成員如果表達贊成、中立或反對，效果相當於最初給予某個評論正面的評價。如果一個成員馬上表示贊同，其他成員就可能跟著這麼做。毫無疑問，不管就產品、人物、行動或思想而言，群體往某個方向發展不是著眼於本質上的優點，而是一開始是否有人帶頭。當然，穆奇尼克的研究涉及的群體很大，但同樣的事情也可能發生在小群體中，效果甚至更爲顯著，因爲一開始的正面評價，例如支持某個計畫、產品或判決，往往會對其他成員帶來很大的影響。

還有一個相關的問題。我們已經指出群體的智慧：如果你拿一個問題去問一大群人，平均答案有可能最接近目標。總合的判斷可能是減少雜訊、進而減少誤差的絕佳方法。但是如果一個群體裡的人都聽從別人的意見呢？你或許會以爲他們這麼做可能是有幫助的。畢竟，他們可以互相學習，看怎麼做才是對的。在有利的情況下，人們會分享自己知道的事，如審議小組就可能做得很好。但群眾智慧的前提是獨立思考。如果人們不能自己做判斷，都是依賴別人的想法，群體就不見得是明智的。

有研究準確指出這個問題。[6]一些簡單的估計任務，像是一個城市發生多少起犯罪案件、某個時期增加的人口、某兩個國家的邊界有多長等，只要答案是受試者獨立思考出來的，這個群體的平均答案的確比較接近正確答案。但是只要受試者知道別人的答案，例如一個十二人小組的平均估計值，準確度就會比較低。正如作者所言，社會影響是個問題，因爲它們「減少群體的多樣性，卻沒有減少集體誤差」。諷刺的是，多項獨立意見妥善的總合起來，有可能達到驚人的準確度，不過即使只有一點點社會影響，都可能會產生一種羊群效應，破壞群體的智慧。

資訊瀑布

我們描述的一些研究涉及**資訊瀑布**（informational cascade）。這種現象處處可見，它們有助於解釋爲何企業、政府或其他地方的類似群體會朝著各種不同的方向發展，以及爲什麼小小的變化就能帶來如此不同的結果，進而產生雜訊。我們看到的歷史只是一段實際發展的過程，但對很多群體和群體決策來說，他們面對許許多多的可能性，然而眞正呈現的歷史卻只有一種。

爲了理解資訊瀑布如何運作，請想像有十個人在一間大辦公室，要決定由誰來擔任一個重要職位。主要人選有：湯瑪斯、山姆和茱莉。假設小組成員依序述說自己的觀點，而且每個人都會注意其他人的判斷。亞瑟是第一個發言的人。他說，最佳人選是湯瑪斯。芭芭拉現在知道亞瑟的判斷，如果她也看好湯瑪斯，必然會支持亞瑟的觀點。萬一，她還不確定誰是最好的人選呢？如果她相信亞瑟，可能會同意他說的：湯瑪斯是最佳人選。由於她很信任亞瑟，所以支持他的判斷。

現在，再看看第三個成員查爾斯。亞瑟和芭芭拉都說，他們希望雇用湯瑪斯，儘管查爾斯知道的有限，但就他的觀點來看，湯瑪斯不是最佳人選，茱莉才是。即使查爾斯有自己的觀點，他也可能會忽略自己知道的事，而去贊同亞瑟和芭芭拉的看法。即使如此，並不是因爲查爾斯是個懦弱的人，而是因爲他用心聆聽同事的看法。他可能認爲亞瑟和芭芭拉應該有證據支持他們的判斷。

接下來輪到大衛發言，除非大衛認爲自己的資訊眞的要比前面發言的同事來得更好，否則他應該會跟他們意見一致。如果大衛這麼做，他就進入了資訊瀑布。誠然，如果他有很強的理由，認爲亞瑟、芭芭拉和查爾斯是錯的，他就會堅持自己的看法。然而，要是他沒有這樣的理由，很可能就會同意他們的意見。

重要的是，查爾斯或大衛可能已經掌握關於湯瑪斯（或其他人選）的一些資訊，這些是亞瑟和芭芭拉不知道的資訊。要是查爾斯或大衛分享這個資訊，可能會改變亞瑟或芭芭拉的看法。如果查爾斯和大衛先發言，他們不只是會表達自己對這幾個人選的意見，提出的資訊也可能會影響同事。但由於他們最後才發言，若不說出只有自己才知道的資訊，其他人也就不得而知了。

現在假設輪到艾瑞卡、法蘭克和喬治表達自己的觀點。如果亞瑟、芭芭拉、查爾斯和大衛都說湯瑪斯是最好的人選，即使他們有很好的理由認爲其他人選比較好，也可能會同意前幾位同事的意見。如果湯瑪斯顯然不是最好的人選，他們也可能會反對前幾位同事的意見。但是，如果他們對這個決定沒有十足的把握呢？關鍵是亞瑟最初的判斷已經啟動一個過程，把其他同事拉進資訊瀑布中，雖然這些同事沒意見，或者不認爲湯瑪斯是最好的人選，他們最後還是會一致支持湯瑪斯。

當然，這是我們假設的例子。但各種群體裡都可能出現這樣的現象，有些群體甚至會一直發生這種事。我們會參考別人的意見，如果最先發言的人似乎喜歡某件事或想做某件事，其他人可能會贊同。至少，如果其他人沒有理由不相信他們，或是沒有充分的理由認定他們的意見有錯，就會出現這樣的結果。

就我們的目的而言，最重要的一點是，資訊瀑布或許會使群體之間出現雜訊，而且可能性很高。在上述例子中，亞瑟先發言，表示支持湯瑪斯。假設最先發言的是芭芭拉，她支持的人選是山姆。或者假設亞瑟的看法略有不同，傾向支持茱莉。基於這些合理的假設，這個群體就可能會選擇山姆或茱莉，並不是因爲這兩個人是更好的人選，而是資訊瀑布使然。這就是前述歌曲下載等類似實驗最重要的發現。

要注意的是，加入資訊瀑布不一定是不理性的。如果不確定要雇用誰，跟隨別人的意見可能是聰明的做法。抱持相同意見的人愈來愈多時，跟他們意見一致依然是聰明的。儘管如此，還是有兩個問題。首先，我們往往會忽略在群體中大多數人也在資訊瀑布之中，而且他們並不是獨立在做判斷。我們看到三個人、十個人或二十個人擁護某個結論時，其實他們只是跟隨前面的人的意見，我們卻低估這種情況。我們或許會認爲，他們的共識反映出集體智慧，但事實上只是反映少數人最初的觀點。其次，資訊瀑布可能把一群人導引到實際上有問題的方向。畢竟，亞瑟對湯瑪斯的看法可能有誤。

當然，資訊並不是群體成員互相影響的唯一原因。社會壓力也很重要。一家公司或政府機關的人可能寧可保持沉默，以免顯得不近人情、桀驁不馴、遲鈍或愚蠢。他們希望表現出團隊精神，這也就是爲何他們會跟隨別人的意見和行動。他們認爲自己知道什麼是對的或可能是對的，但他們還是會依循團體的共識或最先發言者的觀點，保持團體的融洽。

方才述說的雇用決策也可能是用同樣的方式進行，只是稍有變化。雇用小組裡的人並非從別人那裡得知湯瑪斯的優點，所以支持他，主要是因爲他們不想跟大家意見相左或看起來愚蠢。亞瑟最早提出湯瑪斯是最好的人選，這樣的判斷可能帶動從眾效應，艾瑞卡、法蘭克或喬治只因其他人都看好湯瑪斯，因而承受很大的社會壓力。社會壓力和資訊瀑布一樣，可能誇大先發言者的信念。如果有人爲湯瑪斯背書，不是因爲他們眞的認爲湯瑪斯比較好，而是因爲先發言的人或是某個位階高的人說他好。然而，團體成員最後還是在共識中加入自己的意見，進而增加社會壓力的強度。在公司和政府機構中，這都是常見的現象，儘管一個判斷完全錯誤，大家依然深具信心，而且異口同聲的表示支持。

在不同的群體中，社會影響也會產生雜訊。例如在一場會議中，有人先發言贊同公司推動某個重大變革，最後所有的人可能都同意這麼做。這種一致的看法可能是社會壓力的產物，而不是信念使然。如果另一個人在一開始開會時提出不同的觀點，或者最初發言者決定保持沉默，討論就可能往完全不同的方向發展，而且這是出於相同的原因。非常類似的群體可能在社會壓力下，最終走向完全不同的地方。

群體極化

在美國及其他很多國家，刑事案件（與很多民事案件）一般是由陪審團來判定。我們希望透過陪審團的審議，能做出比個人更明智的判決。然而，針對陪審團的研究發現，有一種特別的社會影響也是雜訊的來源，那就是**群體極化**（group polarization）。在經過討論之後，群體最後的決定往往要比他們個人原本的傾向要來得極端。例如，有個七人小組裡的大多數人認爲，在巴黎開設新的辦事處的想法還不錯，在討論之後，這個群體可能會認爲這個構想太棒了。內部討論常常能帶來更大的信心、使群體更團結，更趨向極端，常常會對事情更加熱衷。不只是陪審團會出現群體極化的現象，進行專業判斷的團隊也會如此。

我們透過一系列的實驗，研究在產品責任案件中，陪審團對懲罰性賠償金所做的判決。每一個陪審團的決定都牽涉到一筆賠償金，想要藉此懲罰製造商或經銷零售商違法行事，並對其他公司帶來威嚇效果。（我們將在第15章詳細討論這些研究。）在這些實驗中，我們要比較現實世界的陪審團與「統計陪審團」的差異。[7]首先，我們提供案件摘要給899位參與研究的受試者，請他們做獨立判斷，用七個等級的評分表來表達自己的憤怒、懲罰意圖，並判定應賠償的金額（如果有必要的話）。然後，透過電腦的幫助，利用這些人的個別反應創造數百萬個統計陪審團，也就是（隨機組成）虛擬的六人陪審團。在每一個統計陪審團中，我們以六個人判斷的中位數作爲判決結果。

簡而言之，我們發現這些統計陪審團的判斷更加一致。雜訊大幅減少。低雜訊是統計總合的效應：獨立個人判斷中的雜訊會因爲將這些判斷平均起來而減少。

然而，現實世界的陪審團不是統計陪審團。他們會聚集在一起，討論他們對案件的看法。你可能會合理的懷疑，實際上，審議陪審團是否會傾向中位數成員的判斷。爲了找出答案，我們跟進第一個實驗，找了三千多位有資格擔任陪審員的公民，組成超過500個6人陪審團。[8]

結果很明確。以同一個案件來看，審議陪審團的雜訊要比統計陪審團大得多，顯然有社會影響的雜訊反應。審議會使雜訊的效應增加。

這個研究還有一個有意思的發現。如果六人陪審團中的中位數成員只是有點憤怒，而且贊成從寬處罰，審議陪審團的判決最後還是會更寬容。反之，如果六人團體中的中位數成員相當憤怒，表達給被告嚴厲懲罰的意圖，則審議陪審團通常會更憤怒，而且會更嚴厲。陪審團以賠償金來表達他們的憤怒時，賠償金額往往會比中位數成員提出的金額來得高。事實上，27%的陪審團所決定的賠償金和最嚴格的成員提出金額一樣高，甚至更高。審議陪審團不只比統計陪審團有更多雜訊，而且還更加強化個別成員的意見。

請回想群體極化的基本發現：成員互相交談之後，通常最後的結果會比原來的傾向更極端。我們的實驗顯示這樣的效應。整個陪審團會傾向更爲寬容（當中位數成員傾向寬容時），或者傾向更爲嚴厲（當中位數成員傾向嚴厲時）。同樣的，如果中位數成員傾向嚴厲懲罰，陪審團最後判定的賠償金額則會更高。

進一步來說，對群體極化的解釋，就和對資訊瀑布效應的解釋類似。資訊會發揮重要作用。如果在一個群體裡大多數的人偏好嚴厲的懲罰，這個群體就會出現很多贊同嚴厲懲罰的議論，而且支持寬容的聲音則比較少。如果群體成員聽取別人的意見，就會朝向主流意見靠攏，群體因而更一致、更有信心，也更極端。如果成員在意自己在群體中的聲響，他們就會朝主流意見靠攏，因而助長群體極化的現象。

當然，群體極化也會產生錯誤。而且這種情況常常發生。但我們在這裡的焦點是變異性。正如前述，判斷的總合能減少雜訊，因此就我們的目的而言，愈多判斷愈好。這也就是為何統計陪審團的雜訊要比個別陪審員的雜訊來得小。同時，我們發現審議陪審團的雜訊要比統計陪審團來得大。相似的群體最後的決定卻有很大的差異，原因通常是群體極化，而且由此產生的雜訊可能很大。

不管是在公司、政府機構或其他任何地方，不同群體在處理同一個問題時，可能因為資訊瀑布和群體極化而出現巨大差異。結果可能取決於少數人的判斷，也就是最先發言的人或影響力最大的人。由於我們已經探討個人判斷的雜訊會有多大，這種群體判斷的問題特別令人憂心。我們已經看到，由於水準雜訊和型態雜訊的緣故，群體成員之間的意見差異變得更大（而且比我們預期的要來得大）。我們還看到場合雜訊，如疲倦、情緒、可以比較的因素等，可能會影響第一個發言者的判斷。群體動力也會放大這樣的雜訊。因此，審議的群體往往會比統計的群體有更大的雜訊，畢竟後者只是將個人判斷加以平均而已。

由於企業和政府機構有很多最重要的決策都是在某種審議的過程中決定的，我們必須對這樣的危機提高警覺。組織及領導人應該採取行動來控制個別成員判斷的雜訊，也該設法減少審議群體的雜訊，而非讓雜訊擴大。我們將提出減少雜訊的策略，以達成這個目標。

關於群體決策

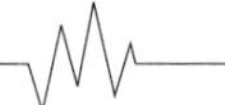

「一切似乎取決於最初的人氣。我們最好加緊努力，好讓新產品上市第一週就能一炮而紅。」

「我一直懷疑，與政治和經濟有關的想法很像電影明星。如果人們認為別人也喜歡，這樣的想法就能廣受歡迎。」

「我一直很擔心，當我們團隊的人聚在一起時，就會信心十足、團結一致，堅定不移的依照我們選擇的行動方案去做。我想我們的內部過程有問題！」

第三部

預測性判斷中的雜訊

很多判斷都是預測，而且由於可驗證的預測是可以評估的，所以我們可以從這方面的研究來深入了解雜訊和偏誤。在這一部，我們會把焦點放在預測性判斷。

第9章比較專業人員、機器與利用簡單的規則來預測的準確性。對於我們的結論，你可能不會驚訝：專業人員的預測敬陪末座。在第10章，我們探討爲什麼會有這樣的結果，並顯示雜訊是人類判斷失準的一個主要因素。

爲了得出這些結論，我們必須評估預測的品質，而要做到這點，我們需要一個衡量預測準確性的方法，藉此回答這個問題：預測與結果的**共變異性**（co-vary）爲何？如果人力資源部門經常評估新進人員的潛力，我們可以等幾年後再來看看員工表現，確認他們的潛力評級與績效評估有多大的共變異性。如果預測準確，新進員工的潛力評級高，工作表現也會得到高度評價。

有一種測量方法可以呈現這種直觀判斷，也就是**和諧率**（percent concordant）[1]。和諧率可以回答一個更具體的問題：若隨機抽選兩名員工，潛力評級較高的人績效評估也比較高的機率是多少？如果早期的評級是完美的，和諧率應該是100%：任兩名員工的潛力評級會成爲最後績效評級的正確預測。如果預測完全不準，潛力評級只會偶爾和績效表現一致，在預測中「潛力較高」的員工最後的表現可能差強人意：和諧率只有50%。我們會在第9章中探討這個已被廣泛研究的例子。舉個更簡單的例子，成年男性腳長（鞋碼）與身高的和諧率是71%。如果你看兩個人，先看他們的頭，再看他們的腳，有71%的機率是較高的人有較大的腳。

和諧率是一個衡量共變異性的直觀指標。這種方法有很大的優點，但不是社會學家使用的標準指標。標準指標是相關係數（correlation coefficient，常用r表示），當兩個變數正相關時，相關係數會在0與1之間。在前面的例子中，身高與腳長的相關係數為0.60。[2]

相關係數可以用很多方式來理解。其中一個方式很直觀：相關係數就是兩個變數之間共有的決定因素占比。例如，想像某種性狀完全是由基因決定的。那麼兄弟姊妹因為身上有50%的基因相同，所以此性狀的相關係數是0.50，而堂表兄弟姊妹因為有25%的基因相同，所以此性狀的相關係數是0.25。同理，身高與腳長的相關係數是0.60，意味決定身高的因素中有60%也決定鞋子大小。

前面描述的兩種共變異性的測量是直接相關的。表1列出各種相關係數值的和諧率。[3]在本書其他章節，在討論人類的表現與模型時，我們都會一起呈現這兩種測量值。

在第11章，我們討論預測準確性有一個重要限制：大多數的判斷都是在所謂「**客觀的無知**」（objective ignorance）狀態中決定出來，因爲未來依賴很多我們根本不可能知道的事情。令人驚奇的是，我們常常對這種限制視而不見，滿懷信心的預測（其實就是過度自信）。最後，在第12章，我們顯示客觀的無知不只會影響我們預測事件的能力，甚至會影響我們理解事件的能力。了解這點有助於我們解開這個謎題：爲什麼我們總是看不見雜訊？

表1：相關係數與和諧率

相關係數	和諧率
0.00	50%
0.10	53%
0.20	56%
0.30	60%
0.40	63%
0.60	71%
0.80	79%
1.00	100%

09
判斷與模型

很多人對未來工作表現的預測很感興趣，不只是預測自己的表現，還有別人的表現。因此，績效預測是預測性專業判斷中一個實用的例子。例如，莫妮卡和娜塔莉應徵一家大公司的主管職位。公司請一家專業顧問公司預測她們未來的表現，就領導力、溝通力、人際關係技巧、工作相關技術技能及爭取升遷的積極性等進行評分，每項分數介於1至10分（見表2）。你的任務是預測這兩個人在被聘用兩年後的績效表現，也是用1-10分來評分。

面對這一類的問題時，大多數的人只會盯著每一行的數字，而且很快就做出判斷，或許還會心算一下平均分數。如果你就是這麼做的，也許會下結論說，娜塔莉是比較優秀的人選，而兩人的平均分數差距是一、兩分。

表2：兩位應徵主管職位者的得分

	領導力	溝通力	人際關係技巧	工作相關技術技能	積極性	你的預測
莫妮卡	4	6	4	8	8	
娜塔莉	8	10	6	7	6	

判斷還是公式？

對於這個問題，你的估算就是所謂的**臨床判斷**（clinical judgment）。你考量得到的訊息，或許很快計算一下，並利用自己的直覺，最後得出判斷。其實，臨床判斷就是我們在這本書中簡單描述的判斷過程。

現在，假設你是實驗的參與者，要執行這項預測任務。莫妮卡和娜塔莉的資料來自一個資料庫，這個資料庫有數百名幾年前被雇用的經理人，以及他們在五個不同面向獲得的評分。你可以利用這些評分來預測他們日後是否能有良好的表現。現在，資料庫中已經有他們在新職位上的表現評分了。最後的評分有多接近你對他們表現潛力的臨床判斷呢？

這個例子取材於一項眞實的績效預測研究。如果你是這個研究的參與者，結果也許會讓你意外。一家國際顧問公司雇用擁有博士學位的心理學家來做這樣的預測，結果績效評估的相關係數只有0.15（和諧率＝55%）。[1]換句話說，如果他們評估其中一個人選比另一個優秀，如莫妮卡和娜塔莉的例子，他們青睞的人選日後表現果然比較優異的機率爲55%，只比隨機選取好一點。至少可以說，這些專家的預測實在差強人意。

也許你認爲準確度低是因爲你看到的評分無助於預測。那我們必須問：求職者的評分到底包含多少有用的預測訊息？如何把這些資訊組合成一個預測分數，才能與日後的表現有最高的相關性？

有一個標準的統計方法可以回答這些問題。在目前的研究中，最佳相關係數是0.32（和諧率＝60%），雖然這樣的數字不夠漂亮，但已經比臨床預測要來得準確了。

這種方法就是**多元迴歸**（multiple regression）。多元迴歸產生的預測分數是多個預測因子的加權平均值。[2]它可以找出最佳的權重組合，使預測組成因子與目標變數的相關性達到最大。最佳權重可使預測值的均方差達到最小，這是最小平方法在統計學占主導角色的典型之例。你也許會想到，與目標變數最相關的預測因子會得到很大的權重，而沒有用的預測因子權重爲零。[3]權重也可能是負數：例如要預測某個求職者是否能成爲成功的管理者，他未繳交交通違規罰單的數量則可能得到負數的權重。

多元迴歸是**機器預測**（mechanical prediction）的一個例子。機器預測有很多種，從簡單的規則（如「雇用高中畢業者」）到複雜的人工智慧模型都是。但線性迴歸模型最爲常見（這種模型被稱爲「判斷與決策研究的主力」[4]）。爲了盡量減少術語，我們會把線性模型稱爲簡單模型。

我們以莫妮卡和娜塔莉爲例的研究，就是眾多臨床預測和機器預測的比較之一，這些比較都有一個簡單的結構：[5]

- □ 以一組**預測變數**（在我們的例子是兩個人選的評分）來預測**目標結果**（同一個人的工作表現評估）。
- □ 人類判斷所做的**臨床預測**。
- □ 一種規則（例如多元迴歸）使用相同的預測因子，以產生**機器預測**的結果。
- □ 比較臨床預測與機器預測的整體準確性。

米爾：最佳模型打敗你

一個人接觸到臨床預測與機器預測時，會想知道這兩者比較起來如何。與公式相比，人類判斷能有多好？

很早就有人提出這個問題，但直到1954年，明尼蘇達大學心理學教授保羅．米爾（Paul Meehl）出版《臨床預測與統計預測的比較：理論分析與證據回顧》（*Clinical Versus Statistical Prediction: A Theoretical Analysis and a Review of the Evidence*）才引起重視。[6]米爾回顧20項研究，包括學術成就和精神科患者預後狀況等，探討人類專家的臨床判斷與機器預測孰優孰劣。他得到一個有力的結論：簡單的機器規則通常優於人類判斷。米爾發現，臨床醫師等專業人士往往認爲整合訊息的能力是自己擁有的獨特強項，但其實他們的表現相當差。

要了解這個發現多麼令人吃驚，以及這項發現與雜訊的關係，你必須了解簡單的機器預測是怎麼運作的。機器預測有個顯著的特徵是，同樣的規則適用於所有的情況。每一個預測因子都有一個權重，而且這個權重不會因爲個案不同而改變。你或許會認爲，與人類判斷相較，這樣嚴格的限制對機器預測很不利。在我們的例子中，你也許會認爲莫妮卡的積極性和技術能力結合起來會是重要資產，能抵消她在其他面向的能力限制。然而，你也可能這麼想：儘管娜塔莉這兩個面向不夠強，但她在其他方面很優秀，所以沒關係。你不知不覺爲這兩位女性設想不同的成功路徑。明明是對不同的兩個人做預測，這些看似合理的臨床推測給予相同預測因子不同的權重，而簡單模型不會出現這種微妙的差異。

簡單模型的另一個限制是，某個預測因子增加1個單位，總是會產生相同的效果（而且增加2個單位，效果只有一半）。臨床直覺則常常違反這個規則。例如，娜塔莉的溝通技巧得到10分（滿分），讓你驚豔，於是你在預測時會特別提高這個分數的比重。簡單模型則不會如此。在加權平均公式中，10分與9分的差異應該跟7分與6分的差異相同。臨床判斷則不遵守這個規則，反之，這反映出一種常見的直覺：相同的差異在某種情況之下可能無關緊要，在另一種情況卻是關鍵所在。你也許會想確認，你究竟爲何對莫妮卡和娜塔莉會有那樣的判斷，但這恐怕不是任何簡單模型可以解釋的。

我們用這些案例進行的研究就是米爾模式的明顯例證。正如前述，臨床預測與績效評估的相關係數只有0.15（和諧率＝55％），但機器預測的相關係數達到0.32（和諧率＝60％）。請回想你在比較莫妮卡和娜塔莉兩人的相對優點時你有多少信心。米爾的研究強烈說明，你對自己的判斷感到滿意只是一種錯覺：也就是**效度錯覺**（illusion of validity）。

只要進行預測性判斷，就會出現效度錯覺，因爲我們常常無法區分預測任務的兩個階段：根據已有的證據來評估個案，以及預測實際結果。你可能常對自己評估哪個人選**看起來**比較好深具信心，但是猜中誰**真正**比較好完全是另一回事。例如，你說娜塔莉看起來比莫妮卡來得強，這麼說固然沒錯，但是如果你說，跟莫妮卡相比，娜塔莉將會是個更成功的主管，這就不一定對了。原因很簡單：你在評估這兩個人的時候，已經掌握很多應該知道的資訊，但是未來充滿不確定性。

不幸的是，在我們的思維中，其中差異變得模糊不清。如果你發現自己被個案和預測的區分搞混，這其實很正常，每個人都會感到困惑。然而，如果你對自己的預測和個案的評估一樣很有信心，那麼你已經陷入效度錯覺。

臨床醫師也不能從效度錯覺中免疫。米爾發現，最簡單的公式，只要持續運用，就能勝過臨床判斷。你肯定會想像臨床精神科醫師對此會有什麼樣的反應：他們大感震驚、覺得不可置信、不以爲然，抨擊說這樣淺薄的研究如何洞視臨床直覺的奇蹟。這種反應很容易理解：米爾的模式與判斷的主觀經驗相左，而且大多數的人都相信自己的經驗，對一個學者的主張嗤之以鼻。

其實，米爾對自己的發現也感到很矛盾。因爲他的名字會讓人聯想到統計學優於臨床判斷。我們可能把他想成是人類洞察力的嚴厲批判者，或者用今天的話說，他就像量化交易者的教父。但這都是誇張的描述。米爾不但是心理學教授，也是執業的精神分析師。他的辦公室掛著一張佛洛伊德的照片。[7]他博學多聞，不只教授心理學、哲學、法學，也寫了不少關於形上學、宗教、政治學、甚至超心理學（parapsychology）*的文章。[8]（他相信心電感應眞的存在。）這些特點跟執著於數據的刻板印象格格不入。米爾對臨床醫師並沒有敵意，一點也沒有。正如他說的，採用機器預測來把意見結合起來的明顯優點是「大量而且一致」[9]。

「大量而且一致」是一個恰當的描述。2000年有一篇報告檢視136項研究，清楚證實機器總合的結果優於臨床判斷。[10]這篇報告涵蓋的研究主題很廣，包括黃疸的診斷、兵

* 譯注：又稱靈魂學，主要研究一系列所謂的超自然現象，包括瀕死經驗、輪迴、預言、念力等。

役的體格標準、婚姻滿意度等。在63項研究中，機器預測比較準確，另外65項研究則是兩者不分上下，只有8項研究的臨床預測勝過機器預測。這些結果低估機器預測的優點，因爲機器預測要比臨床判斷來得迅速、也比較便宜。此外，很多研究都顯露人類判斷者具有一個不公平的優勢，因爲他們可以取得沒有提供給電腦模型的「非公開」資訊。[11]這些結果直截了當的指出：**簡單的模型打敗了人類**。

高伯格：你的判斷模型打敗你

米爾的發現引發幾個重要的問題。爲什麼公式比較高明？是什麼讓公式有比較好的表現？其實，也許我們該問的是，人類做得比較差的原因。答案是，人類在很多方面都不如統計模型，其中一個關鍵弱點就是擁有雜訊。

爲了支持這個結論，我們轉向另一系列的簡單模型研究，這些研究是從奧勒岡州的小城市尤金（Eugene）開始的。保羅．霍夫曼（Paul Hoffman）是個財力雄厚的心理學家，他受不了慢吞吞的學術界，於是召募一群很厲害的研究人員，在尤金市創立一間研究所，後來尤金市成爲世界著名的人類判斷研究重鎭。

其中有個研究員是路易斯．高伯格（Lewis Goldberg）。他因爲在1981年發展出五大人格特質模式（Big Five model of personality）而爲人所知。在1960年代晚期，高伯格奠基在霍夫曼早期的研究成果之下，要研究用統計模型來描述對於一個個體的判斷。[12]

建立判斷模型和建構眞實模型一樣容易，因爲都使用相同的預測因子。在我們最初的例子中，預測因子是經理人在五個面向上所獲得的評分。而且使用同樣的工具，也就是多元迴歸。唯一的不同是目標變數。這個公式不是預測一組眞實的結果，而是用來預測一組判斷，例如你對莫妮卡、娜塔莉等應徵者的判斷。

把你的判斷以加權平均的方式建立模型的想法，似乎很怪異，因爲你的意見並不是這樣形成的。當你以臨床的角度思考莫妮卡和娜塔莉時，你並沒有把同樣的規則套用在這兩個人的身上。其實，你根本沒有運用任何規則。判斷模型沒有眞實描述判斷者實際上是如何判斷的。

然而，即使你沒有實際運用線性公式來計算，也可能**像**利用公式計算那樣做出判斷。撞球高手描述某一桿是怎麼進球時，就好像解開複雜的方程式，即使他們並沒有那樣做。[13]同樣的，你在做預測的時候，好像使用一個簡單的公式，即使實際上你做的事情要複雜得多。一個能準確預測人們會做什麼的假設模型是有用的，即使這個模型對過程的描述顯然是錯誤的。判斷的簡單模型正是如此。有一篇報告回顧237項關於判斷的研究，發現判斷模型與判斷者臨床判斷的相關係數是0.80（和諧率＝79％）。[14]儘管不夠完美，但這樣的相關性已足以支持這個假設的理論。

驅使高伯格進行研究的問題是：就預測實際結果而言，判斷的簡單模型能做到多好？由於這個模型只是粗略模擬判斷者，我們自然會認爲模型的表現差強人意。如果以模型來取代判斷者，會失去多少準確性？

答案可能會讓你吃驚。預測模型的預測不但沒有失去準確性，反而還讓準確性提高。在大多數的情況下，模型的預測甚至比專業人員還精準。換言之，贗品要比眞品來得好。

很多領域的研究結果也證實這個結論是正確的。一項早期的研究複製高伯格預測研究生學術表現的研究。[15]研究人員要求98位參與者，從10條線索來預測90位研究生的學業平均成績。根據這些預測，研究人員爲每一個參與者的判斷建構一套線性模型，並比較受試者與模型預測學業平均成績的準確度。結果，模型的預測要比每一位受試者的預測都來得準確！幾十年後，一篇研究報告回顧50年來的研究，得出結論：判斷者的模型始終優於他們做的判斷。[16]

我們不知道這些研究的參與者是否從研究人員那裡得到個人表現的回饋。但是你必然可以想像，如果有人告訴你，根據你的判斷做的粗略模型（幾乎是個誇張的描述），要比你的判斷來得準確，你會多麼沮喪。對大多數的人來說，判斷是複雜、豐富、有趣的，正因爲它不是簡單的規則。當我們發明、運用複雜的規則，或是洞察某個案例和其他案例不同時，我們會對自己和自己的判斷力深具信心。簡而言之，我們做的判斷無法簡化成加權平均值的簡單計算。判斷者的模型研究強化了米爾的結論：細微之處被大量浪費了，複雜和豐富性不一定能提高預測的準確度。

爲什麼會這樣？如果要了解高伯格的發現，我們必須了解是什麼造成你和你的模型之間的差異。爲什麼你的實際判斷跟一個簡單預測模型產出的結果有所不同？

首先，判斷的統計模型不可能在原先擁有的資訊裡添加東西。模型能做的只是減法和簡化。特別是，在判斷的簡單模型裡，沒有任何我們一貫依循的複雜規則。以溝通方面的評分而言，你認爲10分和9分的差距要比7分和6分間的差距來得大。又如你可能比較喜歡某個在每個方面都拿到7分、多才多藝的應徵者，而不是平均分數拿到7分，但某些方面很突出、某些方面很弱的應徵者。但你的模型不會這麼做，即使你每一次都完美無瑕的運用這樣複雜的規則來衡量。

如果那種微妙的考量是有理由的，但是你的模型不能運用那種微妙的規則，準確度就會降低。例如，你必須根據技能和積極性這兩個面向的成績來預測某一個人是否能成功完成一項困難的任務，恐怕就不適合利用加權平均值的公式。畢竟，技能有嚴重缺陷的話，積極性再怎麼高分都沒用。反之亦然。如果你運用兩個成績的複雜組合，預測準確率就會提高，而且會勝過不能運用微妙規則的簡單模型。從另一方面來看，複雜的規則往往只會爲你帶來效度錯覺，而且實際上你的判斷品質會受到損害。有些微妙的考量是有道理的，但很多考量並沒有。

此外，你的簡單模型沒有呈現出判斷的型態雜訊。你對某個案例也許會出現一些主觀反應，因而出現正負誤差。這種誤差不會出現在簡單模型中。你在做某一項判斷時，可能受到環境和情緒狀態的影響，簡單模型並不會如此。很有可能，判斷的各種誤差其實和任何事情都沒有關聯，這意味在大多數狀況下，這些誤差是隨機的。

如果能去除判斷中的雜訊，總是能提高預測的準確度。[17]例如，你的預測和結果的相關係數是0.50（和諧率＝67%），但是你判斷中的差異有50%都是由雜訊構成。如果你的判斷可以不含雜訊，就跟你的模型一樣，那麼你的預測與結果的相關係數就可以提高到0.71（和諧率＝75%）。減少雜訊自然能提高預測性判斷的有效性。

簡而言之，用你的模型來取代你可以完成兩件事：一是消除你那微妙的考量，進而消除你的型態雜訊。判斷的模型要比判斷者來得準確，這個強大的發現傳達一項重要的訊息：人類判斷的微妙規則有好處，但就算這些好處存在，仍不足以彌補雜訊帶來的不利影響。你也許認爲你的思維比較微妙、更有洞察力、更精微，哪裡是一個簡單模型能夠比擬的。但實際上，你有很多的雜訊。

儘管我們相信複雜的預測規則是借鑑於深刻的洞見，爲什麼這樣的規則反而會減損準確度？首先，人類發明的很多複雜規則不可能放諸四海皆準。而且還有另一個問題：即使複雜規則原則上是對的，可以實際運用的情況卻很罕見。例如，你已經有了結論，認爲公司應該雇用具有高度創意的人才，即使這樣的人在其他方面的得分都很普通。問題是，特別具有創意的人才可說難得一見。由於創意方面的評分可能不可靠，很多在這方面得了高分的人只是僥倖，眞正具有創意的人才還是沒被發掘。即使根據績效評估，確認某個「創意人才」最後能成爲超級巨星，這樣的評估還是有很多漏洞。兩端測量的誤差無可避免會減弱預測的有效性，罕見的事件尤其容易被忽略。即使微妙的思維眞的有好處，很快就會被測量的誤差淹沒了。

馬丁．余（Martin Yu，音譯）與納森．康瑟爾（Nathan Kuncel）的研究更加凸顯高伯格的發現。[18]這項研究（這是莫妮卡與娜塔莉案例的出處）使用一家國際管理顧問公司的資料，評估三個樣本中共847個管理職位的應徵者。專家就七個不同的面向爲這些應徵者評分，並運用他們的臨床判斷給每位應徵者一個整體預測分數。結果，專家的預測令人失望。

馬丁．余和康瑟爾決定比較人類判斷者和**隨機**線性模型，而不是人類判斷者與他們的最佳簡單模型。他們爲七個預測因子隨機產生一萬組權重，並運用這一萬個隨機公式來預測工作績效。[19]

他們有驚人的發現：在訊息相同下，**任何**線性模型套用在所有的個案時，預測的結果都比人類判斷者來得準確。在其中一個樣本中，一萬個隨機加權線性模型中有77％都勝過人類專家。在另外兩個樣本中，隨機模型更是100％贏過人類。坦白說，這項研究證明，一個簡單模型再怎麼樣也不會比專家差。

這項研究的結論比高伯格的判斷者模型研究更爲強烈，事實上，這是一個極端的例子。在這種情境之下，人類判斷者的表現極差，這也就是爲什麼連不起眼的線性模型都比人類來得強。當然，我們不該下結論說，任何模型都能擊敗人類。然而，實際上，在面臨困難的問題時，機械式的依照一條簡單的規則來預測（馬丁．余和康瑟爾稱爲「無心的一致」〔mindless consistency〕）可以大幅增進判斷的品質，這說明雜訊對臨床預測的效度有很大的影響。

本章簡短帶領大家了解雜訊如何損害臨床判斷。在預測性判斷中，人類專家很容易被簡單的公式擊敗，例如眞實模型（models of reality）、判斷者模型，甚至隨機生成的模型。因此，我們最好利用無雜訊的方法：規則和演算法。這就是下一章的主題。

關於判斷和模型

「人們認為自己在做判斷時，展現出思考的複雜性，並增添細微的考量。但這種複雜性和微妙性只會弄巧成拙，不會提高簡單模型的準確性。」

「在保羅．米爾的書問世超過60年後的今天，機器預測優於人類預測的想法依然令人震驚。」

「判斷的雜訊太多，因此沒有雜訊的判斷者模型，會比人類判斷者的預測更準確。」

10
無雜訊的規則

近年來，人工智慧（AI），特別是機器學習技術，使機器得以執行許多向來被認爲是人類才能做到的事。機器學習演算法能夠辨識臉孔、翻譯語言，以及判讀醫學影像，也可用驚人的速度和正確性解決計算問題，例如同時爲數千位駕駛人規畫行車路線。此外，還能執行困難的預測任務，例如機器學習演算法可以預測美國最高法院的判決，判斷哪些被告可能會棄保潛逃，或是評估打到兒童服務中心的通報電話當中、哪一通最爲緊急，必須盡快指派社工人員訪視。

雖然我們現在聽到**演算法**（algorithm）就會想到這些應用，但這個詞有更廣泛的含義。根據一本詞典的定義，演算法就是「在計算或解決問題時依循的步驟或一套規則，尤其是利用電腦的時候。」根據這個定義，我們在前一章描述的簡單模型及其他機器判斷也是演算法。

其實，很多機械方法都能勝過人類判斷，從簡單到近乎可笑的規則、到最複雜難解的機器演算法都是如此。會有這樣的突出表現有個關鍵原因（儘管不是唯一的原因），那就是機械方法是沒有雜訊的。

為了研究基於規則的各類方法，並了解每一種方法在何種條件之下才有價值，我們從第9章針對基於多元迴歸簡單模型（線性迴歸模型）的討論，開始踏上這趟旅程。從這個起點開始，我們將在複雜度的光譜上朝向兩個相反的方向前進：先從極度簡單開始，漸漸朝向比較複雜的另一端（見圖11）。

模型愈簡單，就愈穩健

羅賓．道斯（Robyn Dawes）是1960和1970年代在奧勒岡州尤金市研究人類判斷的明星團隊的另一位成員。1974年，道斯在預測工作的簡化上有了突破。他的想法幾乎是一種旁門左道，令人驚異：他不是利用多元迴歸來決定每個預

圖11：四種類型的規則及演算法

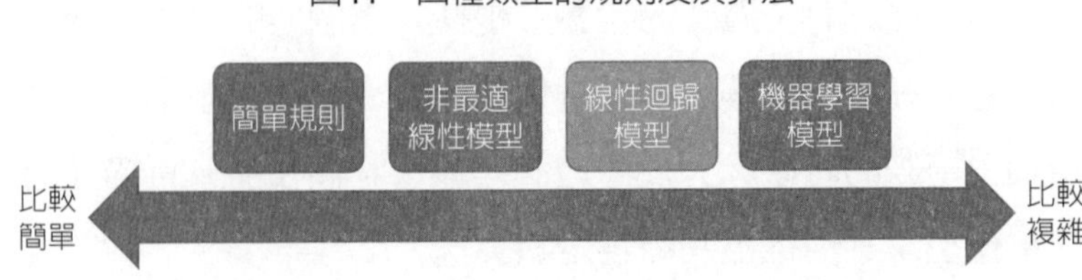

測因子的權重，而是主張給予所有預測因子相等的權重。

道斯把這個相同權重的公式稱爲**非最適線性模型**（improper linear model）。他的發現驚人之處在於，這些相等權重模型（equal-weighted model）的準確度與「最適」（proper）迴歸模型差不多，而且遠遠優於人類的臨床判斷。[1]

即使是非最適模型的支持者也認爲，這樣的宣稱「有違統計學的直覺」。[2]其實，道斯跟助理伯納德．柯里根（Bernard Corrigan）在科學期刊發表論文時，一開始就碰到一番波折。期刊編輯根本不相信他們。如果你想起前一章提到的莫妮卡和娜塔莉的例子，你可能會認爲某些預測因子要比其他因子來得重要。例如，大多數人會給領導力更高的權重，而不是技術能力。要預測一個人的表現，不加權重的平均值，怎麼可能比仔細考量後的加權平均值來得更好，或是比專家的判斷更好？

道斯的突破已經過了很多年，到了今天，我們終於了解爲何他那個時代的人會那麼驚訝。正如本書早先的解釋，多元迴歸計算出使平方誤差最小的「最佳」權重。但多元迴歸使得**原始數據**中的誤差最小。因此，這裡的公式會自我調整，藉此預測數據中每個隨機偶然的因素。例如，如果樣本中有些經理人擁有高度的技術技能，而這些經理人也因爲不相關的原因表現得特別好，那麼這個模型就會誇大技術技能的權重。

挑戰在於，如果把那個公式運用在**樣本外**，也就是用來預測另一個數據庫的結果時，權重就不再是最適當的。原始樣本中的偶然因素不再出現，正是因爲它們是偶然的因素。在新的樣本中，擁有高度技術技能的經理人不一定是超級巨星。而且新的樣本中會有不同的偶然因素，這是公式無法預測的。要正確衡量一個模型的預測準確度，要看這個模型在新樣本中的表現，也就是其**交叉驗證相關性**（cross-validated correlation）。其實，迴歸模型在原始樣本中的表現**太**成功了，因此交叉驗證相關性幾乎總是低於它在原始數據的表現。道斯和柯里根在幾種情境下比較相等權重模型和（交叉驗證後的）多元迴歸模型。其中一個例子就是預測90名伊利諾大學心理研究所研究生第一年學業成績平均點數（Grade Point Average, GPA）。道斯和柯里根利用十個和學業成績有關的變數：性向測驗成績、大學成績、各種同儕評量（如外向性）和各種自我評量（如盡責程度）。標準多元迴歸模型的預測相關係數是0.69，經過交叉驗證之後，縮減爲0.57（和諧率＝69%）。而相等權重模型的預測相關係數爲0.60（和諧率＝71%）。其他很多研究也有類似的結果。[3]

如果原始樣本很小，經過交叉驗證後，準確度會減少更多，因爲在小樣本中，偶然因素的影響會更大。道斯指出的問題是，社會科學研究的樣本一般而言都很小，因此所謂最佳權重的優勢就消失了。難怪統計學家霍華·韋納（Howard Wainer）在一篇研究最適當權重預估的學術論文中，加上副標題「這沒有任何影響」[4]。或者用道斯的話來說：「我們不需要比我們的測量更精確的模型。」[5]相等權重模型很好，因爲這樣的模型不會受到抽樣的偶然事件影響。

道斯研究的直接意涵值得讓大家知道：即使你沒有先前的數據來試著預測，只要有一組你相信與結果相關的預測因子，你也能做出有效的統計預測。

假設你必須就幾個面向的評分預測經理人的表現，就像第9章的例子。你相信這些分數可以反映重要特質的良窳，但你不知道是否能用這些分數來預測未來的表現。如果經理人的樣本數很大，你根本沒辦法花好幾年去追蹤那些經理人的績效。不過你可以採用七個面向的分數，在統計上給它們相同的權重，然後用這樣的結果來進行預測。這個相等權重模型的準確度如何？這個模型的預測相關係數是0.25（和諧率＝58％）[6]，要比專家的臨床預測（相關係數＝0.15；和諧率＝55％）更爲優異，當然也很接近交叉驗證後的迴歸模型結果。而且這不需要任何你沒有的數據，也不會牽涉到任何複雜的計算。

以道斯的話來說，相等權重有一種「穩健之美」（robust beauty）[7]，這句話已經成爲研究判斷的學生中廣爲流傳的迷因。在介紹這篇開創性構想的文章中，其最後一句話精闢的總結：「訣竅在於決定要看哪些變數，然後知道如何把它們加總起來。」[8]

簡單規則

另一種簡化方式是利用**簡約模型**，或**簡單規則**。簡約模型是模擬現實的模型，看起來簡單得可笑，像是在一張廢紙上粗略計算。但在一些情況下，這種模型可能會產生出乎意料之外的好預測。

這種模型建立在多元迴歸的一項特點上，這可能會讓大多數的人覺得驚訝。假設你正利用兩個可以有效預測結果的預測因子，它們與結果的相關係數分別是0.60（和諧率＝71%）和0.55（和諧率＝69%）。又假設這兩個預測因子彼此相關，相關係數是0.50，這兩個預測因子適當組合後，預測效果能有多好？答案恐怕令人失望，相關係數是0.67（和諧率＝73%），儘管比之前高，但並沒有高多少。

這個例子說明一項通則：兩個以上有相關性的預測因子組合起來的預測性，並不比個別的單一預測因子好多少。因為在現實生活中，預測因子總是彼此相關，這項統計結果支持我們利用包含少數預測因子的節約模型來做預測。在某些情況下，相較於利用多個預測因子建立模型來預測，利用幾乎不用怎麼計算的簡單規則，就能產生讓人眼睛一亮的準確預測。

有一個研究團隊在2020年發表一個大規模研究的成果。[9]他們採用節約模型來預測各種不同的問題，包括在待審期間法官是否該批准被告的保釋聲請。這項決定隱含著對被告的行爲進行預測。如果應該批准而沒有批准，讓被告遭受不必要的羈押，就會對那個人和社會產生顯著的成本。若不該批准卻批准了，被告可能在審判前逃之夭夭，甚至再度犯下其他罪行。

研究人員利用的模型只需要兩個和被告是否會棄保潛逃有高度相關性的要素：被告的年齡（年齡愈大，潛逃風險愈低）與不按時出庭的次數（曾有不出庭紀錄的人比較可能再犯）。這個模型把這兩個要素轉成點數，用來針對風險進行評分。這種風險計算很簡單，不需要電腦，實際上甚至不會用到計算機。

研究人員用眞實數據來測試時，發現這個簡約模型的表現與利用許多變數的統計模型一樣好。這個簡約模型比任何人更能預測被告棄保潛逃的風險。

從X光乳房攝影判斷腫瘤的嚴重性、診斷心臟疾病、預測信用風險等，也可以運用最多包含五個特徵的簡約模型來判斷，以介於−3到+3的整數來代表這些特徵。在這些預測中，簡約模型的表現不比更爲複雜的迴歸模型還差（儘管一般而言還是比機器學習遜色）。

另一項研究也顯現簡單規則的力量。另一組研究團隊研究一個類似、但不同的司法問題，那就是累犯預測。[10]研究人員只用兩項要素來預測累犯的風險水準，預測的效度足以媲美利用137個變數的工具。[11]讓人不意外的是，這兩個預測因子（年齡和前科次數）和保釋模型的兩個因子密切相關，而且已經有充分證據證實這兩個因子與犯罪行爲的相關性。[12]

簡約規則的吸引力在於這樣的規則是透明的，而且易於應用。此外，與比較複雜的模型相比，只要犧牲一點準確性就能獲得這些優勢。

機器學習

在這趟旅程的後半段，讓我們往複雜度光譜的反方向前進。如果我們能夠使用更多的預測因子，蒐集更多與每一個預測因子有關的數據，看出人類無法發現的關係模式，並用這些模式來建立模型，如此一來是否可以提高預測的準確度？這就是人工智慧的前景。

對複雜的分析模型來說，龐大的數據庫不可或缺。[13]這種數據庫愈來愈容易取得，這也就是爲何近年來人工智慧的發展得以突飛猛進的原因。例如，龐大的數據庫也可以機械化的方式來處理**斷腿的特例**。這個有點讓人滿頭霧水的詞可以回溯到米爾提出的想像：如果要預測一個人今晚會不會去看電影，不管你對模型有多大的信心，如果你剛好知道這個人摔斷了腿，你可能會比模型更了解這天晚上會發生的情況。

在使用簡單模型時，斷腿原則爲決策者上了重要的一課：這會讓他們知道，何時該推翻模型，何時則萬萬不可。如果你握有模型無法納入考量的關鍵訊息，也就是眞正的「斷腿」，你就應該推翻模型的建議。反之，即使你沒掌握這樣的訊息，有時候也會不同意模型的建議。在這樣的情況下，你想推翻模型的想法反映出你在面對相同的預測因子時採用的個人型態。由於這種個人型態很可能有損無益，你應該抑制推翻模型的意念；你的干預很可能只會降低預測的準確度。

機器學習模型在預測方面的表現十分出色，其中一個原因就是這種模型能發現這類的「斷腿」狀況，而且比人類想像到更多的狀況。在有大量案例的龐大數據下，一個追蹤影迷行爲的模型眞的會學習，例如，固定會在某一天看電影的人如果去醫院就診，那天晚上很可能不會去看電影。如果對罕見事件的預測愈來愈準確，就可以減少人類必要的監督。

人工智慧不是魔法，而且也不需要理解什麼，只是要尋找型態而已。雖然我們必須讚嘆機器學習的威力，不過我們可別忘了，人工智慧還需要一段時間來了解**為什麼**一個摔斷腿的人會錯過電影之夜。

更明智的保釋決定

前面提到有個研究團隊把簡單的規則運用到判斷是否批准被告保釋的問題。差不多在同時，另一個由哈佛大學教授山迪爾・穆蘭納森（Sendhil Mullainathan）領導的研究團隊訓練複雜的人工智慧模型執行同樣的任務。[14]這個人工智慧團隊取得較大的數據庫，總計758,027項保釋裁定。法官審酌每個案件的訊息，包括被告目前的犯行、前科檔案、不按時出庭的次數等，研究團隊也取得了這些資料。但就人口統計資訊而言，研究人員能用來訓練演算法的，只有年齡一項。研究人員還知道每一個案件的被告是否獲得交保釋放，如果是的話，之後是否準時出庭，以及是否再次被逮捕。（在被告當中，74%的人獲准交保釋放，而其中15%的人之後沒有準時出庭，26%再次被逮捕。）掌握這些數據後，研究人員訓練一個機器學習演算法，並評估預測的表現。[15]由於這個模型是透過機器學習建立的，並不限於線性組合。如果偵測到數據當中出現較爲複雜的規律性，就會利用這種型態來改善預測。

這個模型是爲了預測棄保潛逃的風險而設計的，因此把風險量化爲數字評分，而非只產生「准許保釋」或「不准保釋」的決定。這個方法發現，如果超過可接受風險門檻的最大值，就不該准許被告獲得保釋，但這個決定需要的評估性判斷是模型做不出來的。儘管如此，研究人員計算之後，發現不管把風險門檻設在哪裡，利用模型得到的分數來預測，要比人類法官的預測來得準確。如果把風險門檻調到一個值，使模型判別不准被告保釋的人數與法官判定不准保釋的被告人數一樣多時，穆蘭納森的研究團隊計算後發現犯罪率會下降24%，因爲被裁定羈押的人正是最有可能再犯的人。反之，透過風險門檻的設定，讓最多被告獲得保釋且不增加犯罪率，在這樣的情況下，根據研究人員的計算，被裁定羈押者可以再減少42%。換言之，機器學習模型在預測哪些被告屬於高風險群上，要比人類法官來得準確。

利用機器學習建構的模型，也比使用相同數據的線性模型要來得好。原因耐人尋味：「機器學習演算法能從變數的組合找出可能被忽略的重要訊號。」[16]演算法有能力找出其他方法忽略的類型，尤其是由演算法歸類出來風險最高的被告。換句話說，數據中有些類型雖然罕見，但是和高風險的預測有很強的相關性。演算法能找出罕見的關鍵類型，這項發現把我們帶回到「斷腿」的概念。

研究人員還利用演算法爲每一位法官建構模型，就像我們在第9章描述的法官模型（但不限於簡單的線性組合）。將這些模型應用到整個數據庫，以模擬法官在看到相同案件時會做出的判決，然後比較這些決策。結果顯示，保釋裁定中有相當大的系統雜訊。有些是水準雜訊：當法官以寬容程度排序時，最寬容的一群法官（裁定保釋率最高的法官，占所有法官的20%）裁定被告保釋的機率爲83%，而最嚴厲的一群法官裁定保釋的機率只有61%。至於哪些被告棄保潛逃的風險較高，法官的判斷型態也大不相同。一位被告被某位法官視爲低風險，另一位法官可能會評爲高風險，但這位法官並非比較嚴厲的法官。這樣的結果提供型態雜訊存在的明確證據。更仔細的分析發現，案件之間的差異占變異數的67%，而且系統雜訊占33%。系統雜訊包括一些水準雜訊，也就是平均嚴厲度的差異，但是大部分的系統雜訊（79%）是型態雜訊。[17]

最後，值得慶幸的是，機器學習軟體不但準確度較高，也不必以犧牲其他可辨識的目標（尤其是種族平等）作爲代價。理論上，雖然演算法沒有使用種族數據，也可能在無意中加劇種族不平等（racial disparity）。如果模型使用與種族高度相關的預測因子（如郵遞區號），或是演算法的數據來源出現偏誤，就可能產生這樣的不平等。例如，如果使用過去因爲種族歧視而被逮捕的次數作爲預測因子，那麼得出的演算法也會有歧視的問題。

雖然這種歧視原則上肯定是一種風險，但就重要層面而言，演算法的種族偏見要比法官來得輕微。例如，風險門檻設定的目標是與法官判定的犯罪率相等，根據演算法，有色人種被羈押的比例會減少41%。其他情況也有類似的結果：準確度的提升不一定會加劇種族不平等，而且研究團隊也顯示，可輕易訓練演算法去減少這樣的不平等。

另一項不同領域的研究則說明演算法如何同時提高準確度並減少歧視。哥倫比亞商學院教授波．考戈爾（Bo Cowgill）研究一家大型科技公司召募軟體工程師的情況。[18] 考戈爾沒有人工審查履歷來判斷該讓哪些人進入面試階段，而是開發一種機器學習演算法來篩選應徵者的履歷，並訓練這個演算法來評估超過30萬份公司先前收到並評估過的履歷表。演算法篩選出來的應徵者在面試後獲得工作的機率，比人類篩選出來的人選高14%。而且在所有被錄取的人當中，演算法篩選出來的人接受聘用的比例，也要比人類篩選出來的人多18%。從種族、性別和其他指標來看，演算法挑選出來的人也比較多元，更可能挑選「非傳統」的應徵者，如非名校畢業生、沒有相關工作經驗的人，或是沒附上推薦函的人。人類往往偏好在應徵者的履歷上看到一個「典型」軟體工程師具備的所有特徵，但演算法則給予每個相關預測因子適當的權重。

要說明的是，這些例子並不能證明演算法永遠是公平、無偏誤或無歧視的。一個耳熟能詳的例子是，有個演算法應該預測應徵者未來的表現，實際上訓練這個演算法的樣本卻來自過去的晉升決策。當然，過去晉升決策的人類偏誤，演算法也會全部複製過去。

話說回來，要建構一個貫徹種族或性別不平等的演算法不但是可能的，也許太容易了。據報導，有很多演算法就是這麼做的。這些案例使人愈來愈擔憂演算法的決策偏誤。然而在對演算法做出總結之前，我們必須記住，有些演算法不但比人類法官更準確，也更公平。

為什麼我們不多利用規則？

爲了要總結這段短短的機器決策之旅，我們先回顧各種規則優於人類判斷的兩個原因。首先，正如第9章所述，所有機器預測技術（而非只有最新、最複雜的技術）都使人類判斷有了重大改進。個人的型態雜訊和場合雜訊結合起來，對人類判斷的品質影響很大，因此簡單、無雜訊的規則具有明顯的優勢。就算只是合理的簡單規則，通常也能做得比人類判斷來得好。

其次，數據有時夠豐富，讓複雜的人工智慧技術得以偵測出有效的模式，預測能力因而得以遠遠超過簡單模型。人工智慧在這方面很成功時，這些模型勝過人類判斷的優勢就不只是沒有雜訊而已，還能利用更多的訊息。

有鑑於這些優勢與大量的支持證據，值得提出的問題是，爲什麼演算法不能更廣泛的運用在本書討論的各種專業判斷？儘管演算法和機器學習是熱門話題，儘管在某些領域裡有重要的例外，演算法的利用依然有限。很多專家不管臨床與機器判斷的辯論，寧願相信自己的判斷。他們對自己的直覺有信心，懷疑機器能做得更好。他們認爲演算法的決策會剝奪人性，使用者等於是放棄自己的責任。

舉例來說，儘管演算法在醫療診斷上的應用上已有令人驚異的進展，但並非常規做法。很少組織在雇用和晉升決策時使用演算法。好萊塢電影公司主管決定拍哪部片也是根據自己的判斷和經驗，而不是依照公式。圖書出版業者也是這麼做的。而且就像麥可·路易斯（Michael Lewis）的暢銷書《魔球》提到，對統計學著迷的奧克蘭運動家隊（Oakland

Athletics）的故事給人留下深刻的印象，正是因爲在球隊的決策過程中，演算法向來被認爲是特例，而非常規。即使在今天，教練、經理人及跟他們共事的人也常常相信自己的直覺，堅持統計分析不可能取代良好的判斷力。

在1996年的論文中，米爾和一位共同作者列出精神科醫師、內科醫師、法官等專業人員至少17種反對機器判斷的理由，然後一一駁斥。[19]兩位作者下結論說，臨床醫師對機器判斷的抗拒可以用幾個社會心理因素來解釋，包括「擔心科技性失業」*、「理解不夠」以及「一般而言不喜歡電腦」等。

之後，研究人員又找出導致這種阻力的其他因素。我們不打算在此對這些研究進行全面性的回顧。本書的目標是提供改善人類判斷的建議，而非提倡如法蘭科法官說的「用機器來取代人類」。

但是有些研究發現，驅使人類抗拒機器預測的阻力與我們對人類判斷的討論息息相關。最近的研究得出一個重要見解：人們不是一概對演算法抱持懷疑的態度。例如，如果要從人類提供的建議與演算法提供的建議之中做選擇，人們經常會比較喜歡演算法的建議。[20]即使抗拒演算法或**厭惡演算法**（algorithm aversion），並不表示會一概拒絕採用新的決

---

* 譯注：因為科技進步導致勞動力需求減少，進而引發的失業現象。

策支持工具。人們經常願意給演算法一個機會，然而一旦看到演算法出錯，就不再相信它了。[21]

從某個層面來看，這種反應似乎是明智的：爲什麼要用一個你不相信的演算法？作爲人類，我們心知肚明，我們會犯錯，但這是一種特權，我們不打算把這樣的特權分享給別人。我們預期機器是完美的。要是這個期望落空了，那就丟掉它們吧！[22]

由於這種直覺式的期望，我們可能不相信演算法，但還是會繼續利用演算法的判斷，即使結果差強人意。這種態度已根深柢固，恐怕難以改變，除非演算法能達到近乎完美的預測準確度。

幸好，很多讓規則和演算法變得更好的東西可以複製到人類的判斷上。我們不敢奢望自己像人工智慧模型那樣以絕佳的效率處理訊息，但我們可以努力模仿簡單模型的簡單性和無雜訊。只要我們能採用減少系統雜訊的方法，應該就能看到預測性判斷的品質得到改善。如何改善我們的判斷就是第五部的主題。

關於規則與演算法

「如果有很多數據，機器學習演算法的表現就會比人類好，也比簡單模型來得好。不過，即使是最簡單的規則和演算法也比人類判斷的優勢更大：沒有雜訊，不會用複雜得莫名其妙、常常落得徒勞無功的觀點來看預測因子。」

「既然我們缺乏預測結果所需的數據，何不利用相等權重模型？這種模型的效果幾乎和最適模型一樣好，而且肯定要比人類視情況而定的判斷要來得好。」

「你不同意這個模型的預測。我明白了。但這裡有像『斷腿』那樣的特例嗎？還是你只是討厭這個預測？」

「演算法當然會出錯。如果人類在進行判斷時錯誤更多，那我們該相信誰？」

11
客觀的無知

我們常常在演講時與企業主管分享前兩章的內容，並以發人深省的研究發現提醒大家，人類判斷是有限制的。我們想要傳達的訊息其實早在半個世紀以前就存在了，而且我們懷疑很少決策者能避開。不過，決策者肯定是能抵抗的。

在我們的聽眾中，有些主管自豪的告訴我們，他們相信自己的直覺勝過任何分析。還有很多人雖然沒有直截了當的說，但也是這麼想。管理決策方面的研究顯示，高階經理人特別依賴所謂的**直覺**、**本能的感覺**，或簡而言之，**自己的判斷**（這裡的判斷與本書討論的判斷意義不同），尤其是比較資深、經驗比較豐富的主管。[1]

總之，決策者喜歡聽從自己的直覺，而且大多數的人似乎很滿意直覺告訴自己的訊息。這就產生一個問題：這些集權威和強大自信於一身的主管，到底從直覺聽到什麼東西？

有篇論文探討管理決策中的直覺，將直覺定義爲「對某個行動方案的判斷。這種判斷出現在腦海裡的時候，帶著正確或合理的光環，卻沒有明確的理由或依據，基本上，這是一種『知其然』而『不知其所以然』的感覺。」[2]我們認爲，這種知其然而不知所以然的感覺，實際上就是我們在第4章提到的判斷完成的**內在訊號**。

內在訊號是一種自己給予的獎勵，在判斷完成時要努力（有時不用太努力）去實現的目標。這是一種令人滿足的情感經驗、一種讓人愉悅的一致性感受，認爲考量的證據與達成的判斷是正確的。每一塊拼圖似乎都契合一樣。（我們會在後面討論到，這種一致性的感覺通常會透過隱藏或忽略不相符的證據而鞏固。）

內在訊號扮演重要的角色，而且會誤導我們，因爲這個訊號是以信念來理解，而非以感覺來理解。這種情感經驗（「證據感覺是對的」）僞裝成理性上有信心某個判斷是有效的。（「即使我不知道爲什麼，但我知道就是如此。」）

然而，自信並不能保證準確，而且很多自信的預測結果都是錯誤的。雖然偏誤和雜訊會造成預測誤差，但是這種誤差最大的來源，並非來自預測性判斷**能有多好**的限制，而是來自預測性判斷**該有多好**的限制。這種限制就是所謂的**客觀的無知**（objective ignorance），這就是本章要討論的焦點。

客觀的無知

如果你發現自己要一再進行預測性的判斷，你可以問自己這麼一個問題。這個問題可以應用在任何工作上，例如選股或預測職業運動員的表現。但爲了簡單起見，我們選擇第9章討論過的例子：應徵者的挑選問題。想像過去幾年裡，你評估100位求職者。現在，你有機會評估自己做的決定是否準確，比較你做的評估和客觀意見對求職者錄取後的工作表現評分。如果任意挑選兩個人，你的事前判斷和事後評估常常一致嗎？換句話說，比較任意兩個人選時，你認爲比較有潛力的人確實表現得更好的機率是多少？

我們經常以這個問題對主管群進行非正式調查。最常見的答案在75%～85%之間。我們猜測這些主管因爲謙虛或不想給人自誇的印象，所以反應有點不自然。在私底下、一對一的談話當中，實際上他們有更強的信心。

既然你現在對和諧率很熟悉，應該很容易看出這種評估會出現問題。若和諧率是80%，那麼相關係數大約是0.80。在現實世界，這種程度的預測能力很罕見。就人事甄選而言，最近有一篇回顧報告發現，人類評審的表現跟這個數字差得很遠，一般來說，他們的預測相關係數只有0.28（和諧率＝59%）。[3]

如果把人事甄選的困難納入考量，這個令人失望的結果也就不令人驚訝了。如果有一個人今天起就任新職，日後將會碰到很多挑戰與機會，而且機運將會使他的人生在很多方面出現變化。他也許會碰到一個上司，信任他，給他機會，讚揚他的表現，使他建立自信，讓他更有動力。他也可能沒那麼幸運，儘管沒做錯什麼事，但職業生涯一開始就遭遇挫敗。他的私生活也可能影響工作表現。這些事件和環境都不是今天就能預測到的，你預測不到，別人預測不到，即使是全世界最好的預測模型也預測不到。這種棘手的不確定性包括每一件你在試圖預測的當下不可能得知的事。

再者，有很多應徵者的資訊原則上是可以得知、但在你做判斷時卻不知道。就我們的目的而言，這樣的知識落差是因爲缺乏有效的預測性測試，或是你決定用不著大費周章的獲取更多的訊息，或者是因爲自己對事實調查的疏忽，這些原因都不重要。不管原因爲何，你都是處於訊息不完整的狀態。

棘手的不確定性（不可能得知的事情）與訊息的不完整（事情可以得知但沒得到的事情）會使完美的預測變得不可能。這些未知數不是偏誤的問題，也不是判斷中的雜訊問題，而是任務的客觀特徵。客觀上對重要未知事件的無知，會大幅限制可以達到的準確性。在這裡我們使用的術語，會以**無知**（ignorance）來取代常用的**不確定性**（uncertainty）。如此一來比較不會混淆不確定性和雜訊，不確定性與這個世界和未來有關，雜訊則是指本應相同的判斷出現的變異。

比起其他情況，某些情況能獲得更多的訊息（而且客觀的無知較少）。大多數的專業判斷都是相當不錯的。就很多疾病而言，醫師的預測很出色，至於很多法律糾紛，律師也可以相當準確的告訴你法官可能會如何裁決。

不過，一般而言，你大可預期，人在進行預測工作時，會低估自己客觀的無知。過度自信這樣的認知偏誤已經有很多的文獻紀錄。[4]特別是判斷一個人是否有能力做出精準預測時，即使他能掌握的訊息有限，依然有過度自信的問題。我們曾說，在預測性判斷上，只要有預測，就會有雜訊。客觀的無知也是，只要有預測，就會有無知，而且你不知道的事情總是要比你想的要來得多。

過度自信的專家

心理學家菲利普．泰特洛克是我們的好友。泰特洛克追求眞理矢志不渝，而且很有幽默感。2005年，他出版《專家的政治判斷》（*Expert Political Judgment*）一書。儘管書名聽起來很中性，但內容卻是猛烈抨擊專家對政治事件做出準確預測的能力。

泰特洛克研究近300位專家的預測，包括知名記者、受人敬重的學者、資深顧問到國家領導人等。他問道，他們對政治、經濟或社會的預測是否成眞。這項研究跨越20年：如果你想知道長期的預測是否正確，你必須很有耐心才行。

泰特洛克的重要發現是，就重大政治事件的預測而言，所謂的專家，表現得實在乏善可陳。書中有句話教人拍案叫絕：「普通的專家大概跟黑猩猩射飛鏢的準確度差不多。」那本書要傳遞的訊息，更準確的說法是，靠「政治和經濟趨勢評論或提供建議」維生的專家，在「解讀」即將出現的情況時，「不比一般記者或是《紐約時報》的細心讀者來得強。」[5]當然，專家很會說故事。他們會分析情勢，描繪令人信服的景象，告訴大家事情會如何演變，在電視台攝影棚自信滿滿的跟意見不同的人唇槍舌戰。但是，他們真的知道會發生什麼事情嗎？其實，他們幾乎不知道。

這是泰特洛克從故事切入得到的結論。他要求專家就每一個問題的三種可能結果（維持原狀、很可能發生或不大可能發生）的機率進行預測。不管實際狀況如何，如果是黑猩猩射飛鏢，那三種可能的結果發生的機率都是相同的，也就是三分之一。泰特洛克發現專家的表現沒好到哪裡。平均而言，對那些最後真的發生的事件，專家評估的機率略高於結果沒發生的事件，但他們的表現最突出的一點是，他們對自己的預測過度自信。關於這個世界是怎麼運作的，專家有非常清晰的理論，他們最有自信，然而也是最不準確的。

泰特洛克的發現顯示，要詳細預測某一個事件的長期進展根本是不可能的。這個世界非常混亂，即使是很小的事件也可能帶來重大衝擊，如受孕的那一瞬間。歷史上每一個重要人物（包括無關緊要的人物）如果在出生時是另一個性別的人，將會發生無可預見的事件，這些事件帶來的結果也是無法預想得到的。因此，如果朝未來的方向看去，看得愈遠，客觀的無知會累積得更多。專家的政治判斷不是受限於預測者認知的極限，而是客觀的對未來感到無知。

所以，我們的結論是，我們不能怪專家不能準確預測遙遠未來的事件。然而，他們還是該受到批評，因爲他們企圖進行這種不可能的任務，還相信自己能夠成功。

泰特洛克的研究結果令人震驚，讓人了解很多長期預測只是徒勞無功。幾年後，他和太太芭芭拉．梅勒思（Barbara Mellers）一起研究人們預測在相對較短的時間（通常是一年之內）可能會發生的世界事件。這對夫妻檔發現，短期預測雖然不容易，但並非不可能，而且有些人的表現一直比大多數的人要來得好，這些人就是他們所謂的**超級預測者**（superforecasters），包括情報圈的專業人士。以我們在這裡使用的術語來說，他們的新發現符合我們剛才提到的概念：愈是望向遙遠的未來，累積起客觀的無知就會愈多。我們會在第21章繼續探討超級預測者。

判斷的人很糟，但模型的表現也不怎樣

泰特洛克的早期研究顯示，人類一般沒有能力做好長期的政治預測。只要有一個人擁有一顆能透視未來的水晶球，就能推翻泰特洛克的結論。然而，只要有很多讓人信賴

的人都投入行動，但都失敗了，就會證明這是不可能的任務。正如前述，機械式的數據總合通常優於人類的判斷；規則與演算法能給我們一個更好的測試方法，來確認結果本質上是否可以預測。

前幾章也許會給你演算法遠勝過預測性判斷的印象。但這種印象可能會產生誤導。儘管模型的表現始終比人類來得好，但其實也好不了多少。基本上，在持有相同的資訊下，沒有人類做得非常差、但模型卻表現得十分出色的例子。

在第9章，我們提到有一篇報告回顧136項研究，證實機器總合優於臨床判斷。[6]雖然證據顯示，機器預測的優點是「大量而且一致」，但機器與人類的表現差距其實不大。報告中有93項研究與二元決策有關，並衡量臨床人員和公式的「命中率」。如果以中位數來看，臨床人員有68%的時間是正確的，公式則是有73%的時間是正確的。還有少數共35項研究使用相關係數作為衡量準確性的標準。在這些研究中，臨床人員相關係數的中位數是0.32（和諧率＝60%），而公式相關係數的中位數是0.56（和諧率＝69%）。在這兩個指標上，公式始終優於臨床人員，但是機器預測的有效性依然是有限的。預測性的天花板就是那麼低，不是模型能夠改變的。

那人工智慧呢？正如前面指出的，人工智慧的表現要比簡單模型更好，但在大多數的應用中，人工智慧的表現仍離完美很遠。例如我們在第10章討論的保釋預測演算法。我們發現，如果被拒絕保釋的人數維持不變，演算法可以使犯罪率減少24%。與裁決保釋的法官相比，這樣的預測已經有很大的進步，但如果演算法可以準確的預測哪些被告會再犯，就可以使犯罪率再下降。在《關鍵報告》（*Minority Report*）裡對未來犯罪的超自然預測只是科幻小說，原因是：預測人類行爲有大量客觀的無知。

穆蘭納森與齊亞德．歐柏梅爾（Ziad Obermeyer）領導的另一項研究是利用模型來診斷心肌梗塞。[7]病人出現疑似心肌梗塞的徵象時，急診醫師必須決定是否開出更多的檢查單。原則上，只有風險高到某個程度的病人才需要更進一步的檢查：因爲檢查不只昂貴，而且有侵入性與高風險，低風險的病人並不需要。因此，醫師在開出更多檢查單之前，必須評估病人罹患心肌梗塞的風險。研究人員建立一個人工智慧模型來做風險評估。這個模型利用超過2400個變數，並根據大量的個案樣本（160萬名聯邦醫療保險病人的440萬次看診資料。）有了這麼龐大的數據，這個模型也許可以克服客觀的無知的限制。

不足爲奇的是，人工智慧模型的準確性確實比醫師高。爲了評估這個模型的表現，請考慮風險前10%的病人。這些病人接受進一步的檢查後，其中的30%果然有心肌梗塞的問題，而中等風險的病人當中，心肌梗塞的比例則是9.3%。這種鑑別水準令人眼睛一亮，但是仍不夠完美。至少，我們可以合理的做出結論，醫師的表現受限於客觀的無知，以及自身判斷的瑕疵。

否認自己的無知

我們堅持不可能有完美的預測，也許這似乎是在陳述一個顯而易見的事實。誠然，斷言未來是不可預測的不算是什麼概念上的突破。然而，這個事實不只是顯而易見，而且經常被忽視，正如我們不斷發現，人們對自己的預測過度自信。

過度自信的普遍性讓我們得以用新的角度來看非正式調查中相信自己直覺的決策者。我們注意到，人們常把主觀的信心誤認爲預測效力的指標。例如你看到第9章中娜塔莉和莫妮卡的情況，在你得出一致的判斷時，你的內在訊號讓你對自己的判斷有信心，認爲娜塔莉是比較好的人選。如果你對這樣的預測有信心，你已經陷入效度錯覺：就你掌握的訊息而言，你達到的準確度相當低。

相信自己有能力達到不可能達成的高預測準確率，這樣的人不只是過度自信，不只是否認自己的判斷中有雜訊和偏誤，也不只是認爲自己要比其他人來得優秀，他們相信那些不可能預測的事件是可以預測的，也就是否認不確定性的現實。用我們在這裡使用的術語來說，這種態度相當於**否認自己的無知**。

否認自己的無知有助於我們了解讓米爾及追隨者困惑的問題：爲什麼很多人還是把他的結論當耳邊風？爲什麼決策者還是相信自己的直覺？決策者傾聽自己的直覺時，聽到內在訊號，也感受到隨之而來的情感回饋。傳達出已經達成好判斷的內在訊號就是自信的聲音，也就是「知其然而不知其所以然」。但是對證據眞實預測力的客觀評估，很少能證明這種程度的自信是合理的。

要放棄直覺確定性的情感回饋並不容易。這也就是爲何領導人表示，他們在高度不確性的情況下特別容易訴諸直覺決策。[8]當他們無法透過事實得到理解與渴求的信心時，他們就會轉向直覺。在無知十分巨大的情況下，否認自己的無知就更具吸引力了。

否認自己的無知還可以解開另一個謎。很多領導人面對我們提出的證據時，似乎會得出看似矛盾的結論。他們提到，基於直覺的決策也許不完美，但更系統化的替代方案同樣離完美很遠，因此不值得採用。例如人類判斷者的評估與員工績效表現之間的平均相關係數是0.28（和諧率＝59%）。根據同一項研究，結果與我們得到的證據一致，也就是機器預測會更好，只是沒有準確太多：機器預測的相關係數是0.44（和諧率＝65%）。主管可能會問：既然準確度提升不了多少，何必這麼做？

答案是，就人事聘用這樣的重要決策而言，效度的提升有很大的價值。同樣的主管經常對工作方式做出重大改變，得到的好處卻差強人意。他們在理性上了解成功是永遠無法保證的，而且他們在決策上要努力的是提升成功的機率。他們也了解機率。如果以同樣的價格去買一張樂透彩，若是能買到中獎機率65%的彩券，誰會去買中獎機率59%的彩券？

問題在於，這種情況下的「代價」並不相同。直覺判斷會帶來回饋，也就是內在訊號。願意相信演算法的人能達到很高的準確性，因爲演算法讓人有一種確定感，得以符合或超出內在訊號的回饋。[9]但是，如果某種機械性流程的替代方案似乎沒有很高的效度時，要放棄內在訊號的回饋，必須付出很高的代價。

這點對判斷的改善有著重要的意義。儘管所有的證據都有利於機器及演算法的預測方式，而且儘管理性的計算明白顯示出改善預測準確性的價值，很多決策者仍然拒絕這種放棄行使直覺的決策方式。只要演算法還沒有近乎完美，在很多領域，因爲客觀的無知，演算法不可能完美，人類判斷就不會被取代。這也就是爲何人類判斷必須改善。

關於客觀的無知

「凡是預測，就會有無知，無知也許要比我們想像的要來得多。我們可曾確認過我們信賴的專家比射飛鏢的黑猩猩要來得準確？」

「你相信你的直覺是基於內在訊號，而非你真正知道的任何事情。如此一來，你就是否認自己有客觀的無知。」

「模型的表現要比人類來得好，但沒有好很多。在大多數的情況下，我們發現人類的判斷平平，模型稍微好一點。不過，能好一點總是件好事，模型的確比較好。」

「也許我們永遠不會放心利用模型來做決策，我們靠內在訊號就有足夠的信心。因此，我們一定要保障最佳的決策過程。」

12
常態之谷

現在，我們再來討論一個比較大的問題：活在這麼一個世界，很多問題容易解決，但是還有很多問題被客觀的無知控制，所以，我們要如何自處？畢竟，如果客觀的無知問題很嚴重，過了一段時間，我們自然知道用水晶球來預測世事根本沒用。但這不是我們世界平時的經驗。反之，正如前一章所述，儘管我們對未來能掌握的有用訊息極少，依然不遺餘力的願意大膽預測。在本章，我們會討論一種普遍可見、而且被誤導的情況，也就是認爲即使事件無法預測，依然可以理解。

這種信念究竟意味著什麼？我們會在兩種脈絡下探討這個問題：一個是社會科學，另一個則是日常生活事件的經驗。

生活軌跡的預測

2020年，普林斯頓大學社會學教授莎拉·麥蘭納含（Sara McLanahan）和薩根尼克帶領112名研究人員在《美國國家科學院院刊》（*Proceedings of the National Academy of Sciences*）發表一篇很不尋常的研究報告。[1]研究人員想要清楚知道社會科學家到底對脆弱家庭的生活軌跡有多了解。社會科學家掌握這些家庭生活的資訊之後，是否能預測發生在這些家庭裡的事件？具體來說，這些專家利用一般蒐集並運用於研究的資訊，來預測脆弱家庭的生活事件時，準確度有多高？用我們的術語來說，這項研究的目的是，在社會學家完成預測後，衡量他們對脆弱家庭生活事件有多少客觀的無知。

作者群從〈脆弱家庭與兒童福利研究〉（Fragile Families and Child Wellbeing Study）中取得素材，這是一項調查出生嬰兒到15歲兒童的大規模長期研究。這個龐大的資料庫包含近5,000名兒童及其家庭的資料，大多數都是美國大城市裡未婚父母生下的小孩。這些資料包括祖父母的教育程度和就業情況、所有家庭成員的健康狀況細節、經濟與社會地位指數、多次問卷調查結果，以及認知能力測驗和性格測驗等。這項研究可以說是一個資料寶庫，社會學家可以好好利用：有超過750篇研究報告都是以這項研究的資料爲基礎寫成的。多篇報告都利用這項研究提供的兒童及其家庭的背景資料來解釋生活表現，如學業成績與犯罪紀錄等。

普林斯頓大學的研究團隊把焦點放在預測孩子15歲時的六種結果，包括最近是否遭房東驅趕、孩子的學業平均成績、家境評估等。研究召集人使用所謂的「共同任務法」（common task method）。他們邀請研究團隊利用〈脆弱家庭研究〉對每個家庭蒐集到的大量數據來預測上述六個結果，看哪個團隊的預測最爲準確。這種挑戰在電腦科學的領域很常見，但在社會科學研究領域，還是相當新穎的做法。電腦科學界的團隊往往會被邀來參與一些任務的競賽，如一段標準文本的機器翻譯，或是從大量照片中辨識動物。這些競賽的獲勝團隊定義出當時的技術水準，下次競賽的贏家總是能更爲精進。然而，社會科學的預測任務重視的不是技術快速進展，而是利用競賽中的最佳預測作爲對預測結果的衡量指標，換句話說，也就是希望找出客觀的無知的殘留量。

這項挑戰激起很多研究人員的興趣。最後的報告呈現出來自全世界選出的160個優秀研究團隊的結果。大多數入選的參賽者自稱是數據科學家，並利用機器學習來做預測。

在競賽的第一階段，參賽團隊可以取得半數樣本的所有數據[2]，包括六個結果。他們以此作爲「訓練數據」，以訓練出一個預測性的演算法。接下來則利用另一半沒用來訓練的保留樣本數據來測試訓練出來的演算法。研究人員利用均方差來測量準確率：每個案件的預測誤差是眞實結果扣除演算法預測值的平方。

獲勝模型的表現有多好？利用大量數據庫訓練出來的機器學習演算法確實優於簡單線型模型（當然，廣義來說，也優於人類判斷者）。但是人工智慧模型只比簡單模型好一點點，預測準確度依然很低，令人失望。例如對最近是否被房東驅趕的預測，最佳模型的相關係數只有0.22（和諧率＝57%）。[3]至於其他單一事件結果的預測，如主要照顧者是否被解雇、是否接受職業訓練，以及孩子在「恆毅力」的自我評分（即評量自己的人格特質是否具有毅力及追求目標的熱情），人工智慧模型一樣差強人意，相關係數落在0.17～0.22之間（和諧率＝55%～58%）。

六個目標結果中有兩個是整合後的資料，因此可預測性要高得多。關於孩子學業平均成績預測的相關係數是0.44（和諧率＝65%），近十二個月家庭物質拮据情況預測的相關係數則是0.48（和諧率＝66%）。這個衡量數字是基於十一個問題，包括「你曾三餐不繼嗎？」、「你家的電話曾因欠費而被停話嗎？」比起單一結果，整合後的資料通常具有較高的預測性，而且也比單一結果更好預測。這項挑戰性的研究主要結論是，大量的預測性訊息不足以預測人們生活的單一事件，即使是對整合後的資料進行預測，預測性也相當有限。

這項研究觀察到的結果都很典型，而且在社會學家的研究報告中，很多相關係數都落在這個範圍。有一項社會心理學方面的回顧研究涵蓋25,000篇研究報告，涉及百年來、800萬名以上的受試者。作者的結論是：「在社會心理學研究，預測的相關係數（r值）一般而言只有0.21。」[4]在人體的測量中比較常見到更高的相關係數，如先前提到的成人身高與腳長的相關係數是0.60，但這種情況在社會科學領域則非常罕見。有一篇論文回顧行爲和認知科學領域中的708篇研究報告，發現在這些報告中，相關係數在0.50以上的報告只有3%。[5]

如果你經常看到號稱「具有統計顯著性」甚至「顯著性高」的研究結果，這麼低的相關係數也許會讓你驚訝。統計學術語通常會誤導一般讀者，「顯著性」也許是其中之最。如果你發現有一個結果被描述爲「具有顯著性」，不該認爲這個結果具有強大的效應。其實，這只是意味這樣的結果不大可能是偶然的產物。如果樣本夠大，相關性可能非常「顯著」，也可能因爲太小而不值得討論。

單一結果有限的可預測性帶來一個令人不安的訊息，那就是理解與預測之間的差異。〈脆弱家庭研究〉被認爲是社會科學的寶庫，正如我們所見，已有大量研究採用該研究的數據。生產這些研究的學者肯定認爲，他們的研究可以促進我們對脆弱家庭的了解，遺憾的是，這樣的進展仍然無法對個人生活的個別事件做出更精細的預測。這項多人參與的研究報告摘要包含一個鮮明的警告：「研究人員必須認知到：儘管他們已經了解研究對象的生活軌跡，實際上，每一項預測都與結果相差甚遠。」[6]

了解與預測

這個悲觀結論背後的邏輯需要闡述一下。接受〈脆弱家庭研究〉預測挑戰的作者把了解與預測劃上等號（或是說，沒有了解，就沒有預測，反之亦然）時，他們所說的**了解**具有特定意義。這個詞的其他意義是：如果你說你了解一個數學概念或了解什麼是愛，你也許不是暗示你具有做出某個預測的能力。

然而，在社會科學的論述中，以及在大多數日常對話中，聲稱了解某事，就是宣告了解造成那件事的**原因**。在〈脆弱家庭研究〉中蒐集、研究數千個變數的社會學家爲他們看到的結果尋找原因。如果醫師了解病人的病因爲何，代表他們觀察到的症狀是診斷出的病症所造成。了解就是描述一種因果關係。[7]至於預測能力則是衡量能否確實辨識這種因果關係。而相關性，即預測準確性的衡量，則是量測有多少因果關係是我們能夠解釋的。

如果你曾涉獵初級統計學，而且還記得「相關性不代表因果關係」這樣一再出現的警告，應該就不會對最後那句話感到驚訝。例如，考量兒童鞋子大小與數學能力的相關性：顯然一個變數和另一個變數沒有因果關係。相關性源於鞋子尺寸與數學知識皆隨著年齡的增長而增加。這種相關性是存在的，也支持這樣的預測：如果你知道一個孩子的腳很大，應該可以預測他目前的數學能力要比他腳小的時候來得好。但是你不該從這種相關性推斷出因果關係。

然而，我們應該記住，雖然相關性不代表因果關係，不過因果關係**確實**隱含相關性。如果你發現成人的年齡和鞋子大小之間沒有相關性，就可以安全的得出結論：在青春期結束後，年齡不會使腳變大，你必須從其他地方找出鞋子尺寸差異的原因。

簡而言之，只要有因果關係，就有相關性。由此可見，凡是有因果關係，我們應該能夠預測，而相關性，也就是這種推測的準確性，則是用來衡量我們對因果關係的了解有多少。因此，根據普林斯頓研究人員的結論，社會學家能夠預測像遭到房東驅趕這樣的事件，衡量出來的相關係數是0.22，這代表他們對脆弱家庭的生活軌跡或多或少有些了解。客觀的無知不只給我們的預測設置了上限，也限制我們的了解。

如果大多數的專業人士自信的說他們了解自己的領域時，意味著什麼？就他們觀察到的現象，他們如何言明原因並提供自信的預測？簡而言之，爲什麼專業人士似乎都低估自己對這個世界有著客觀的無知？其實，所有的人都是這樣。

因果思維

如果你讀了本章的第一部分，問問自己，在脆弱家庭之中，會出現被房東驅趕或其他生活的結果是什麼原因造成的，你的思考方式就像前面描述的研究人員。你運用**統計學思維**（statistical thinking）：你關注的是全體，也就是所有脆弱家庭，以及描述這些家庭的統計數字，包括平均數、變異數、相關性等等，你不是把焦點放在個別的案例上。

另一種思維方式對我們來說更自然，也就是這裡所謂的**因果思維**（casual thinking）。[8]因果思維會創造特定事件、人物、物體相互影響的故事。爲了體驗因果思維，請想像自己是追蹤很多弱勢家庭個案的社工。你剛聽說其中一個家庭（瓊斯家）被房東驅趕。你對這個事件的反應是根據你對瓊斯家的了解。原來，這個家庭的經濟支柱潔西卡．瓊斯幾個月前被解雇了。她找不到工作，從此無法付清房租。她支付部分房租，多次向大樓管理員懇求，甚至請你出面爲她求情（你出面了，但管理員不爲所動）。在這種情況下，瓊斯家被驅趕很可憐，但這件事並不令人意外。其實，這就像是一連串事件自然發展的結果，一個注定會發生的悲劇，一個無可避免的結局。

如果我們屈服於這種無可避免的感覺時，就忘了事情其實是可以改變的：在人生的每一個岔路，命運其實可以走上另一條路。潔西卡說不定可以保住自己的工作，或是很快就找到另一份工作，或者有個親戚願意出手相助。身為社工的你也許可以幫助這一家人解決問題。大樓管理員也許能更體諒瓊斯家的狀況，讓他們的租金緩繳個幾週，等潔西卡找到工作，就能趕快付清房租。

如果知道結局的話，這些版本的描述和原來的描述一樣，都在預料之內。不管結果為何（是否被驅趕），一旦發生了，因果思維會讓人覺得這完全可以解釋，甚至可以預測。

了解常態之谷

這種觀察是有心理學根據的。有些事件讓人驚訝，像是致命的全球流行病、紐約世貿雙塔遭到襲擊、炙手可熱的避險基金後來證明是龐氏騙局*等。就我們的個人生活而言，偶爾也會出現難以預料的衝擊，例如與陌生人墜入情網、年輕的兄弟姊妹猝死、意外繼承了一筆財產。還有一些事件則在我們預期之內，如一個二年級學生會在幾點幾分放學回家。

大多數的人類經驗都介於這兩個極端之間。有時我們可以預期到某個事件，有時則會意料不到。但大多數的事情都

---

* 編注：指那斯達克交易所（Nasdaq）前主席伯納德．馬多夫（Bernard Madoff）創立的避險基金，以提供穩定績效吸引眾多知名法人投資，造成投資人損失高達500億美元。

發生在寬闊的常態之谷中，既不完全在我們的意料之中，也不會特別令人驚訝。例如此刻你無法預料下一段的內容，如果你發現我們突然寫了一段土耳其文，你必然會很驚訝。不過，如果在我們可能會討論的廣泛內容之中，你都不會驚訝。

在常態之谷中，事件的發展就像瓊斯家被房東驅趕一樣：雖然沒有人預料到會有這樣的情況，我們也無法預測這樣的結果，不過以後見之明來看，似乎是很平常的事。這是因爲我們是藉由回顧過往來了解現實情況的。[9]你沒料想到的事件（如瓊斯家被驅趕）促使你從記憶裡搜尋可能的原因（艱難的就業市場、大樓管理員不願通融）。一旦你找到合理的敘事，搜尋就會停止。即使結果是相反的，經過一番搜尋，依然能找到一樣讓人信服的原因（潔西卡．瓊斯咬緊牙關苦撐下去、大樓管理員能夠體諒）。

這些例子說明：在一個正常的故事裡，很多事件從表面上看都是不言自明的。你也許已經注意到，上面兩個版本的大樓管理員不是同一個人：第一個人沒有同情心，第二個人是好心人。但就管理員的性格而言，你唯一能掌握的線索是他表現出來的行爲。就我們現在對他的了解，他的行爲似乎很合理。事件的發生告訴你原因爲何。

如果你用這種方式來解釋一個讓人沒想到、但不令人驚訝的結果，最後總是很合理。這就是我們所說的**了解**一個故事，也就是我們爲什麼覺得現實是可以預測的，如果以後見之明來看。由於事件不言自明，因此我們產生一種錯覺，以爲事件是可以預料的。

廣而言之，我們對這個世界的了解，取決於我們建構敘事的非凡能力。我們能解釋我們觀察到的事件。在找尋原因時，幾乎不會空手而回，因爲關於這個世界的事實和信念是一個讓人取之不盡的寶庫，我們輕而易舉就可以從中找到原因。例如，看過晚間新聞的人都知道，股市的大幅變動很少是無法解釋的。同樣的新聞可以用來「解釋」指數的下跌（投資人因爲這樣的消息憂心忡忡！）或上漲（投資人依然保持樂觀！）。

如果找不到明顯的原因，我們的首要選擇是創造一個解釋來將我們的世界模型空白處填補起來。我們因而得以推論出之前不知道的事實（例如，大樓管理員很好心）。只有我們的世界模型無法調整、得不到結果，我們才會把這樣的結果標記爲令人驚訝，而且開始尋找更詳細的說明。只有在我們慣用的後見之明失效之後，才會出現眞正的驚訝。

這種持續不斷對現實的因果解讀，就是我們「了解」這個世界的方式。我們對人生的了解及後見之明不斷照見的發展就是常態之谷。基本上，這是和因果有關的感覺：一旦得知新的事件將消除其他可能性，於是敘事留給不確定性的空間很少。正如後見之明的經典研究告訴我們的，即使主觀上的不確定性確實存在一段時間，在不確定性解決之後，其中的記憶大抵也會被抹去。[10]

內與外

我們來比較統計與因果這兩種思考事件的方式。因果模式即時將事件分爲正常或異常，爲我們省下不少費力思考的工夫。在異常事件迅速動員之下，我們費力搜尋在環境和記憶中相關的訊息。主動期待（聚精會神等待某件事發生）也得付出心力。反之，在常態之谷的事件流程中，你用不著費心。你碰到鄰居，他也許會向你微笑，或是看起來心事重重，只是向你點頭致意。如果過去經常如此，這兩種事件都不會引起你的注意。然而，如果他的笑容異常燦爛，或是點頭過於敷衍，你也許會在記憶裡搜尋可能的原因。因果思維能省去不必要的氣力，同時保留對異常事件所需的警覺。

相較之下，統計思維則是費力的，它需要注意力的資源，只有系統二（緩慢、深思熟慮的思維模式）[11]才能發揮作用。除了基本層面，統計思維還需要專門的訓練。這種類型的思維從大處著眼，把個別案例看成是更廣泛類別的實例。因此，瓊斯被驅趕不被視爲一連串特定事件的結果，而是觀察與瓊斯家擁有共同預測特徵的前例，再來判定在統計上這是可能（或不可能）發生的結果。

這兩種觀點的區分就是在本書一再出現的主題。依賴單一案例的因果思維是產生可預測錯誤的源頭。採用統計思維，也就是我們所謂的**外部觀點**（outside view），就可以避免這種錯誤。

就這點而言，我們必須強調，因果模式對我們來說比較自然。即使應該視爲統計上的解釋，也很容易變成因果敘述。請想想這樣的陳述：「他們缺乏經驗，所以失敗了」或是「他們有個傑出的領導人，所以成功了」。你很容易想到一些反例，在這些反例中，沒經驗的團隊成功了，而有傑出領導人的團隊失敗了。經驗或傑出與成功的相關性充其量只是中等或者很小。但是很容易做出因果關係的歸類。只要因果關係是合理的，儘管相關性很小，我們的頭腦還是很容易把相關性轉化成因果和解釋的影響。傑出的領導被認爲是成功的原因，這樣的解釋讓人滿意，而缺乏經驗則用來解釋爲失敗的原因。

依賴有瑕疵的解釋也許是無可避免的，如果我們不這麼做，就得放棄對這個世界的了解。然而，因果思維和誤以爲了解過去的錯覺，會導致對未來過度自信的預測。正如我們將看到的，對因果思維的偏好也會導致我們忽視雜訊是誤差的來源，因爲雜訊基本上來說就是統計學的概念。

因果思維幫助我們了解一個比我們想像還要難以預測的世界。它也可以解釋，爲什麼我們認爲這個世界是可以預測的。在常態之谷中，沒有驚訝，也沒有矛盾。未來似乎和過去一樣是可以預測的。至於雜訊，人們聽不到，也看不到。

關於了解的限制

「人類事務的相關係數在0.20（和諧率＝56%）左右是很常見的。」

「相關性不代表因果關係，但我們可以從因果關係找到相關性。」

「大多數正常事件不在我們意料之中，也不會令人驚訝。這種事件不需要解釋。」

「在常態之谷，事件不在我們的意料之中，也不會令人驚訝：事件不言自明。」

「我們自認為了解這裡發生的事情，但我們能預測到這種事情會發生嗎？」

第四部
雜訊的發生

雜訊（還有偏誤）的源頭何在？哪些心理機制會造成我們在判斷上的變異，並引發會影響判斷的共通錯誤？簡單來說，關於雜訊的心理學，我們知道多少？這是我們現在要討論的問題。

首先，我們會討論快速、**系統一**思考的一些運作方式，並描述它們如何成爲許多判斷錯誤的元凶。在第13章，我們要提出三種重要、用於判斷的捷思法（heuristics），它們是系統一思考廣爲依賴的捷徑。我們會說明，這些捷思法如何引發特定方向、可以預測的錯誤（也就是統計偏誤），以及雜訊。

第14章的焦點是配對法（matching），這是系統一的一種思考方法，還會討論它可能產生的錯誤。

在第15章，我們轉而探究一項所有判斷都少不了的配件：做判斷時所依據的量表（scale）。我們會看到，選擇適當的量表是良好判斷的先決條件，定義不清或不適當的量表，都是雜訊的重要源頭。

第16章探討雜訊的心理根源，而且這可能是最令人費解的一種雜訊：不同的人對不同情況的反應型態（pattern）。就像個人的性格，這些型態並非隨機，而且即使隨著時間經過，它們也多半保持穩定，但是它們的效應不容易預測。

最後，我們在第17章總結目前對於雜訊與其組成要素的了解。這樣一來，我們就能解答之前提出的那個不解之謎：儘管雜訊無所不在，爲什麼很少被認爲是重要的問題？

13

捷思法、偏誤與雜訊

本書承自一項橫跨半世紀的人類直覺判斷研究，也就是所謂的「捷思法與偏誤研究計畫」（heuristics and biases program）。《快思慢想》檢視這項計畫前40年的研究成果，探究能夠解釋「直覺思考的神妙與缺陷」的心理機制。[1]這個計畫的核心概念是，人在被問到一個困難問題時，會採用簡化的思考方式，稱之爲**捷思法**。一般來說，捷思法是迅速、直覺式思考（也稱做**系統一思考**）的產物，它們相當實用，也能產生適當的答案。但是，捷思法有時候會導致偏誤，根據我們的描述，這些偏誤是系統性、可預測的判斷錯誤。

捷思法與偏誤研究計畫的焦點放在人類的共通點，而不是差異性。它顯示，引發判斷錯誤的過程是普遍的共同現象。部分是因爲這段淵源，使得熟悉**心理偏誤**

（psychological bias）觀念的人，通常以爲心理偏誤一定會產生**統計偏誤**（statistical bias），我們在本書用這個名詞指稱大部分以同方向偏離事實的測量或判斷。確實，唯有普遍共有的心理偏誤，才會產生統計偏誤。然而，當判斷者的偏誤情況或程度不同，心理偏誤就會產生系統雜訊。當然，無論心理偏誤引發的是統計偏誤還是雜訊，都一定會產生錯誤。

診斷偏誤

判斷偏誤的辨識，靠的通常是與眞實數值做參照。若誤差大部分朝某個方向，而不是其他方向，這時預測性判斷就存有偏誤。例如，人們在預測自己完成一項計畫所需的時間時，他們估計的平均值通常遠低於實際需要的時間。這個熟悉的心理偏誤，就是所謂的**計畫謬誤**（planning fallacy）。

不過，能夠供判斷作爲對照的眞實數值通常不存在。由於我們如此強調只有在已知眞實數值的時候才能夠偵察到偏誤，你可能會猜想，在眞相未知時，要怎樣才能研究偏誤。答案是：研究人員從觀察一個不應該影響判斷、但確實對判斷產生統計影響的因素，或是一個應該影響判斷、但確實沒有影響的因素，藉此確認偏誤。

爲了說明這個方法，我們回到那個靶場的比喻。假設A隊和B隊已經完成射擊，而我們檢視的是標靶的背面（見圖12）。在這個例子裡，你不知道靶心在哪裡（眞實數值未知）。因此，你不知道這兩隊的彈著點偏離靶心的相對程度如何。可是，你得知第一面靶的兩隊射擊者都瞄準同樣的靶心，而在第二面靶，A隊瞄準的靶心和B隊不同。

雖然看不到靶心，但兩面靶都證明系統偏誤存在。在第一面靶，兩隊的彈著點不同，即使兩者應該要一樣。這個型態與以下這個實驗的情況類似：兩組投資人閱讀內容一模一樣的營運計畫，只不過兩份計畫書以不同的字體與紙張印製。如果這些與計畫內容不相關的細節會影響投資的判斷，那麼其中就有心理偏誤。我們無法得知，究竟是受到線條優美的字體、光滑的紙張所吸引的投資人太過正面，還是閱讀到印刷、裝幀粗糙的投資人太過負面。但我們知道他們的判斷不同，儘管他們不應該如此。

第二面靶顯示相反的現象。既然兩隊的人瞄準的目標不同，子彈落點的聚集處就應該不同，但是它們卻都集中在同樣的區塊。舉個例子，假設現在兩組人要回答你在第4章被問到那個與甘巴迪有關的問題，只不過我們現在把問題稍微

圖12：在測試偏誤的實驗裡，從靶板後方觀察到的彈著點

第一面靶
瞄準的靶心相同，但是彈著點不同。

第二面靶
瞄準的靶心不同，但是彈著點相同。

改一下。其中一組被問到的問題和你一樣，是估計甘巴迪兩年內還能保住職位的機率；另一組被問到的，則是估計他在三年內還在位的機率。這兩組人的結論應該會不一樣，因為在三年內可能讓一個人失業的情況顯然比在兩年內多。然而，證據顯示，兩組估計的機率就算有差異，差異也很微小。[2]答案應該明顯不同，但卻沒有，由此顯示有一個應該影響判斷的因素被忽略了。（這個心理偏誤稱為**對範疇的不敏感**〔scope insensitivity〕）。

許多領域都會出現系統性的判斷錯誤，而**偏誤**一詞現在也為各種領域所使用，包括商業、政治、政策制定與法律。這個名詞的意義也隨著它的普遍運用而變得廣泛。除了我們這裡使用的認知方面的定義（指的是一種心理機制，以及這個機制經常產生的錯誤），它還經常用來指陳一個人對某個群體的偏見（例如性別偏見或種族偏見）。此外，它也用來表示一個人偏袒某個特定的結論，就像我們會讀到某個人因為利益衝突或政治主張而立場偏頗。我們把這些類型的偏誤，都納入我們對判斷錯誤心理學所做的討論，因為所有的心理偏誤都會引發統計偏誤和雜訊。

只有一種用法我們強烈反對，那就是把代價高昂的失敗歸因於不明確的「偏誤」，而在承認犯錯的同時，保證「努力減少我們決策裡的偏誤」。這些陳述除了表示「錯誤已經造成」，還有「我們會努力做得更好」之外，別無其他意義。沒錯，有些失敗真的是由可以預知的錯誤所引起，而這些錯誤與具體的心理偏誤有關。我們也相信，判斷與決策的偏誤（和雜訊）可以經由干預措施而減少。但是把每個不理想的結果都怪到「偏誤」上是毫無價值的解釋。我們建議，把**偏誤**一詞保留給具體、而且能夠辨識的錯誤，以及產生錯誤的機制。

替代

為了體驗捷思法的過程，請你嘗試回答以下這個問題。這個問題點出捷思法與偏誤領域幾個根本的主題。還是一樣，如果你能夠自己思考答案，從這個例子得到的收穫也會愈多。

> 比爾33歲，他很聰明，但缺乏想像力、遇到入迷的事會難以自拔，老是一副無精打采的樣子。在學校，數學是他的強項，社會研究與人文科目是他的罩門。
>
> 以下是八種比爾目前可能的情況。請瀏覽各項敘述，選出你認為最有可能的兩項。
>
> □ 比爾是醫師，嗜好是玩撲克牌。
>
> □ 比爾是建築師。
>
> □ 比爾是會計師。

□ 比爾的嗜好是演奏爵士樂。

□ 比爾的嗜好是衝浪。

□ 比爾是記者。

□ 比爾是會計師，嗜好是演奏爵士樂。

□ 比爾的嗜好是登山。

現在，再從頭瀏覽一次，然後選出比爾與敘述中的典型人物最相像的兩個類別。你的答案可以和前一題一樣。

我們幾乎可以確定，你在可能性最高與相似度最高都挑選一樣的類別。我們之所以這麼有把握，是因為已經有許多實驗都顯示，受測者在兩個問題都給出相同的答案。[3]但是，相似度（similarity）與可能性（probability，即機率）其實是相當不同的概念。例如，請自問：以下哪一則敘述比較有道理？

□「比爾符合有演奏爵士樂嗜好的人在我心目中的樣子。」

□「比爾符合一個嗜好是演奏爵士樂的會計師在我心目中的樣子。」

這兩則陳述都不是完全符合，但是其中一則顯然沒有像另一則那麼差。比爾與「嗜好是演奏爵士樂的會計師」之間的共同點，比有演奏爵士樂嗜好的人之間的共同點還多。現在思考以下這個問題：以下哪一則敘述成眞的機率比較高？

□ 比爾的嗜好是演奏爵士樂。

□ 比爾是會計師，嗜好是演奏爵士樂。

你可能想要選第二個答案，但是它不合邏輯。比爾愛好演奏爵士樂的機率，**一定**高於他是個演奏爵士樂的會計師。回想一下你的文氏圖（Venn diagram）！如果比爾既是爵士樂演奏者、又是會計師，那麼他當然是爵士演奏者。爲描述增添細節，只會造成更低的可能性，雖然這能增加它的代表性，而且可以更「符合」情況，就像現在這個案例一樣。

判斷捷思法的理論認爲，人有時候會用一個簡單問題的答案來回答一個困難的問題。所以，下面哪一個問題比較容易回答：「比爾與一個典型的業餘爵士樂手有多相似？」，還是「比爾是業餘爵士樂手的機率有多大？」大多數人應該都會同意，相似度問題比較簡單，所以在被問到機率問題時，大家可能就會把它當成相似度問題來回答。

你現在已經體驗過捷思法與偏誤研究計畫的根本概念：在回答一個困難問題時可以用的一種捷思法，就是找一個簡單問題的答案來回答。用一個問題替代另一個問題會引發可預測的錯誤，稱之爲心理偏誤。

比爾的例子就是這種偏誤的具體表現。因爲機率受制於特定的邏輯，因此當相似度的判斷取代可能性的判斷時，錯誤就一定會發生，尤其，文氏圖只適用於機率，而非相似度。於是，這個許多人都會犯下的可預見錯誤就出現了。

關於被忽視的統計特性還有一個例子。請回想在第4章對甘巴迪問題的想法。如果你也像大部分人一樣，在評估甘巴迪的成功機率時，完全是根據案例內容對他的描述，然後，你就不由自主的把對他的描述與成功執行長的形象進行配對。

隨機挑選一位執行長，兩年後他仍然在位的機率是多少？你曾經想過這個問題嗎？或許沒有。你可以把這條**基本率訊息**（base-rate information）視爲用來衡量一位執行長職場生存難度的工具。如果這種方法看起來很奇怪，想一下你會怎麼評估某個學生通過考試的可能性。當然，考試不及格的學生比例是重要資訊，因爲它可以反映考試的難度。同理，執行長留任的基本率也是甘巴迪問題的重要資訊。這兩個問題的例子都是採取我們所說的「外部觀點」（outside view）：採取這個觀點時，你會把那個學生或是甘巴迪看成一個相似案例類型裡的一員。你從統計觀點思考這個類型，而不只是隨意去思考關注的焦點個案。

採取外部觀點能讓事情大爲改觀，避免顯著的錯誤。花幾分鐘研究一下你就會發現，美國企業執行長流動率估計一年大約是15%，[4]這表示新科執行長上任兩年後仍然在位的機率大約是72%。當然，這個數字只是一個起點，而甘巴迪這個案例的具體細節會影響你的最終估計值。但是，如果你只著眼於被告知相關的甘巴迪資訊，就會忽略一項關鍵資訊。（在此完整揭露：我們撰寫甘巴迪這個案例，原本是爲了說明有雜訊的判斷；而我們花了好幾週才發現，它也是說明另一個偏誤的絕佳例子，那就是**對基本率的忽略**〔base-rate neglect〕。本書作者並沒有比別人更自然而然的想起基本率這件事。）

以一個問題替代另一個問題，並不限於相似度與機率。另一個例子是以容易浮現腦海所形成的事件印象，來取代頻率的判斷。例如，在發生眾所矚目的墜機或颶風事件後不久，我們對這類事件相關風險的認知會攀升。理論上，對風險的判斷應該以長期平均值爲依據。但實際上，由於近期發生的事件更容易浮現腦海，所以會得到更多權重。以回想事件難易程度的判斷取代頻率的判斷，就是所謂的**可得性捷思法**（availability heuristic）。

以簡單判斷取代困難判斷的例子還不止這些。事實上，這是非常普遍的現象。我們可以把「回答一個比較簡單的問題」想成是一道萬用程序，可以用來應付一個我們可能一時答不上來的問題。想一想，我們在回答以下各個問題時，往往會用哪個比較容易回答的問題替代：

我相信氣候變遷嗎？
→我信任說氣候變遷存在的人嗎？

我認爲這位外科醫師稱職嗎？
→這個人說話時有信心和權威感嗎？

計畫會準時完成嗎？
→現在進度如期嗎？

核能有必要嗎？
→我會聞核色變嗎？

我對我的整體生活滿意嗎？
→我現在的心情如何？

無論是什麼問題，以一個問題替代另一個問題所產生的答案，都無法反映出證據在不同面向的最適權重，然而給予證據的權重不正確，無可避免會導致錯誤。比方說，關於生活滿意度這個問題的完整答案，需要考慮的因素顯然不只是你當下的心情，但是證據顯示，心情其實占據過重的分量。

同理，以相似度取代機率也會導致對基本率的忽略，而在判斷相似度時，基本率可以說是無關緊要。在評估一家公司的價值時，像是營運計畫文件在美感上無關緊要的變化，重要性應該很低或完全不予以考量。這些因素對判斷所產生的任何影響，都反映出對證據的權重錯誤分配，因此會產生錯誤。

結論偏誤

《星際大戰》（*Star Wars*）系列電影第三部《星際大戰六部曲：絕地大反攻》（*The Return of the Jedi*）劇本寫作期間[5]的某個關鍵時刻[6]，這一系列電影背後的靈魂人物喬治・盧卡斯（George Lucas）和他傑出的合作伙伴羅倫斯・卡斯丹（Lawrence Kasdan）有一場激烈的爭辯。卡斯丹強力建議盧卡斯：「我認爲你應該賜死路克・天行者，讓莉亞公主接手。」盧卡斯斷然拒絕這個想法。卡斯丹認爲，如果路克活著，就應該要有另一個主要角色死去。盧卡斯再次表示異議，還說：「你不能到處把別人賜死。」於是，卡斯丹從電影的本質出發，打從心底提出一個主張來回應。他對盧卡斯解釋：「如果你愛的某個角色在過程中逝去，電影會更有情感的分量；這段旅程會更有衝擊力。」

盧卡斯迅速而堅定的答道：「我不喜歡那樣，也不相信那一套。」

相較於演奏爵士樂的會計師比爾，這個例子的思考過程看起來相當不一樣。再讀一下盧卡斯的回答，他把「不喜歡」放在「不相信」之前。聽到卡斯丹的建議，盧卡斯連想都不用想就做出反應。那個反應是幫助他做出判斷的動機（即使後來顯示他的判斷是對的）。

這個例子說明另一種偏誤，我們稱之爲**結論偏誤**（conclusion bias），或是**未審先判**（prejudgment）。就跟盧卡斯一樣，我們在判斷過程的一開始，通常已經抱定達成特定結論的傾向。這時候，我們會讓迅速、屬於直覺的系統一思考建議一個結論。接著，我們若非直接跳進那個結論，並省略蒐集、整合資訊的過程，就是啟動系統二思考（深思熟慮），找出證據，捍衛我們未審先判的結論。在那種情況下，證據會經過篩選並遭到扭曲[7]：由於**確認偏誤**（confirmation bias）和**期許偏誤**（desirability bias）使然，我們會選擇性的蒐集、解讀證據，以偏袒我們已經相信爲眞（確認偏誤）或是希望爲眞（期許偏誤）的判斷。

人們通常會想辦法爲自己的判斷自圓其說，而且眞心認爲那些用來合理化的解釋是他們信念的根據。要了解未審先判所扮演的角色，一個不錯的測試是想像那些支援我們信念的論點，突然間被證明不成立的情況。比方說，卡斯丹或許可以向盧卡斯指出，「你不能到處把別人賜死」算不上是一個很有說服力的論述。《羅密歐與茱麗葉》（*Romeo and Juliet*）的作者就不會同意盧卡斯的看法，而如果《黑道家族》（*The Sopranos*）和《權力遊戲》（*Game of Thrones*）的劇作家決定反對殺戮，這兩部影集在第一季就可能會下架。但是，我們敢說，一個有力的反論也不會讓盧卡斯改變心意。他反而會想出其他論述來支持他的判斷。（例如：「《星際大戰》不一樣。」）

未審先判的現象到處都看得到。就像盧卡斯的反應一樣，它們通常會摻雜情感因素。心理學家保羅．斯洛維奇（Paul Slovic）稱之爲**情感捷思法**（affect heuristic）：人的思考決定會跟著感覺走。我們喜歡的政治人物，和他們沾上邊的事物，我們多半都喜歡；至於我們討厭的政治人物，就連他們的長相和聲音，都會惹我們嫌。這就是爲什麼睿智的企業會投入那麼多心力，爲自己的品牌營造正向的情感依附。教授通常會注意到，如果有一年，學生在教學評鑑給他們高分，那麼在評鑑他們的教材時也會給高分。而如果那一年的學生沒那麼喜歡這位教授，即使是一模一樣的指定閱讀資料，學生給的評等也會比較差。即使不牽涉情感因素，同樣的機制還是會發揮作用：無論你的信念背後眞實的原因爲何，你會傾向接受看似支持那個信念的論述，即使論述背後的推論是錯的。[8]

結論偏誤一個較爲微妙的例子就是**錨定效應**（anchoring effect），也就是一個任意數字對必須做量化判斷的人所造成的影響。在典型的實驗裡，他們可能會讓你先看到一些不容易猜到價格的物品，像是一瓶不熟悉的酒。[9]接下來，他們要你寫下你的社會安全號碼末兩碼，然後問你是否願意用和這個號碼相同數字的金額買下那瓶酒。最後，你要說出你願意爲那瓶酒支付的最高價格。結果顯示，用你的社會安全號碼所設定的錨點，會影響你最後的出價。在一項研究裡，社會安全號碼錨點較高（超過80美元）的人願意支付的價格，大約比錨點較低（低於20美元）的人出價高出三倍。

顯然，你的社會安全號碼應該不會左右你評估一瓶酒的價值有多少，但是，它確實會。錨定效應的效力很強大，通常會刻意運用在談判上。[10]無論你是在市集裡討價還價，或是坐下來進行一場複雜的商業談判，先出擊可能會讓你占上風，因爲定錨的接受者會不由自主的去迎合「你的出價可能合理」的想法。人總是會忍不住去解釋他們的所見所聞；當他們面對一個不太合理的數字，心裡也會自動琢磨一番，以減少它的不合理性。

過度追求連貫性

這裡還有一個實驗，可以幫助你體驗到第三種偏誤。你接下來會讀到某個管理職求職者的描述。描述總共有四個形容詞，分別寫在不同的卡片上。這疊卡片剛剛洗過牌。頭兩張抽出的卡片寫著：

聰明、頑強

在得到完整資訊之前，你應該先保留判斷，這才是合理的做法，但是事情卻不是這樣發展：在這個時候，你對這名求職者已經有了評判，而且是正面評價。這個判斷就這樣形成了，過程由不得你掌控，而你也無法暫時保留判斷。

接下來，你抽出最後兩張卡片。現在，你才看到完整的描述：

聰明、頑強、機巧、沒原則

你的評估不再偏向正面，但是修正的幅度也不夠。爲了比較，請思考以下的描述，這是卡片另一次洗牌後可能出現的順序：

沒原則、機巧、頑強、聰明

第二組描述由完全相同的形容詞組成，然而，由於形容詞出現的順序不同，明顯沒有像第一組的排序那麼吸引人。**機巧**在**頑強**和**聰明**後面出現時，只有溫和的負面影響，因爲我們仍然（沒有理由的）相信那位經理人是善意的。然而，當**機巧**在**沒原則**之後出現時，**機巧**這個詞就會讓人感覺很糟糕。在這個脈絡下，**頑強**和**聰明**就再也不是正面描述：一個壞人甚至會因爲具備這兩項特質而變得更加危險。

這項實驗說明何謂**過度追求連貫性**（excessive coherence）：我們要自圓其說來建構一致性的印象很快，但是要改變這些印象卻很慢。[11] 在這個例子裡，我們根據稀少的證據，立刻對這個求職者形成正面態度。在確認偏誤的作用下（我們未審先判時，這個傾向讓我們把矛盾的證據一筆勾銷），我們對於後續資料的重視，比我們應該要重視的程度還低。（另一個描述這個現象的名詞就是**光環效應**〔halo effect〕，因爲求職者會頭頂著第一印象的正面「光環」接受評估。我們會在第24章看到，光環效應在雇用決策上是一個嚴重的問題。）

這裡還有一個例子。在美國，政府官員要求餐廳必須標示食物的熱量，以確保消費者能看到起司漢堡、漢堡或沙拉等食物的熱量。在看到那些標示之後，消費者會改變他們的選擇嗎？出爐的證據有爭議，而且說法不一。但是，有一項眞知灼見的研究發現，如果熱量標示在食物品項的左邊，而不是右邊，消費者受到影響的可能性高得多。[12]如果熱量標示在左邊，消費者會在看到食物品項之前先接收到熱量資訊，而且顯然會想到「熱量很高！」或是「熱量沒那麼高！」他們一開始的正面或負面反應，深深左右他們的選擇。對比之下，先看到食物品項的人，顯然會在看到熱量標示之前先想到「美味好吃！」或「不怎麼樣！」這時，還是一樣，他們一開始的反應也會明顯影響他們的選擇。這項研究的發現也驗證這個推論：對於閱讀方向自右而左的希伯來文使用者來說，放在右邊的熱量標示，明顯比放在左邊的熱量標示更具影響力。

一般來說，我們會驟下結論，然後堅守結論。我們認爲自己的意見有其依據，但我們納入考量的證據，以及我們對證據的解讀，至少都經過部分扭曲，以符合我們原先不假思索的迅速決斷。如此一來，我們就能維持心裡那個故事的整體連貫性。當然，如果結論是正確的，這也無妨。但是，如果一開始的評估就是錯的，這種面對矛盾證據仍堅持原先評估的傾向，很可能會因此讓錯誤擴大。這種效應難以控制，因爲我們對於接觸到的資訊不可能視而不見，甚至無法忘記。在法庭上，法官有時候會指示陪審員忽略他們所聽到的一項不被採納的證據，但是這種指示並不務實（雖然在陪審團討論時或許會有幫助，因爲他們可以駁回以這項證據爲依據的論述。）

心理偏誤引發雜訊

我們已經簡單說明三種運作方式不同的偏誤：替代偏誤，導致證據的權重錯置；結論偏誤，導致我們跳過證據，或是以扭曲的方式考量證據；還有過度追求連貫性，它會擴大最初印象的影響，減弱矛盾資訊的影響。當然，這三類偏誤都會產生統計偏誤，也可能產生雜訊。

我們先從替代說起。大部分人都是從比爾的資料與刻板印象有多相似，來判斷比爾是會計師的機率：這個實驗的結果是一個共同的偏誤。如果每個回答者都犯同樣的錯誤，就沒有雜訊。但是，替代不一定會一直產生這麼一致的結果。如果「我相信氣候變遷嗎？」這個問題被「我信任說氣候變遷存在的人嗎？」所替代，我們不難看出，答案會因人而異，這取決於回答者的社交圈、偏好的資訊來源、政治傾向等因素。同樣的心理偏誤將引發有變異的判斷，以及個體間的雜訊。

替代可能也會成爲場合雜訊的來源。如果生活滿意度問題的答案，參考的是當事人當下的心情，那麼這個問題即使是同一個人回答，答案也難免會因時機而異。一個快樂的早晨之後可能是一個憂愁的午後，隨著時間而轉變的心情，可能會讓生活滿意度的答案相差十萬八千里，結果取決於訪問者打電話的時段。在第7章，我們曾檢視過幾個例子，說明可以追溯至心理偏誤的場合雜訊。

未審先判也會產生偏誤和雜訊。回到序言提到的一個例子：法官批准政治庇護案件的比例有令人震驚的差異。在同一個法庭裡，一位法官只批准5%的案件，另一位法官的批准率卻高達88%，因此我們可以相當確定，他們的偏誤方向不同。從更寬廣的觀點來看，偏誤的個人差異可能會產生龐大的系統雜訊。當然，系統本身也可能有偏誤，嚴重到大部分或全部法官都有類似的偏誤。

最後，過度追求連貫性可能產生偏誤或雜訊，這取決於資訊的順序，以及全體（或大部分）判斷者賦予資訊的意義是否一樣。比方說，假設有個外表出眾的求職者，以好看的容貌在早期給大部分面試官留下正面印象。如果外表與求職者所應徵的職務要求不相關，這個正面光環會導致共同的錯誤，那就是偏誤。

另一方面，許多複雜決策需要彙整資訊，而這些資訊基本上會隨機出現。以第2章保險理賠人員的例子來說，理賠案件相關資料送到理賠人員手上的順序，在理賠人員之間與案件之間都是機遇，因此最初印象的變異是隨機事件。過度追求連貫性，意味這些隨機的變異會對最終的判斷造成隨機的扭曲。這個效應就會是系統雜訊。

簡單來說，心理偏誤這項機制很普遍，而它們通常會產生共同的錯誤。但是，當偏誤有龐大個人差異（不同的未審先判），或是偏誤的效應取決於背景脈絡（不同的觸發因子），就會有雜訊。

偏誤與雜訊都會造成錯誤，這表示只要能夠減少心理偏誤，就能提升判斷的品質。我們會在第五部回頭討論**去偏誤**（debiasing，也就是移除偏誤）這個主題。在那之前，我們要繼續探索判斷的過程。

關於捷思法、偏誤與雜訊

「我們都知道我們有心理偏誤，但是我們應該克制衝動，不要把每個錯誤都歸咎於不明確的『失誤』。」

「當我們用一個比較簡單的問題替代應該要回答的問題，勢必會發生錯誤。例如，當我們用相似度來判斷機率，就會忽略基本率。」

「未審先判與其他結論偏誤會導致我們扭曲證據，藉此支持我們原先的立場。」

「我們會迅速形成印象，並堅守這些印象，即使矛盾的資訊出現也一樣。這種傾向就是過度追求連貫性。」

「如果許多人都有共同的偏誤，心理偏誤就會造成統計偏誤。然而，在許多情況下，人們的偏誤各有不同。這些時候，心理偏誤會產生系統雜訊。」

14
配對

看看天空。兩個小時之內下雨的可能性有多高？

你大概會覺得這個問題並不難回答。比方說，你輕輕鬆鬆就判斷「很可能」很快就會下雨。你對灰暗天色的評估，不知怎麼會轉換成一項機率判斷。

你剛做的事就是一個基本的**配對**（matching）。我們把判斷描述成「一種爲主觀印象（或印象的一個面向）在量表上找到一個數值」的思維運作（operation）。配對則是這種思維運作的主要部分。在你回答「你的心情有多好，從1分到10分，你給幾分？」或是「請給你今天早上的購物體驗評分，從1顆星到5顆星」之類的問題時，就是在做配對：你的任務就是在判斷量表上找一個符合心情或體驗的數值。

配對與連貫性

你在前一章已經見過比爾，現在他又出現了：「比爾33歲，這個人聰明但缺乏想像力、遇到入迷的事會難以自拔，常常一副無精打采的樣子。在學校，數學是他的強項，社會研究與人文科目是他的罩門。」我們請你估計比爾從事各項職業、養成不同嗜好的機率，而我們也看到，你用相似度的判斷取代可能性的判斷來回答這個問題。你其實沒在管比爾是會計師的可能性有多高，你看的是他與那一行的刻板印象有多類似。現在來討論一個我們還沒回答的問題：你是如何做出那個判斷的？

評估比爾的描述與職業、嗜好等刻板印象之間的相符程度並不困難。比爾顯然比較不像典型的爵士樂演奏者，更像是會計師，他甚至更不像衝浪者。這個例子說明「配對」出色的通用性，這點在對人的判斷上尤其明顯。關於比爾，你能夠回答的問題幾乎沒有範圍的限制。例如，如果你和比爾一起困在荒島上，你會有什麼感覺？你可能有個立即而直覺的答案，這是根據稀少的現有資訊來回答這個問題。不過，我們有個新消息要告訴你：就我們所知，比爾剛好是個具備高超求生技能的探險老手。如果你爲此感到訝異（或許正是如此），你剛好體驗到無法達成連貫性的情況。

你之所以強烈感到訝異，是因爲新資訊與你先前對比爾所建構的形象不相容。現在，假設原來的描述納入比爾高超的求生技能，你對這個人會形成一個不同的整體形象，或許他是一個只有在廣大戶外世界才活力十足的人。比爾的整體形象會變得比較不連貫，因此更難與職業或嗜好的分類去配對，但是你感受到的不協調程度會比之前低很多。

衝突的線索讓我們更難達成連貫性的感受，也更難找到一個令人滿意的配對作爲判斷。存在衝突的線索是複雜判斷的特點，我們預期會在這種判斷裡找到許多雜訊。有正面指標、也有負面指標的甘巴迪問題就屬於這類判斷。我們會在第16章回頭討論複雜判斷。本章其餘內容會以相對簡單的判斷爲焦點，特別是那些以**強度量表**（intensity scales）來衡量的判斷。

強度的配對

有些我們用來表達判斷的量表是質化量表：行業、嗜好和醫療診斷都是屬於這類的例子。它們的特點是量表的數值並沒有順序等級之分：「紅色」不比「藍色」大，也不比「藍色」小。

然而，許多判斷用的是量化的強度量表。尺寸、體重、亮度、溫度或音量等物理量度；成本或價值的衡量；機率或頻率的判斷，這些全都是量化判斷。也有些判斷用的是較爲抽象的量表，像是信心、優勢、吸引力、憤怒、恐懼、不道德，或是懲罰的嚴厲程度。

這些量化面向的共同特點是，在同一面向上任取兩個數值，就能回答「哪一個比較多？」這個問題。你可以分辨出，鞭刑比在手腕上拍一下更嚴重，也可以分辨出你比較喜歡《哈姆雷特》（*Hamlet*），而不是《等待果陀》（*Waiting for Godot*），就好像你可以分辨出太陽比月亮明亮、一隻大象比一隻倉鼠重，還有邁阿密的平均溫度比多倫多高。

人有一種高超的直覺能力，可以比對兩種不同的強度量表，把不相關的面向進行強度配對。[1]你可以把你對不同歌手的喜愛強度，與你所居住城市的建築高度進行配對。（比方說，如果你認為巴布．狄倫〔Bob Dylan〕特別出色，你可以把你對他的熱愛程度，與你所在城市裡最高的建築物進行配對。）你可以把你國家目前的政治分歧程度，與你熟知城市的夏日氣溫進行配對。（如果政治非常和諧，你或許可以把它和華氏70度的紐約微風夏日進行配對。）如果要你用小說的篇幅長度表達你對一家餐廳的讚賞程度，而不是用常見的一到五顆星評級，這個要求或許讓你覺得奇怪，但也不是完全不可行。（你最喜歡的餐廳或許可以評為《戰爭與和平》。）奇怪的是，在每一個例子裡，你的意思都相當清楚。

在一般對話裡，量表的數值範圍會隨著語境而變化。「她存了很多錢」這句話，是在成功投資銀行家的退休慶祝會上舉杯祝賀時說的，還是在恭喜當保姆的青少年，各有不同的意義。像是**大**和**小**等詞彙的意義，也完全取決於個人認知的參考架構（frame of reference）。例如，我們可以理解像是「那隻大老鼠跑到那隻小象的鼻子上」這類陳述的意思。

配對預測產生的偏誤

以下這個問題可以同時說明配對的力量，以及與此相關的系統性判斷錯誤。[2]

> 茱莉是即將畢業的大學生。請在閱讀以下與她有關的資訊後，猜測她的學業成績平均點數（GPA，標準量表爲0.0到4.0分）：
>
> 茱莉在4歲時就有流暢的閱讀能力。
>
> 她的學業成績平均點數是多少？

如果你熟悉美國的學業成績平均點數制度，你的腦海裡會迅速跳出一個數字，而這個數字大概接近3.7或3.8。茱莉的GPA猜測值立刻出現在你的腦海，可以說明我們剛剛描述的配對過程。

首先，你評估茱莉在閱讀方面的早熟程度。這個評估很容易，因爲茱莉的閱讀年齡出奇的早，所以茱莉會位於某個量表的某個分類裡。如果要你描述你所使用的量表，你或許會說，它的最高級別是像「異常早熟」之類的類別，而你會注意到，茱莉不太屬於這個級別（有些孩童在2歲之前就會閱讀）。茱莉可能落在下一個級別，也就是「特別、但不算異常早熟」的孩童。

第二步，你把你對GPA的判斷結果拿來與你對茱莉的評估進行配對。雖然你沒有意識到自己這樣做，但你必定是找了一個符合「特別、但不算異常早熟」標籤的GPA值。當你讀到茱莉的故事時，看似不知打從哪裡來的**配對預測**（matching prediction）就進入你的腦海。

執行這些評估和配對工作所需要的計算，要花相當長的時間才能完成，但是在快速的系統一思考下，卻能夠迅速而輕鬆的完成判斷。我們在此講述的故事（猜測茱莉的GPA），涉及一種複雜、多階段的心智事件序列，而且無法直接觀察到。在心理學裡，配對的心智機制相當特殊，但是它的證據又特別確鑿。我們從許多類似的實驗裡可以確知，不同群體回答以下兩個問題時，每個人會給出一模一樣的兩個數字：[3]

- ☐ 在茱莉的班上，比她更早開始閱讀的人比例是多少？
- ☐ 在茱莉的班上，GPA比她高的比例是多少？

第一個問題本身還好應付：它只是要你評估你獲得與茱莉相關的事證。第二個問題需要憑空預測，當然比較困難，但是我們在直覺上會忍不住以回答第一個問題來回答它。

我們問這兩個關於茱莉的問題，就好比先前討論效度錯覺時所描述的兩個迷惑眾人的問題。第一個關於茱莉的問題是要你評估你對她所知資訊的「強度」。第二個問題則是涉及預測的強度。我們猜想，兩者仍然難以區辨。

憑直覺預測茱莉的GPA，是我們在第13章描述的心理機制案例：以簡單的問題替代困難的問題。你的系統一思考改以回答一個簡單得多的問題，簡化一個困難的預測問題，而那個簡單的問題就是：以一個4歲孩子來說，茱莉在閱讀能力上的成就有多令人讚嘆？這裡必須多加一道配對步驟，從閱讀年齡（以歲數來衡量）直接轉到GPA（以分數來衡量）。

當然，這種替代只有在可得到的資訊具有相關性時才會出現。如果你只知道茱莉跑步很快，或者她舞藝平平，你等於完全沒有資訊。但是，任何事實，只要能解讀爲顯現智力的可靠線索，可能就會成爲可以接受的替代品。

如果兩個問題的眞實解答不同，用其中一個問題替代另一個問題，勢必會引發錯誤。以閱讀年齡取代GPA雖然看似可信，但顯然很荒謬。至於原因何在，我們可以思考一下，茱莉從4歲起可能歷經哪些事件：她可能遭遇嚴重的意外；她的雙親可能歷經離婚的劇變；她可能遇到一位啟發她的老師，對她影響很大；她可能曾經懷孕。在這些事件與其他許多事件中，任何一件事都有可能影響她的大學學業表現。

唯有在早熟的閱讀能力與大學GPA之間具有完全相關性的情況下，配對預測才會是正當可行的做法，但這兩者之間顯然不具有完全相關性。另一方面，完全忽略茱莉的閱讀年齡資訊也會造成錯誤，因爲她的閱讀年齡確實能提供一些相關資訊。最理想的預測必然落在擁有完美資訊與沒有資訊這兩個極端之間。

當你不知道某個案例的具體資訊，只知道它屬於哪個類別時，你還能掌握哪些事？這個問題的答案就是我們所說的「案例的外部觀點」。如果我們要預測茱莉的GPA，但是沒有得到任何關於她的資訊，我們一定會取平均值作爲預測值，或許是3.2。這就是以外部觀點預測。因此，茱莉GPA最佳的估計值必然會高於3.2，並低於3.8。估計值的精確落點取決於資訊的預測價值：你愈相信閱讀年齡是GPA的預測指標，估計值就愈高。以茱莉的案例來說，這種資訊當然相當薄弱，因而最合理的預測會接近平均的GPA。有一個技術性、但相當簡單的方法可以修正配對預測的錯誤；我們會在附錄C裡詳細說明。

藉由證據的配對所做的預測，雖然會在統計上產生荒謬的預測，但這種方法還是讓人難以抗拒。銷售主管通常會假設，在一個銷售團隊裡，去年業績最好的業務員會繼續有優異的表現。高階經理人有時候遇到能力出眾的求職者，就想像這名新進人員會如何一路爬上組織高層。製片人經常會預期，前一部片子大紅大紫的導演，下一部電影也會一樣成功。

這些配對預測的例子，很可能最後會以失望收場。另一方面，以事物最糟的狀況進行配對預測，通常會過度負面。配對證據的直覺預測，無論是樂觀或悲觀，都會過於極端。（描述這類預測錯誤的術語是：它們具有非迴歸性〔nonregressive〕，因爲它們沒有把**迴歸平均值**〔regression to the mean〕的統計現象納入考量。）

然而，我們應該注意，替代與配對不會總是影響預測。以兩種思考系統的用語來說，直覺的系統一在問題出現時提出快速聯想的解答，但是這些直覺在成爲信念之前，必須得到深思熟慮的系統二背書。配對預測有時候會被否決，以支持較爲複雜的反應。例如，人們比較不樂於把預測與不利的證據進行配對，而比較樂於與有利的證據配對。我們猜想，如果茱莉較晚開始閱讀，你可能會猶豫著要不要用低落的大學學業表現進行配對預測。在得到更多資訊時，這種有利預測與不利預測之間的不對稱就會消失。

我們提議以外部觀點作爲各種直覺預測的修正工具。比方說，在先前關於甘巴迪未來展望的討論裡，我們建議你在判斷甘巴迪的成功機率時，用相關的基本率作爲定錨點（新科執行長在位兩年的成功機率）。像茱莉的GPA這種量化預測來說，採取外部觀點意味著以平均結果作爲預測的定錨點。只有非常容易的問題，而且可獲得的資訊支持一個有十足把握的預測時，才可以忽略外部觀點。做嚴肅的判斷時，解決方案必須納入外部觀點。

配對的雜訊：絕對判斷的限制

對於強度量表上的分類，我們的區辨能力有限，因此限制了配對運作的準確度。**龐大**或**富裕**等字彙標記在規模或財富的面向上，代表某個範圍的數值。這是雜訊潛在的重要來源。

要退休的投資銀行家當然有資格得到**富裕**這個標籤，但有多**富裕**？我們有很多形容詞可以選擇，像是衣食無缺、闊綽、富足、奢豪、富可敵國等等，諸如此類。如果你得知一些人財富的詳細描述，要給他們每個人一個形容詞，你能想出多少不同的類別，而無需訴諸各案例之間的詳細比較？

至於我們在一個強度量表上所能區辨的分類數量，1956年發表的一篇經典論文標題已經點出答案：〈神奇數字7，加減2〉。[4]超過這個限度，人就會開始犯錯，比方說，把A歸入比B等級更高的分類，但是當A與B進行一對一比較時，他們給B的評等其實比A還高。

假設現在有一組長度在2到4英寸之間的四條線，長度呈等差分布。你一次只會看到一條線，然後要用數字1到4表示線的長短，1代表最短的線，4代表最長的線。這是一項簡單的任務。現在，假設有五條長度不同的線，重複前面的過程，以數字1到5表示線的長短，這對你還是小事一椿。你什麼時候會開始犯錯？大約在神奇數字7的時候。令人驚訝的是，這個數字與線條長度的範圍並沒有太大的關係，也就是說，如果線條長度介於2到6英寸之間，而不是2到4英寸之間，受測者還是會在超過7條線之後開始出錯。如果測試標的換成不同音量的聲調，或是不同亮度的燈光，也會得到非常相近的結果。人對於某個面向的刺激，標記不同標籤的能力確實有其限度，而那個限度大約是7個標籤。

我們區辨能力的限度之所以重要，是因爲我們在不同強度面向上配對數值的能力，並沒有比我們在這些面向上指定數值的能力來得好。配對運作是快速、系統一思考的泛用工具，也是許多直覺判斷的核心，但它還是粗糙的工具。

這個神奇數字不是絕對的限制。人可以經由訓練，藉由分層分類的方式，做出更細緻的區別。例如，要在多個百萬富翁之間爲他們的財富進行分類當然是有可能的事，而且法官也能區別多個類型罪行的嚴重程度。不過，這種精細化的過程要能運作，事先就必須有這樣的分類，而且各類別之間也要有清楚的界線。在爲一組線條設定標籤時，你不能決定把較長的線和較短的線分開，並把它們視爲兩個不同的分類。在快思模式裡，你不能隨意控制分類。

有一個方法可以克服形容詞量表有限的辨別度，那就是以比較取代標籤。我們比較案例的能力，遠優於我們把它們與量表配對的能力。

假設有人要你用一個20分的品質量表評估餐廳或歌手。如果是用五星量表比較容易處理，但是用20分的量表要維持完美的可信度是不可能的事。（喬家披薩〔Joe's Pizza〕三顆星，但它是11分還是12分？）要解決這個問題，有個簡單但耗時的辦法。首先，你用五星評等量表爲餐廳或歌手評分，依此把它們分爲五類。接著，你爲每個類別裡的案例做排名，這時，你通常能把案例處理到只剩少數幾個平手的狀況：你大概知道你是否比較喜歡喬家披薩，而不是老福漢堡（Fred's Burgers），或是比較喜歡泰勒絲（Taylor Swift），而不是喜歡巴布．迪倫（Bob Dylan），即使你把它們都分在同一個類別裡。爲了讓事情簡單處理，你現在可以分別在五個類別裡再區分四種層級。即使都是你最不喜歡的歌手，你八成還是可以區分不同的厭惡程度。

這種練習的心理學很簡單。相較於逐一給物件評等，把要判斷的物件拿來明確比較，更能應付較爲細緻的區別。線段長短的判斷也是一樣的做法：我們對接連顯示的線條長短進行比較的能力，比標記線條長度的能力來得好，而如果線條是同時顯示，比較結果甚至會更爲精確。

用比較來做判斷的優點，適用於許多領域。如果你對別人的財富只有粗略的概念，你比較在同個範圍裡兩個人的財富，會比逐一對個人的財富進行標示來得好。如果你要爲作文評分，先比較、排列出所有作文的優劣順序再評分，會比逐一閱讀並評分來得精準。比較型判斷（或相對性判斷）

比分類判斷（或絕對判斷）更敏銳。而一如這些例子所顯示，它們也會花費更多的心力和時間。

用明確的比較量表逐一評鑑物件，可以保留比較型判斷的一些優點。在有些環境裡，尤其是在教育、人選錄用或升遷的推薦，通常需要推薦人把求職者放在某個指定群體裡的「前5％」或「前20％」，像是「你教過的學生」或「具備同等經驗的程式設計師」。這些評鑑很少能讓人信以爲眞，因爲沒有人能保證推薦人會適當運用量表。只有在某些情況下能夠要求評鑑者當責，妥善運用量表：主管評鑑員工，或是分析師評估投資時，如果有人把90％的案例都放進「前20％」的類別，不但找得出來，也可以修正。我們會在第五部討論解決雜訊的辦法，而運用比較型判斷就是其中之一。

許多判斷工作都是用個別案例與量表進行配對（例如，7分的同意度量表），或是用一組有順序的形容詞（例如，評鑑事件機率時所用的「不可能」或「非常不可能」）。這類配對因爲粗糙，所以有雜訊。即使每個人對於判斷的本質有一致的立場，每個人對於標籤的解讀也可能不同。因此，一個能強迫進行明確的比較型判斷的程序，有可能減少雜訊。[5]在下一章，我們會進一步探討使用錯誤的量表會如何增加雜訊。

關於配對

「我們兩個人都說這部電影非常好，但是你似乎不像我那麼喜歡。我們用的是一樣的語彙，但是我們用的是同樣的量表嗎？」

「我們以為這部連續劇第二季會和第一季一樣精采。我們進行一項配對預測，但它是錯的。」

「給這些文章打分數時很難保持一致性，你應該改採排序評分嗎？」

15
量表

假設你是一場民事審判的陪審員。你聽取的證據總結如下，現在要根據這些證據做一些判斷。

喬安．葛洛佛與健艾製藥廠案

喬安．葛洛佛（Joan Glover），6歲，吞食大量非處方抗過敏藥「愛樂利」（Allerfree），需要長期住院治療。服藥過量導致她的呼吸系統衰弱，讓她往後更容易罹患呼吸相關的疾病，像是氣喘和肺氣腫。愛樂利的藥瓶使用的是設計不當的兒童安全蓋。

愛樂利的製造商是健艾製藥(General Assistance)，它是一家大型公司，生產各種非處方箋藥物，每年獲利大約是1億到2億美元。聯邦法規要求所有藥瓶都有兒童安全蓋。但健艾有計畫的忽視這條法規的立意，它所使用的兒童安全蓋，故障率高於業界的其他款式。有一份公司內部文件記載著：「這條愚蠢、沒有必要的聯邦法規是在浪費我們的錢。」而且文件還提及開罰風險低，並表示無論如何「違反規定的懲處非常輕微；基本上，只會要求我們未來必須改善安全蓋」。雖然美國食品藥物管理局的官員曾就安全蓋問題對健艾發出警告，不過健艾卻決定不採取任何修正的行動。

接下來，我們要請你做三個判斷。請放慢速度，選擇你的答案（請參考右頁圖表）。

葛洛佛的故事是我們兩個人（康納曼與桑思汀，還有與我們合作的朋友大衛．史凱德〔David Schkade〕）在1998年提出的研究報告所使用的精簡版案例。[1]我們會在本章描述這項研究的部分細節，並希望你能體驗這項研究裡的一項實驗操作，因爲我們認爲它是深入理解雜訊審查的一個例子，而雜訊審查會在本書的許多主題裡一再出現。

本章的焦點是**反應量表**（response scale）作爲雜訊的普遍來源所扮演的角色。人的判斷各不相同，不只是因爲他們在判斷的本質上有差異，也是因爲他們用不同的方式使用量表。如果你要評鑑一名員工的表現，你或許會說，在0到6分的量表上，這名員工的表現是4分。從你的觀點來看，這

憤怒程度：
以下何者最能表達你對被告行爲的看法？（請圈選你的答案）

完全 可以接受		反感		震驚		極度憤怒
0	1	2	3	4	5	6

懲罰意向：
除了支付補償性損害賠償，被告還應該處以多少懲罰？（請圈選最能表達你認爲最適當的處罰數字。）

不處罰		輕微處罰		嚴重處罰		極爲嚴厲 的處罰
0	1	2	3	4	5	6

損害賠償：
除了支付補償性損害賠償，被告應該支付多少金額的**懲罰性**賠償（如果有的話）作爲處罰，並遏阻被告與其他人未來犯下類似的行爲？（請在以下空白處寫下你的答案。）

金額：______________________

是相當不錯的分數。另外一個使用相同量表的人，或許會說這名員工的表現是3分。而從他的觀點來看，這個分數也相當不錯。量表用語的模糊是一個普遍的問題。已經有許多研究在探討模糊的措辭（像是「排除合理懷疑」[2]，「清楚而有說服力的證據」、「出色的表現」、「不太可能發生」[3]等）所引起的溝通障礙。以這類詞彙表達的判斷，無可避免會有雜訊，因爲講的人與聽的人有不同的解讀。

在寫下葛洛佛案例的那項研究裡，我們觀察的是在有嚴重後果的情況裡，模糊量表的效應。這項研究的主題是陪審團裁定懲罰性賠償的雜訊。你可以從葛洛佛案的第三個問題推知，美國（以及其他一些國家）的法律允許民事案件的陪審團對行爲異常乖張的被告處以懲罰性賠償。懲罰性賠償是補償性損害賠償的補充懲罰，目的是完全彌補受害者。就像在葛洛佛的例子裡，當一項產品造成傷害，原告告贏公司後會得到一筆錢，用來支付他們的醫療費用以及損失的工資。但是，他們也會另外得到一筆懲罰性賠償，用來作爲對該公司以及所有類似公司的警告。健艾藥廠在葛洛佛案件裡的行爲顯然應該受到譴責，而且符合陪審團可以合理判定懲罰性賠償的範疇。

設置懲罰性賠償所引發的顧慮，主要是它們不可預測。同樣的違規行爲所受到的懲罰性賠償，可能從無關痛癢到傷筋挫骨都有。套用本書的用語，我們會說這套制度有雜訊。懲罰性賠償的請求通常會被駁回，而就算通過，通常也不會在補償性損害賠償金額之外再增加多少。然而，也有引人注目的例外，陪審團判定的高額賠償有時候看起來不但驚人，而且武斷。一個經常被提到的例子是，一家汽車銷售商因爲沒有公開原告的新BMW重新上過烤漆，而被處以四百萬美元的懲罰性賠償。[4]

在我們的懲罰性賠償研究裡，我們請899名參與者評估葛洛佛案與另外九個類似案件，這些案件都涉及遭受某種傷害的原告對他們指稱應該負責的公司提告。與你在這裡所做的練習不同的是，在這十個案件裡，研究參與者只會在這三個問題中回答一個問題（憤怒程度、懲罰意向或懲罰金額）。接下來，我們進一步把參與者分成小組，各組接到各個案例的一個版本。這些版本的差異在於原告遭受的傷害，以及被告公司的營收。總共有28個情境。我們的目標是測試一個關於懲罰性賠償心理學的理論，並探究金額量表（這裡以美元爲單位）在這套法律體制下作爲主要雜訊來源所扮演的角色。

憤怒假設

如何決定公平的懲罰，這是哲學家和法律學者辯論長達幾個世紀的主題。然而，我們假設，這個讓哲學家傷腦筋的問題對一般人來說卻是輕而易舉，因爲他們會簡化這項工作，用一個簡單的問題替代這個困難的問題。當你被問到健艾藥廠應該受到多大的懲罰時，你立刻會回答的簡單問題是：「我有多生氣？」懲罰意向的強度會與憤怒的強度相符。

爲了測試這個「憤怒假設」，我們請不同組的參與者回答懲罰意向問題或憤怒程度問題。接著，針對研究所採用的28種情境，比較兩個問題所得到的平均評分。一如從替代概念而來的預期，憤怒程度與懲罰意向的評分平均值相關性是0.98（和諧率＝94%），接近完全相關。這個相關性支持憤怒假設的看法：憤怒情緒是懲罰意向的主要決定因素。[5]

憤怒是懲罰意向的主要動因，但不是唯一的一個。在葛洛佛的故事裡，有任何資訊讓你在做懲罰意向評分時，比在做憤怒程度評分時更吸引你的注意嗎？如果有，我們猜是受傷者所受到的傷害。即使不知道某項行爲的後果，你也能分辨那個行爲是否人神共憤；在這個例子裡，健艾藥廠的行爲當然令人髮指。對比之下，關於懲罰意向的直覺裡有個報應的層面，可以粗略的用「以眼還眼」法則來表達。報應的衝動能夠解釋爲什麼法律和陪審團對於殺人未遂和謀殺有不同的看待方式；因爲失手幸而沒有成爲殺人犯的嫌犯所得到懲罰較爲輕微。

爲了了解「傷害程度」是否確實會影響懲罰意向，但不會影響憤怒程度，我們給不同的回答者群組看葛洛佛案和其他案件的「重傷」版與「輕傷」版。「重傷」版就是你現在看到的敘述。在「輕傷」版裡，葛洛佛「必須住院幾天，現在她對任何藥丸都顯現深度創傷反應。她的父母就連想要給她一些有好處的藥物，像是維他命、阿斯匹靈或感冒藥時，她也會失控般的哭泣，說她會害怕。」這個版本描述的是孩童的創傷經驗，但是傷害程度當然比你讀到第一個版本裡的長期醫療損害要輕。一如預期，重傷版與輕傷版的憤怒程度平均值幾乎沒有差別（分別是4.24和4.19）。只有被告的行爲會左右憤怒程度；行爲的後果則不具影響力。對比之下，重傷版的懲罰意向評等是4.93，而輕傷版是4.65，差異微小，但在統計上具備信度。重傷版與輕傷版的賠償金中位數分別是200萬與100萬美元。其他幾個案件也都得到類似的結果。

這些研究發現點出判斷過程的一個關鍵特質：判斷工作對於證據在不同面向的權衡所造成的細微效應。評鑑懲罰意向和憤怒程度的參與者並沒有意識到，他們正在「正義是否應該具報應性質」這個哲學議題上表達立場。他們甚至沒有意識到自己對案件的不同特質給予不同的權重。然而，他們在做憤怒評等時，給傷害程度的權重幾乎是零，而在決定懲罰時卻給同樣的因素相當高的權重。回想一下，參與者只看到故事的一個版本；他們給較嚴重的傷害判定較高的罰金，這並不是明確比較的結果。它是在兩種情況下將思維運作自動配對的結果。參與者的反應更仰賴快思，而非慢想。

有雜訊的量表

這項研究的第二個目標是找出懲罰性賠償有雜訊的原因。我們假設，陪審團對於希望對被告處以多嚴重的懲罰通常有共識，至於懲罰意向如何轉化成金額量表上的數值，則有很大的分歧。

這項研究的設計能讓我們比較，同一個案例在憤怒程度、懲罰意向與裁定罰金這三個不同量表的判斷雜訊量。爲了衡量雜訊，我們應用第6章用來分析聯邦法官雜訊審查結果的方法。就像在那項分析裡的做法，我們假設，一個案件個別判斷的平均值可以視爲無偏誤的合理值。（這是爲了分析目的而進行的假設；我們要強調，這個假設可能是錯的。）在一個理想的世界，所有使用某個量表的陪審員，對每個案子的判斷都是一致的。任何對判斷平均值的偏離都算是誤差，而這些誤差是系統雜訊的來源。

我們在第6章曾指出，系統雜訊可以分解爲水準雜訊和型態雜訊。在這裡，水準雜訊是陪審員在整體嚴厲程度的變異。型態雜訊是某個陪審員在某個案件的反應相對於自己審判結果平均值的變異。因此，我們可以把判斷的整體變異分解成三個要素：

判斷的變異＝

公正懲罰的變異＋（水準雜訊）^{2}＋（型態雜訊）^{2}

這項分析把判斷的變異分解成三個詞，分別用來代表憤怒程度、懲罰意向與裁決金額等三項判斷。

分析結果如圖13所示。雜訊最低的量表是懲罰意向，系統雜訊占變異的51%，與公正審判的雜訊量大約相等。憤怒程度量表的雜訊更明顯：雜訊占71%。而裁決金額量表是目前表現最糟的：判斷的變異有高達94%是雜訊！[6]

這些差異之所以引人注目，是因爲這三個量表以內容來說，幾乎一模一樣。我們先前看到，憤怒程度和懲罰意向的合理值幾乎完全相關，一如憤怒假設所示。懲罰意向的評等和裁定的罰金都是回答同樣的問題（健艾藥廠應該得到多嚴厲的懲罰），只是表示的單位不同。我們要如何解釋在圖13裡看到的龐大差異？

我們或許會同意憤怒程度不是非常精準的量表。沒錯，確實有些事是「完全不能接受」的行為，但是如果你對健艾藥廠或是其他被告的憤怒程度有一個限度，那麼那個限度相當模糊。當我們說某種行為讓人「極度憤怒」，那又是什麼意思？當量表的上限不明確時，有些雜訊就無法避免。

懲罰意向就更為明確。「嚴厲懲罰」比「絕對憤怒」更精確，因為「極度嚴厲的懲罰」受到法律規定上限的約

圖13：判斷變異的組成

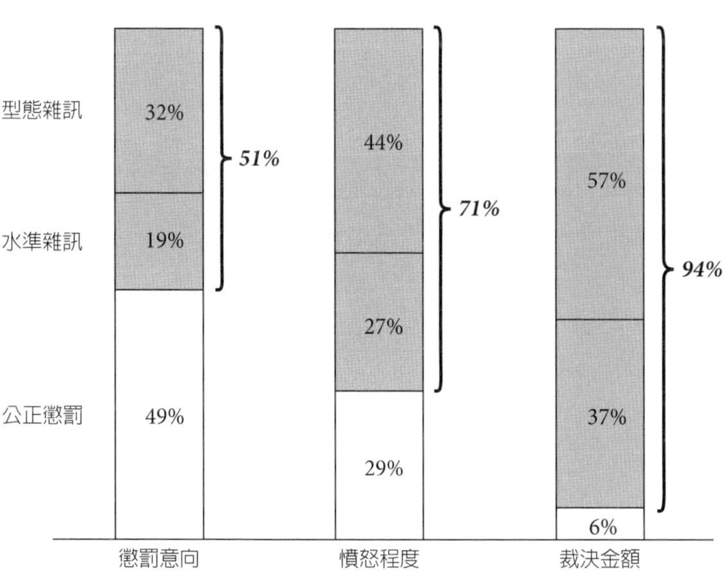

束。你或許希望「狠狠教訓」罪魁禍首，但是，比方說，你不可以建議把健艾藥廠的執行長和整個經營管理團隊處以死刑（但願如此）。懲罰意向量表比較不會模稜兩可，因爲它的上限更爲明確。如同我們的預期，它的雜訊也比較低。

憤怒程度和懲罰意向都以類似的評等量表來衡量，以言詞的標籤來定義分類，多少還算明確。裁決金額量表屬於另一個類型，而且更爲棘手。

金額與定錨點

我們那篇學術論文的標題已經表達出核心訊息：〈共同的憤怒與飄忽的判決：懲罰性賠償的心理學〉（Shared Outrage and Erratic Awards: The Psychology of Punitive Damages）。我們實驗裡的陪審員在懲罰意向上有相當程度的一致性，而且多半可以用憤怒程度解釋。然而，罰金裁量最接近模擬的法庭情況，而且有讓人難以接受的雜訊。

原因並不難解。如果在葛洛佛案裡，你眞的訂出某個數字的損害賠償金額，你一定能體會到，那個數字基本上是一種任意的選擇。這種任意的感覺，傳達出一項重要資訊：它告訴你，其他人也會做出各式各樣、差異很大的任意決定，而這些判斷有嚴重的雜訊。事實證明，這是裁決金額等類型量表的特點。

赫赫有名的哈佛心理學家史丹利．史密斯．史蒂文斯

（Stanley Smith Stevens）發現一個驚人的事實：在許多主觀經驗與態度上，大家對於強度的**比例**有共同強烈的直覺。[7]他們可以把一盞燈的亮度調成看起來是另一盞燈的「兩倍亮」，而且他們都同意，監禁10個月的情緒影響不比監禁1個月的10倍程度更糟糕。史蒂文斯稱這種以直覺爲根據的量表爲**比例量表**（ratio scales）。

你可以看得出來，我們對於金錢的直覺是用比例來表達，因爲像是「莎拉加薪60％！」或「我們有錢的鄰居一夜之間損失一半的財富。」這類話語，都能輕易讓我們理解。懲罰性賠償的金額量表是測量懲罰意向的比例量表。就像其他比例量表，它有一個有意義的零值（零元罰款），而且沒有上限。

史蒂文斯發現，人們可以用一個單一中介的定錨點（專有名詞是「模數」〔modulus〕）來釐定比例量表（就像金額量表）。史蒂文斯在實驗室裡，把觀察者置於某個亮度的燈光下，並指示他們「把這個燈光的亮度定爲10（或50、200），然後依此爲其他亮度設定數字。」一如預期，觀察者爲不同亮度的燈光所訂的數字，與他們按指示採納的那個定錨點之間有比例關係。定錨點爲200的觀察者所做的判斷值，是定錨點爲10的觀察者所做的判斷值的20倍；觀察者判斷值的標準差也與定錨點呈比例關係。

在第13章，我們描述一個錨定效應的有趣例子，也就是人們對某件物品的支付意願，強烈受到他們一開始被問到是否願意支付與社會安全號碼末兩碼相同數字的金額所影響。一個更驚人的結果是，一開始的定錨點，也會影響他們在一系列其他物件的支付意願。在引導下同意爲無線軌跡球滑鼠支付高價的參與者，也會同意支付相應的高價購買無線鍵盤。看來，人們對於可拿來比較的物品的**相對**價值，遠比對物品的絕對價值還敏感。這項研究的作者把持續性的單一定錨點效應取名爲**一致的任意性**（coherent arbitrariness）。[8]

爲了理解任意定錨點在葛洛佛案裡的影響，我們假設本章一開始的文本納入以下資訊：

> 在一個涉及另一家製藥公司的類似案件裡，受害的小女孩遭受到輕微的心理創傷（一如你先前讀到的輕傷版內容）。那個案件的懲罰性賠償金額爲150萬美元。

你會注意到，爲健艾藥廠訂定懲罰的問題突然變得容易得多。確實，現在你的心裡已經有一個金額。葛洛佛所遭受的「嚴重傷害」與另一個小女孩所遭受的「輕微傷害」所對應的裁決金額有一個乘數（或比率）關係，等於兩個人遭受損害程度的比例。此外，你讀到的單一定錨（150萬美元），足以用來確定整個金額量表。你現在可以輕易的爲比目前考慮的兩個案例更嚴重與更輕微的案例訂定損害賠償金額。

如果需要定錨才能用比例量表做判斷，那麼沒有定錨時，會怎麼樣？史蒂文斯提出了答案。在缺乏實驗人員的指引時，人們會在第一次使用量表時被迫做一個任意的選擇。從選定之後，他們的判斷就會因爲以第一個答案作爲定錨而具有一致性。

你可能會發現，爲葛洛佛案訂定損害賠償的任務，可以當成在沒有定錨時確定量表的情況。就像史蒂文斯實驗室裡那些沒有定錨點的觀察者，你對健艾藥廠應有的懲罰做了一個任意決定。在我們的懲罰性賠償研究裡，參與者也面臨同樣的問題，不得不對他們看到的第一個案例做一個任意的初始決定。不過，與你不同的是，他們要繼續爲其他九個案件訂定懲罰性賠償金額。這九個案件的賠償金額並非出於任意，因爲它們與最初的任意判決之間具有一致性，因此彼此之間也具有一致性。

根據史蒂文斯實驗室的發現，個人產生的定錨金額，應該會對後續判決金額的絕對值產生很大的影響，但是對這十個案例的相對金額位置卻沒有影響。最初的判決金額如果很高，會使其他判決的金額也相對變高，但不會影響它們的相對規模。這個邏輯推導出一個意外的結論：雖然裁決金額的雜訊嚴重到看似無可救藥，但它們其實反映出法官的懲罰意向。要探知這些意向，我們只需要以相對分數取代絕對金額即可。

爲了測試這個概念，我們以參與者個人的十個判決排序取代各個裁決金額，然後再做一次雜訊分析。最高的裁決金額標示爲1，第二高爲2，依此類推。把金額轉換成排序，消除所有陪審員的水準誤差，因爲每個人的判斷都是1到10的排序分布，除了偶爾出現相同的排名。（問卷有好幾個版本，因爲每個人都在28種情境裡判斷10種情況。我們的分析是分組進行，同一組參與者回答的是同樣10種情境，而且報告平均數字。）

結果讓人眼睛一亮：判斷的雜訊比例從94％降到49％（見圖14）。把裁決金額轉換成排序後顯示，陪審員在不同案件所認定的合適懲罰，在實質上是一致的。[9]確實，如果要說的話，裁決金額排序的雜訊，只略**低於**懲罰意向原始的

圖14：數值裡的雜訊vs.排序裡的雜訊

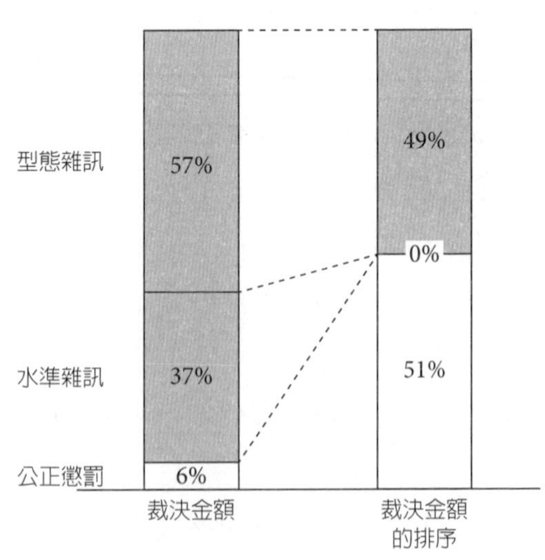

評等排序。

遺憾的結論

這些結果都與我們勾勒的理論一致：所有案件的罰金都以各個陪審員在第一次判決時挑選的任意數字當作定錨。案件金額的**相對**排序，相當精確的反映出陪審員的態度，而且沒有那麼多的雜訊。但是罰金的絕對數值基本上沒有意義，因爲它取決於裁決第一個案件時挑選的任意數字。

諷刺的是，陪審員在實際審判裡看到的案例不但是第一個，也是唯一的一個。美國法律實務刻意要求公民陪審員爲一個案件訂定單一賠償金額，無法受惠於任何用來指引的定錨案例。法律明文禁止向陪審團傳達其他案件懲罰性賠償規模的訊息。這項法規所隱含的假設是，陪審員的正義感會引導他們，直接根據對犯行的考量做出正確的懲罰。這個假設在心理學上是無稽之談，它所假定的能力是人類並不具備的能力。司法體制應該要承認執法人員的局限。

懲罰性賠償是極端的例子；專業判斷的表達很少會用這種模糊到極點的量表。但是，模糊的量表到處都是，這表示我們能從懲罰性賠償的研究中，學到兩個普遍適用於商業、教育、運動、政府和其他領域的課題。第一，量表的選擇對於判斷的雜訊量會造成非常大的差異，因爲模糊的量表有雜訊。第二，如果可行，以相對判斷取代絕對判斷有可能降低雜訊。

關於量表

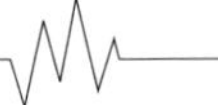

「我們的判斷有許多雜訊。有可能是因為我們對量表的理解不同嗎？」

「我們能同意採用一個定錨案例，作為量表上的參考點嗎？」

「為了減少雜訊，或許我們應該以排序取代我們的判斷？」

16 型態

還記得茱莉嗎？在第14章，我們曾要你嘗試猜測這個早慧小孩的大學GPA成績。以下是更完整的描述。

> 茱莉是獨生女。她的父親是成功的律師，母親則是建築師。在她大約3歲時，父親感染自體免疫系統疾病，被迫在家工作。他花很多時間陪伴茱莉，耐心的教導她閱讀。她在4歲就已經具備流暢的閱讀能力。她的爸爸也嘗試教她算術，不過她覺得這是個困難的科目。茱莉在小學是個好學生，但是在情感上很需要得到關懷，而且人緣相當不好。她多半的時間都是一個人獨處，而且因爲與她最喜歡的叔叔一起賞鳥而得到啟發，成爲熱衷的賞鳥家。

她的父母在她11歲時離婚，茱莉因此深受打擊。她的成績一落千丈，經常在學校情緒失控。高中時，她有些科目的表現非常出色，像是生物和創意寫作。讓每個人都感到意外的是，她的物理也很好。可是，她大部分的學科都荒廢了，因此高中畢業時的總平均成績是B。

她沒有進入她申請的那些名校，最後就讀於一所不錯的州立大學，主修環境研究。在大學的頭兩年，她還是反反覆覆的陷入情緒糾結，經常吸食大麻。不過，到了第四個學期，她強烈渴望進入醫學院，於是開始認眞念書。

你猜，她畢業時的GPA是多少？

問題：難與易

顯然，這個問題（我們稱爲「茱莉2.0」）變得困難得多。你對於「茱莉1.0」的全部所知就是她在4歲時能閱讀。只有一條線索時，你借助配對的力量來進行預測，對GPA成績的直覺估計值迅速浮現在你的腦海。

如果有幾條線索都指向同一個大方向時，配對還是能派上用場。比方說，你讀到「比爾是玩爵士樂的會計師」的描述時，你得到的全部資訊（「缺乏想像力」、「數學強」、「社會學科弱」），可以描繪出一個連貫、符合刻板印象的圖像。同理，如果茱莉2.0的人生事件大部分都符合早慧與優異成就的故事（或許只有少數幾項資料顯示表現只有「平平」），你也不會覺得這個預測有什麼困難。現有證據構成一幅連貫的圖像時，我們快速的系統一思考在解讀時不會有困難。像這類簡單判斷的問題大家可以輕鬆解答，而且大部分人的解答都會一致。

茱莉2.0就不是這麼一回事。這個問題之所以困難，就在於出現多項有衝突的線索。其中不但有能力和動機的指標，也有人格弱點和成就平庸的指標。這個故事看似漫無條理。它不容易理解，因爲它的要素無法拼湊出一種連貫的解讀。當然，這個故事並不會因爲這種不連貫而變得不眞實或不可信。人生通常比我們想講的故事複雜得多。

多項而衝突的線索造成模糊性，讓判斷問題變得困難。模糊性也是說明爲什麼複雜問題的雜訊會比簡單問題的雜訊更嚴重的原因。道理很簡單：看事物的方式如果不只一種，大家對事物的看法就會各有不同。人們可以挑選不同的證據構成敘事的核心，這麼一來就有許多種可能的結論。如果你覺得建構一個能夠解讀茱莉2.0的故事有困難，你可以相當有把握的說，其他讀者會建構出不同的故事，而這些故事也都能印證和你不同的判斷。就是這種變異性製造出型態雜訊。

什麼時候你會對判斷有信心？有兩個條件必須成立：一是你相信的故事必須全面性連貫；二是沒有其他可信的說法。要做到全面性連貫，在你選擇的解讀中，所有細節都要符合這個故事，並彼此強化可信度。當然，忽視會形成故事破綻的細節，或在解釋時避重就輕，也可以達成連貫性，只是比較沒有那麼漂亮。其他可能的解讀也是一樣。眞正的專家在「解答」一個判斷問題時，不只是知道爲什麼自己的說法是正確的；在解釋爲什麼其他說法是錯的，也能同樣頭頭是道。還是那句話，只要不考慮其他可能，或是積極壓制其他可能，就能達成強度相等、但品質較差的信心水準。

這個對信心的觀點主要是告訴我們，一個人對判斷的主觀信心，絕對不是準確度的保證。此外，壓制其他解讀（這個認知過程有詳細的文獻[1]）會導致我們所說的**意見一致的錯覺**（參閱第2章）。如果人在自己的結論以外無法想像還有其他可能，自然會假設其他人必定會做出同樣的結論。當然，能對自己所有的判斷都信心滿滿的幸運兒寥寥無幾，而我們所有人都曾體驗過不確定性，或許一個近在眼前的例子就是你讀的這個茱莉2.0的故事。我們不是隨時都能信心滿滿，但是大多時候，我們的信心都高過應有的程度。[2]

型態雜訊：穩定或暫時

我們對型態誤差的定義是：一個人判斷一個案例的誤差中，扣除案例和判斷者的影響後無法解釋的部分。一個極端的例子或許是一位平常寬容的法官，在審判某類被告時（比方說違反交通規則的人）異常嚴厲。或者說，一位平時謹慎的投資人，在看到一家令人心動的新創事業計畫時，解除一般慣有的警戒。當然，大部分型態誤差都不極端：一位平時態度寬容的法官，在處理累犯時沒有平時那麼寬容，或是在對年輕女性審判時比平時更寬容，這些都不是過分的型態誤差。

型態誤差的產生，綜合著暫時因素與長期因素。暫時因素包括我們描述爲場合雜訊來源的因素，像是在重要時刻遇到法官心情不錯，或是法官當下剛好想到最近某些不幸的偶發事件。有些因素更爲長期，像是雇主特別喜歡就讀某幾所大學的人，或是醫師特別傾向於建議感染肺炎的人住院。我們可以用一條簡單的等式表達單一判斷裡的誤差：

型態誤差＝穩定型態誤差＋暫時（場合）誤差

由於穩定型態誤差和暫時（場合）誤差是獨立、不相關的事件，因此我們可以延伸上述等式，分析它們的變異：

（型態雜訊）^{2}＝（穩定型態雜訊）^{2}＋（場合雜訊）^{2}

就像我們分析誤差和雜訊的組成要素時的做法，我們也可以把這個等式用圖形呈現為直角三角形兩邊平方和的加總（見圖15）。

穩定型態雜訊的一個簡單案例，就是讓召募者根據一組評等來預測經理人未來的表現。在第9章，我們曾談到「判斷者的模型」。在這個模型裡，個別召募者給每一個評等一個權重，而權重反映的是在召募者判斷裡該條件的重要性。權重分配因召募者而異，有的召募者可能更重視領導力，有的則看重溝通技巧。由於這種差異，召募者給求職者的排序會產生變異，這種情況就是我們說的穩定型態雜訊。

個別案例所引發的個人反應，也可能產生穩定、但高度

圖15：分解型態雜訊

特別的型態。想一想，是什麼原因讓你對茱莉故事裡的某些層面比對其他部分更關注。案例的某些細節可能與你的人生經驗產生共鳴。或許茱莉有些地方讓你想起一個離成功就差那麼一步、但最後還是失敗的近親，而你認爲他失敗的原因根植於他從青少年時期就顯現的深層人格缺陷。反過來說，茱莉的故事可能挑起你對某個摯友的回憶，對方在度過苦悶的青春期之後，眞的成功考取醫學院，現在是成功的專科醫師。不同的人因茱莉而引發的聯想具異質性，而且不可預測，但它們可能是穩定的。如果你是在上週讀到茱莉的故事，你也會想起同一個人，而且同樣也會以個人獨有的角度來看茱莉的故事。

判斷品質的個人差異是型態雜訊的另一個來源。想像有一個預測者，他有水晶球的神奇能力，但沒有人知道這點（包括他自己）。在許多判斷案例裡，他的準確度會讓他偏離預測平均值。在缺乏可以驗證的結果資料下，這些偏離會被視爲型態誤差。判斷無法驗證時，優異的準確度看起來像是型態雜訊。

型態雜訊也來自有能力對案例不同面向做出有效判斷的系統性差異。以職業運動隊伍的甄選流程爲例。教練可能把焦點放在比賽不同層面的技能，醫師注重的可能是容易受傷與否，而心理師關心的是動機和韌性。這些不同的專家評估同一名運動選手時，我們可以預期會出現相當多的型態雜訊。同理，擔任通才角色的專業人士，在判斷的某個層面，表現可能比其他人更優異。在這種情況下，型態雜訊比較貼切的描述是人在知識上的變異性，而不是誤差。

專業人士做決策時，技能的變異就單純是雜訊。然而，當管理上有機會建立團隊一起做判斷時，技能的多元性就變成潛在資產，因爲不同的專業人士會關注判斷的不同層面，並彼此互補。[3]我們會在第21章討論這個機會，以及抓住這個機會所需要的條件。

我們在前面幾章曾談到，保險公司的客戶或分案給主審法官的被告所面對的兩個樂透。我們現在可以明白，第一個樂透（從一群同事裡挑出一名專業人士）抽的不只是那名專業人士在判斷上的平均水準（水準誤差）。這個樂透抽的也是由這名專業人士獨具的價値、偏好、記憶、經驗與聯想等所構成的千變萬化的組合。每當你在做判斷時，也會有自己的包袱。你帶著在工作上形成的心智習慣，也帶著你從導師那裡得到的智慧。你帶著賴以建立信心的成功，也帶著謹愼避免重蹈覆轍的錯誤。還有在你的大腦某處，那些你記得、你忘記、還有你明白忽視它們也沒關係的那些正式規定。沒有人在所有方面都和你一模一樣；你的穩定型態誤差是你獨有的。

第二個樂透抽的是你做判斷的那個時刻、你的心情，以及其他不應該影響你、但確實影響到你的外部環境。這個樂透會產生場合雜訊。比方說，假設你在讀到茱莉的案例前不久，在報紙上讀到一篇關於大學校園的毒品吸食情況的報導。那篇報導寫到一名天資聰穎的學生，他立志上法學院，而且勤勉好學，但是卻無法彌補他在大學早期吸食毒品所累積的缺陷。由於這篇報導在你心目中的印象猶新，導致你在評估茱莉的整體機會時，更爲關注她吸食大麻的習慣。然而，如果你在兩週後才讀到與茱莉有關的評估問題，你或許不會記得這篇報導（而如果你是在報導的前一天讀到這個案例，你顯然對於報導一無所知）。閱讀新聞報導的影響是暫時的，它是場合雜訊。

一如這個例子所顯示的，穩定型態雜訊與我們稱之爲場合雜訊的不穩定變異之間，並沒有清楚的分界線。主要的差異在於，當事人對於案例某些面向上獨特的敏感性是永久的感受，還是暫時的感受。型態雜訊的啟動開關若是根植於我們個人的經驗和價值，我們可以預期這 個型態是穩定的，反映的是我們自身的獨特性。

性格的類比

一個人對某些特質或某些特質的組合有獨特的反應，這個概念無法訴諸立即的直覺。要理解它，或許可以思考另一種我們都很熟悉的複雜特質組合，那就是我們周遭的人所具備的性格。事實上，「判斷者對一個案例做出判斷」應該視同「一個人遇到某個情況時會如何行動」的一個特例，這是性格研究領域中更爲廣泛的主題。從這個更爲廣泛的主題數十年來的深入研究，我們可以學到一些與判斷有關的課題。

心理學家長久以來都在尋求理解性格的個別差異，並且找出衡量的方法。人在許多方面都不相同；隨便翻一下字典就能找到大約1萬8000個形容一個人的字彙。[4]今日，主流的人格型態分類是五大人格特質模式，把各項特質歸納為五個群組（外向、親和、認真盡責、經驗開放、情緒不穩定），每個群組都涵蓋許多明顯的特質。人格特質可以理解為實際行為的預測指標。如果一個人被描述為「認真盡責」，我們可以預期會觀察到一些相對應的行為（準時到達、信守承諾等）。如果安德魯在積極進取的評量得分高過布萊德，我們應該會觀察到，在大部分情況下，安德魯的舉止會比布萊德更積極。然而，事實上，以廣泛特質預測特定行為的效度相當有限；相關性如果有0.30（和諧率＝60％）就算是高了。[5]

一般常識告訴我們，儘管行為可能是由性格所驅動，但也強烈受到**情況**的左右。有些情況下，沒有人會爭強鬥勇，而有些情況下，人人都會積極表現。在安慰喪親的朋友時，不管是安德魯或布萊德都不會勇於表現；但是在足球賽裡，兩人都會展現一些拚勁。簡單來說（而且說來也並不意外），行為取決於性格，**也**取決於情況。

人之所以獨特，而且永遠那麼耐人尋味，原因就是性格與情況的組合並非機械化、加法式的方程式。例如，觸動積極進取性格更外顯或更收斂的情況，並不是所有人都一樣。即使安德魯和布萊德平均而言同樣積極進取，他們也不見得在每個情況下都會展現同等的積極度。或許安德魯對同儕比較強勢，但是對主管就顯得溫順，而布萊德的強勢表現不太受組織層級差異的影響。或許布萊德在被批評時特別容易展現侵略性，而在受到肢體威脅時又特別克制。[6]

人對各種情況特有的回應型態，即使隨著時間推移，仍可能相當穩定。它們構成我們認爲一個人**性格**大部分的內涵，雖然我們不能用一個廣泛的特質概括它們。安德魯和布萊德在積極進取程度測試上可能得分相同，但是他們對積極進取的觸發因子和環境的回應型態卻是獨特的。兩個具有相同特質水準的人（舉例來說，他們同等頑固，或同等慷慨），他們面對不同情況的反應，應該描述爲兩組平均值相同、但型態不見得相同的行爲表現分布狀況。

你現在可以看到，性格的討論與我們所提出的判斷模型之間的平行關係。判斷者之間的水準差異，對應的是性格特質的得分差異，這是代表在多種情況裡的行爲平均值。各種案例可以類比爲不同的情況。一個人對特定問題的判斷，從個人的平均水準來預測只有中等的預測力，就好像以性格特質來對特定行爲進行預測只有中等程度的預測力。個人判斷在各個案例的排序差異很大，這是因爲人對於自己在每個案例裡發現的特質和特質的組合，反應都不一樣。判斷與決策的人對特質的敏感度所獨具的型態，以及他們因此對案例的判斷所獨具的型態，就是個人的獨特印記。

我們通常會推崇性格的獨特性，但是本書關注的是專業判斷，而對專業判斷來說，變異是問題，雜訊是誤差。這個類比的重點在於，判斷裡的型態雜訊並非隨機事件，我們不太可能解釋型態雜訊，即使是做出不同判斷的個人也無法解釋他們的判斷。

關於型態雜訊

「你看起來對你的結論很有把握，但這不是一個簡單的問題，因為線索的方向不一。你是否忽略對其他證據的解讀？」

「你和我都面試同樣的求職者，我們也通常是同樣嚴格的面試官。但是，我們卻有完全不同的判斷。這個型態雜訊是從哪裡來的？」

「性格的獨特性是人類從事創新和發揮創意的動力，也是大家相處起來有趣又開心的原因。但是講到判斷，這種獨特性可能不是一項資產。」

17
雜訊的來源

我們希望你現在已經認同，只要有判斷，就會有雜訊。我們也希望對你而言，雜訊已經不再比你想的還要多。這句關於雜訊的口號是我們展開研究計畫的動機，但是我們對於這個主題的思考，這些年間也隨著研究進行而大幅演變。我們現在要檢視已學到的主要課題：雜訊的組成、以及各項組成在雜訊的整體圖像裡的重要性，還有雜訊在判斷研究裡的地位。

雜訊的組成

圖16是我們分別在第5章、第6章和第16章介紹過三條等式的圖示組合。這張圖說明誤差的連續三層拆解結構：

- 誤差可以拆解爲偏誤和系統雜訊，
- 系統雜訊可以拆解爲水準雜訊和型態雜訊，
- 型態雜訊可以拆解爲穩定型態雜訊和場合雜訊。

你可以看到，均方差如何分解成偏誤的平方，以及我們討論過的雜訊三要素的平方。[1]

我們展開研究時，把焦點放在偏誤與雜訊在總誤差所占

圖16：誤差、偏誤以及雜訊的組成

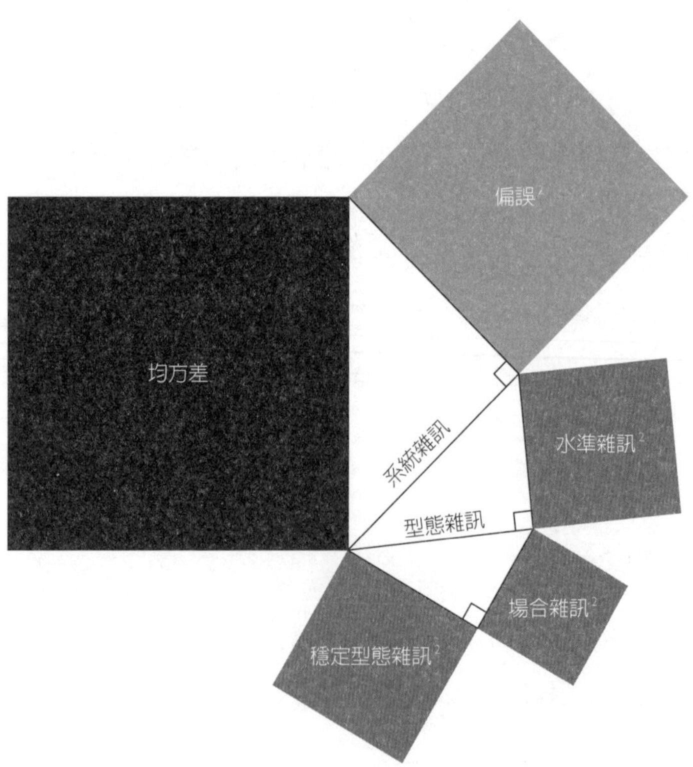

的相對比重。我們很快得出結論，那就是雜訊的占比通常大於偏誤，因此當然值得更詳細的探究。

關於雜訊的構成，我們早期的想法受到複雜雜訊審查的結構所引導，也就是多人對多個案例做個別判斷。聯邦法官的研究就是一例，而懲罰性賠償的研究是另一個例子。由這研究而來的數據可作爲水準雜訊的可靠估計值。另一方面，由於每個參與者對每個案件只判斷一次，所以無從分辨剩餘誤差（我們稱爲「型態誤差」）是暫時還是穩定。按照統計分析的保守精神，剩餘誤差一律標記爲「誤差項目」，並視爲隨機。換句話說，型態雜訊的解讀預設是完全由場合雜訊所組成。

長久以來，這種把型態雜訊視爲隨機誤差的傳統解讀，限制了我們的思考。把焦點放在水準雜訊（也就是在嚴厲與寬容的法官之間、或是在樂觀與悲觀預測者之間有一致的差異）看似自然，不過我們也很好奇有證據顯示，無關緊要而暫時的情況，會影響判斷所產生的場合雜訊。

這項證據逐漸讓我們體認到，不同的人之所以做出有雜訊的判斷，決定因素多半不是個人的一般偏誤，也不是暫時而隨機發生的，而是特定個人對眾多特質持續出現的個人反應，從而決定他們對特定案例的反應。我們最後做成結論，認爲應該捨棄「型態雜訊的本質是暫時性的」預定假設。

雖然我們必須小心，不要以有限的例子做出過於籠統的論述，但是綜觀我們集結的研究顯示，穩定型態雜訊其實比系統雜訊的其他要素更爲顯著。由於我們對於同一項研究裡的誤差組成幾乎沒有完整的了解，因此需要透過多重交叉檢核的方法，才能推導出這個暫定的結論。簡單講，以下是我們知道的事，以及不知道的事。

雜訊組成的規模

首先，對於水準雜訊和型態雜訊的相對權重，我們有幾個估計值。整體而言，型態雜訊的占比看似高於水準雜訊。比方說，在第2章保險公司的例子裡，核保人員訂出的平均保費差異，大約占系統雜訊的20%；其餘的80%是型態雜訊。第6章的聯邦法官間的水準雜訊（平均嚴厲程度的差異），占比略低於總系統雜訊的一半；型態雜訊是占比較高的組成要素。在懲罰性賠償的實驗裡，我們看到系統雜訊的總量變化很大，差異取決於所使用的量表（懲罰意向、憤怒程度或裁決金額），但是型態雜訊在總雜訊的占比大致固定。在研究使用的三個量表中，型態雜訊分別占總系統雜訊的63%、62%和61%。我們會在第五部檢視其他研究，特別是人事決策，都與這個暫定的結論一致。

以這些研究來說，水準雜訊在系統雜訊裡並不是占比較高的部分，這已經是一項重要的訊息，因爲水準雜訊是組織在不必實行雜訊審查下，唯一（有時候）可以追蹤的雜訊形式。當專業工作者分配到案件的方式或多或少屬於隨機性質時，他們決策的平均水準差異就是水準雜訊的證據。例如，專利局的研究發現，審查員核准專利的平均傾向有很大的差異，而這會影響往後對這些專利相關的興訟。[2]同樣的，兒童保護服務案件的受理人員，對兒童在寄養家庭的安置有不同的處置傾向，這會對兒童福利造成長期影響。[3]這些觀察是以水準雜訊的估計作爲唯一依據。如果型態雜訊比水準雜訊多，那麼這些已經夠令人震驚的發現所反映的雜訊問題嚴重程度，最多只有實情的一半。（這條暫訂的原則也有例外。審理政治庇護案件的法官在判決上讓人不敢恭維的變異性，幾乎肯定是因爲水準雜訊比型態雜訊多，而我們推測，型態雜訊也會很多。[4]）

分析型態雜訊的第二步是區分其中的兩個組成要素。我們有很好的理由可以假設，型態雜訊的主要成分是穩定型態雜訊，而不是場合雜訊。聯邦法官量刑的審查說明我們的推論。就從一個極端的可能開始說起：所有型態雜訊都是暫時的。根據那個假設，判決隨著時間不穩定且不一致的程度，嚴重到讓我們覺得不可信：我們必須預期，**同一位法官**在不同場合**對同一個案件**的判決差異大約是2.8年。[5]不同法官在平均刑期的變異已經夠令人震驚了，單一法官在不同場合下判決的刑期也有同樣的變異就更詭異。一個更合理的結論應該是法官對不同被告和不同罪行的反應都不同，而這些差異非常因人而異，但卻是穩定的變異。

型態雜訊裡有多少是穩定的，又有多少是場合雜訊，爲了更準確的量化出來，我們需要讓同一位法官對同一個案件做兩次獨立評估的研究。我們曾經指出，在判斷的研究裡，要取得兩個獨立判斷通常是不可能的事，因爲我們難以保證一個案件的第二次判斷與第一次判斷是眞正的獨立事件。特別是遇到複雜判斷時，當事人很可能會認出問題，而重複做出原來的判斷。

由亞歷山大・托多羅夫（Alexander Todorov）領導的一組普林斯頓大學研究人員，設計了巧妙的實驗技巧來克服這個問題。[6]他們從亞馬遜土耳其機器人網站（Amazon Mechanical Turk）召募實驗參與者，這個網站可以讓個人提供按時計酬的短期服務，像是回答問卷。有一項實驗是讓參與者看人臉照片（電腦程式製成的照片，不過與眞人臉孔相比完全無法區分眞假），並要他們就各項特質做評鑑，像是討人喜歡或可以信任。一週後，研究人員以同樣的臉孔讓同樣的回答者再做一次實驗。

我們可以合理預期，這個實驗裡出現的共識不像量刑法官等專業判斷一樣多。每個人或許都同意有些人非常吸引人，有些人極不起眼，但是當範圍很大時，我們預期人們對臉孔的反應有很大的分歧。確實，觀察者的意見很少一致，例如，在信任度的評等，照片之間的差異只占判斷變異的18%，其餘82%的變異都是雜訊。

我們也可以合理預期，這些判斷的穩定度較低，因爲參與者收錢在線上回答問題，他們的判斷品質通常遠比專業環境裡的判斷還差。然而，雜訊最大的組成是穩定型態雜訊。雜訊第二大組成是水準雜訊，也就是各個觀察者的信任度平均評分之間的差異。場合雜訊雖然仍實質存在，但是占比最小。

研究人員請參與者做其他判斷，例如判斷對汽車或食物的偏好，或是詢問更接近我們所稱的專業判斷的問題時，也會得到同樣的結論。比方說，在第15章討論過的懲罰性賠償研究的複製實驗中，參與者針對他們對十件個人傷害案件的懲罰意向做評分，並在相隔一週後，在另一種場合下請他們再做一次評分。這裡我們再一次看到，穩定型態雜訊是占比最高的組成要素。在所有這些研究裡，個人意見通常不會彼此一致，但是他們的判斷仍然相當穩定。套用研究人員的話，這種「沒有共識的一致性」是穩定型態雜訊的明確證據。

對於穩定型態雜訊角色的存在，最強力的證據，來自第10章提到對法官的保釋判決進行的一項大型研究。[7]在該項傑出的研究裡，有個部分是作者建立一個統計模型，模擬每名法官如何運用已知線索來裁決是否准許保釋。他們爲173名法官量身建構模型，然後讓模擬法官對141,833個案例做裁決，每個案例都產生173個裁決，總計超過2400萬項裁決。[8]這項研究的作者應我們的請求，慷慨進行一項特別分析。他們把裁決的變異分爲三組，包括：各個案例平均決策的「眞實」變異；由法官准許保釋傾向的差異而產生的水準雜訊；以及剩餘的型態雜訊。

這項分析之所以與我們論點相關，原因在於型態雜訊完全穩定，就像這項研究的測量結果。這裡面沒有場合雜訊的隨機變異，因爲這是用來預測法官決策的**模型**分析。只有確定可視爲穩定的個人預測規則才會納入其中。

結論很明確：這裡的穩定型態雜訊幾乎是水準雜訊的4倍（在所有變異中，穩定型態雜訊占26%，水準雜訊占7%）。[9]穩定而具異質性的個人判斷型態，比整體嚴格度差異的影響還要大得多。

所有證據都與我們在第7章檢視的場合雜訊研究一致：場合雜訊的存在雖然讓人意外，甚至讓人困擾，但是沒有跡象顯示，個體內的變異大於個體間的差異。系統雜訊最重要的部分是我們一開始就忽略的雜訊：穩定型態雜訊，也就是法官對特定案例的判決之間的變異。

有鑑於相關研究相對稀少，我們暫時做出這個結論，但它們確實反映我們如何思考雜訊（以及雜訊的解決方法）上的變化。至少在原則上，水準雜訊（不同判斷者之間單純而全面的差異）的衡量和因應，應該是相對容易的問題。如果有異常「嚴苛」的評分者、「謹愼」的兒童監護官、「風險趨避」的核貸人員，雇用他們的組織可以把目標放在讓他們判斷的平均水準達到一致。例如，大學處理這個問題的方法，就是要求教授在各個班級的評分遵照預先決定的分配。

只可惜，我們現在發覺，把焦點放在水準雜訊，會忽略很大部分的個別差異。雜訊多半不是水準差異的產物，而是交互作用的產物：不同的法官如何審理特定的被告，不同的老師如何對待特定學生，不同的社工如何處理特定的家庭，不同的領導人如何因應特定的未來願景。雜訊多半是我們的獨特性、我們的「判斷性格」的副產品。減少水準雜訊仍然是值得努力的目標，但是只達到這個目標，還是沒有解決系統雜訊大部分的問題。

解釋誤差

我們發現雜訊有很多可以討論之處，但是在公眾意識、以及在判斷和誤差的討論裡，幾乎完全看不到這個主題。儘管有證據顯示雜訊的存在，以及產生雜訊的多種機制，雜訊卻鮮少被提及是影響判斷的重大因素。這怎麼可能？我們怎麼會從來不曾想到要用雜訊來解釋不良的判斷，反而總是怪罪於偏誤呢？儘管雜訊無處不在，爲什麼在探究誤差的來源時，還是這麼少考慮到雜訊？

這個謎團的關鍵就是，雖然誤差的平均（偏誤）和誤差的變異（雜訊）在誤差方程式裡的角色相等，我們思考它們的方式卻極爲不同。而我們理解周遭世界的尋常方式，讓我們不可能體認到雜訊的角色。

前面提過，雖然我們無法在事件發生之前預測到它們，但我們很容易用後見之明解讀事件。在常態之谷裡，事件都沒有出人意料之處，而且可以用平常的推理來解釋。

判斷也可以這麼說。就像其他事件一樣，判斷和決策多半發生在常態之谷裡；它們通常不會讓我們覺得驚訝。其中一個原因就是，產生滿意結果的判斷是常態，而且很少受到質疑。獲選上場踢自由球的球員射門得分時，心臟外科醫師手術成功時，或是新創公司蓬勃發展時，我們都會假設決策者做選擇的原因必然是對的。無論如何，事實證明他們是對的。就像任何不讓人意外的故事，一個成功的故事在結果揭曉時就是對自己最好的解釋。

然而，我們確實有必要去解釋異常的結果，不管是糟糕的結果，還是偶爾出現好得出奇的結果，像是報酬豐厚的驚人商業豪賭。訴諸於錯誤或是特殊天賦的解釋，所受到的吹捧都過度誇大，因爲過去的重大賭注一旦揭曉結果，很容易就變成天才或愚蠢之舉。**基本歸因謬誤**（fundamental attribution error）這個有大量文獻記載的心理學偏誤，指的就是人有一種強烈的傾向，在面對更適合用運氣或客觀環境來解釋的行動和結果時，卻歸功或怪罪於代理人。後見之明是另一項偏誤，它會扭曲判斷，讓原本不可預期的結果，在回顧時卻貌似可以未卜先知。

判斷誤差的解釋不難尋找，眞要說起來，爲判斷找理由比爲事件找原因容易。我們永遠可以幫判斷者想出背後的動機。如果那樣還不夠，我們可以怪罪於他們的無能。近數十年來，對於低劣判斷普遍已經有另一種解釋說法，那就是心理偏誤。

心理學和行為經濟學的大量研究記錄了一長串的心理偏誤：計畫謬誤、過度自信、損失規避、稟賦效應（endowment effect）、現狀偏誤（status quo bias）、未來的過度折現（現時偏誤〔present bias〕）*，以及其他許多偏誤，當然也包括對不同類別的人有利或不利的偏誤。關於各項偏誤可能會在哪些情況影響判斷和決策，我們所知已經很多，至於決策的觀察者如何能即時體認到有偏誤的思維，我們也有相當的了解。

如果一項心理偏誤可以事前預測或即時偵測到，在解釋判斷誤差時，它就是有因果關係的合理解釋。如果一項心理偏誤只能在事後辨識，只要它也能用於未來的預測，那麼它還是有用的解釋，就算只是暫時的。例如，條件優異的女性求職者在應徵一項職務時意外落馬，這可能意味著性別偏誤的存在，但是這個較為廣泛的假設，有待同一個委員會在未來做出的任命決策，才能得到確認或否決。與此形成對比的，是只適用於單一事件的因果解釋：「他們在那個案子上失敗了，所以他們一定是過度自信。」這是一句空洞的陳述，但是卻能產生一種洞悉狀況的錯覺，令人洋洋自得。商

* 編注：折現是將未來某樣東西的價值換算為現在價值的方式，對未來的過度折現是指低估未來的價值，高估現狀的價值。

學院教授菲利浦·羅森茨維格（Philip Rosenzweig）曾提出有說服力的論述，指出商業結果的偏誤討論充斥著空洞的解釋。[10]這些常見的解釋正好證明，人普遍需要因果關係的故事來理解經驗。

雜訊是統計現象

我們在第12章指出，因果關係是我們常態的思考方式。我們會自然而然的去注意特殊狀況，順勢對個案創造出因果連貫的故事，而在這些故事裡，失敗通常歸因於錯誤，而錯誤則歸因於偏誤。不良的判斷既然可以這麼輕易找到解釋，我們在描述錯誤時，自然不會把空間留給雜訊。

雜訊隱於無形是因果思考的直接結果。雜訊在本質上是統計事件：只有站在統計學的角度，從整體思考類似的判斷時，雜訊才會浮現。確實，這樣一來，我們很難不看到雜訊：在量刑判決與保費核定的事後統計數據裡，雜訊就是其中的變異性。當你和別人思考如何預測未來的結果時，雜訊就是那各式各樣的可能性。雜訊也是靶子上彈著點的散落分布。在因果關係裡，雜訊不見蹤跡；在統計世界裡，雜訊無所不在。

可惜，採取統計觀點並非易事。我們可以不費吹灰之力就爲觀察到的事件想出原因，但是要從統計角度思考事件，必須經過學習，而且還要費盡九牛二虎之力。因果是自然；統計是困難。

結果就是當我們從誤差的來源來看待偏誤和雜訊時，觀點明顯失衡。如果你曾經接觸過任何心理學入門文章，你可能還記得那些圖片：顯著而細節豐富的人物，襯托著模糊的背景，特別醒目。人物牢牢抓住我們的注意力，即使和背景比起來很小的人物也一樣。人物與背景的比喻，貼切的點出我們對於偏誤和雜訊的直覺：偏誤是吸睛的人物，雜訊則是我們不會注意的背景。那就是爲什麼我們對於判斷中的重大缺陷多半渾然不覺。

關於雜訊的來源

「我們一眼就看出判斷平均水準的差異，但是我們沒有看出來的型態雜訊有多大？」

「你說這個判斷是由偏誤所引起，但若是結果不同，你的說法還會一樣嗎？你能分辨其中是否有雜訊嗎？」

「我們把焦點放在減少偏誤，這麼做是對的。但我們也要擔心如何減少雜訊。」

第五部

提升判斷力

組織要如何提升專業人員的判斷品質？尤其是，組織要如何減少判斷的雜訊？如果你要負責解答這些問題，你會怎麼做？

必要的第一步就是讓組織體認到，專業判斷裡的雜訊是值得注意的議題。爲了立刻切入重點，我們建議做個雜訊審查（請參閱附錄A的詳細描述），讓多個個別判斷者判斷同一個問題。他們的判斷變異就是雜訊。在一些案例裡，這種變異可以歸因爲能力不足：有些判斷者知道自己在說什麼，有些則否。如果存在這種能力落差（不管是在普遍的案例，或是在某些類型的案例），當然應該優先提升不足的能力。但是，一如我們看到的，即使是有能力，而且訓練有素的專業人士，他們的判斷也可能會有大量雜訊。

如果系統雜訊的數量多到值得處理，你應該把「以規則或演算法來取代判斷」列入考慮的選項，因爲這麼做能完全消除雜訊。但是規則有自己的問題（我們會在第六部看到），而即使是對人工智慧最狂熱的信徒都會同意，演算法不是（也不會很快成爲）完全取代人類判斷力的替代品。提升判斷力的迫切性一如既往，這也是本書第五部的主題。

當然，一個提升判斷力的合理方法就是挑選最好的人類判斷者。在靶場上，有些射擊手的瞄準能力特別優越。任何專業判斷工作也是如此：能力最好的人，雜訊少，偏誤也少。如何找到最佳的判斷者？有時想也知道，如果你想要解答的是西洋棋問題，就去請教西洋棋大師，而不是本書的作者。不過，以大部分的問題來說，卓越判斷者的特質很難辨識。這些特質就是第18章要討論的主題。

接下來，我們要討論減少判斷錯誤的方法。統計偏誤和雜訊都涉及心理偏誤。我們會在第19章看到，在反制心理偏誤方面曾有許多嘗試，有些無疑是失敗的，有些則是成功無誤。我們會快速檢視去偏誤的策略，並提出一種有潛力的方法，那就是指派一個**決策觀察員**，要求他尋找可以即時顯示團體工作受到一種或數種常見偏誤所影響的診斷訊號。就我們所知，這個方法還沒有經過系統性的研究。附錄B是偏誤檢核表的範本，可供決策觀察者運用。

接著，我們繼續討論本書第五部的重點，那就是對抗雜訊。我們會介紹**決策保健**（decision hygiene）這個主題，我們推薦使用這個方法來減少人類判斷的雜訊。我們會提出五個不同領域的案例。在每一個領域，我們會檢視雜訊的普遍程度，以及雜訊所造成的一些可怕故事。我們也會檢視減少雜訊有成（或未果）的作爲。當然，每個領域都運用好幾種方法，但是爲了便於闡述，每一章都以單一決策保健策略爲重點。

接下來第20章以鑑識科學案例開場，說明**資訊排序**（sequencing information）的重要性。人們會因爲尋求連貫性，而根據手邊的有限證據形成早期的印象，然後確認他們的未審先判。因此，不要在判斷過程的早期接觸到不相關的資訊就變得很重要。

在第21章，我們會談到預測的案例，用來說明一項減少雜訊最重要的策略價值，那就是**總合多個獨立判斷**。「群眾智慧」法則的基礎就是求取多個獨立判斷的平均值，這個方法是減少雜訊的保證。除了直線平均法（straight averaging）之外，還有其他方法可以總合判斷，我們也會用預測的例子來說明。

第22章檢視醫療診斷裡的雜訊，以及減少雜訊的辦法。本章直指減少雜訊的策略的重要性和通用性，而我們在討論刑事量刑的例子時，就已經介紹過這項策略，那就是**判斷指引**（judgment guidelines）。判斷指引能夠成爲減少雜訊的有力機制，因爲它們直接減少判斷者在最後判斷之間的變異。

在第23章，我們轉而討論職場生涯裡一項熟悉的挑戰，那就是績效評估。在這個領域，爲了減少雜訊所做的努力，凸顯出使用**以外部觀點為基礎的共同量表**的重要性。這是一項重要的決策保健策略，原因很簡單：這項判斷涉及把印象轉化爲量表上的數值，而如果不同的判斷者使用不同的量表，就會出現雜訊。

第24章探討人事選拔這個相關、但獨特的主題。這個主題在過去100年來經過廣泛的研究。本章說明**複雜判斷的結構化**這項基本決策保健策略的價值。所謂**結構化**，指的是把一個判斷分解成幾個部分；管理資料蒐集的流程，以確保參考資料彼此獨立；還有把整體的討論與最後的判斷延遲到所有資料都蒐集完成之後。

在第25章，我們以在人事選拔領域所學到的課題爲基礎，提出一個評估選項的通用方法，那就是**中介評估法**（簡稱MAP）。中介評估法從「選項就像求職者」這個前提出發，並按部就班的描述如何將結構化決策、還有前述的其他決策保健策略，導入典型的決策流程，用於反覆出現的決策與單一的決策。

在我們開始之前，先指出一個整體的要點：能夠具體指出、甚至量化每項決策保健策略在不同背景脈絡下可能產生的利益，會是一件很有價值的事。能夠知道哪一項策略最有利，以及如何比較各項策略，也很有價值。在資訊流受到控制下，雜訊能減少到什麼程度？實務上，如果目標是減少雜訊，應該總合多少判斷？判斷的結構化的確有價值，但是在不同的背景脈絡下，價值究竟各是多少？

由於雜訊這個主題得到的關注很少，這些問題仍然是開放性問題，終究會有研究來解答。以實務來說，各項策略的利益取決於它用在哪一種環境。以採用判斷指引爲例：判斷指引有時候能發揮龐大的利益（一如我們會在某些醫療診斷裡看到的情況）；不過，在有些環境，採用判斷指引的利益可能平平，這或許是因爲雜訊量一開始就沒有很多，又或許是因爲連最好的判斷指引也無法減少太多雜訊。在任何脈絡下，決策者應該追求的是，更精準的理解各項決策保健策略可能的效益，並理解相對應的成本（我們會在第六部討論這點）。

18
優越的判斷者，卓越的判斷力

目前爲止，我們談到人類判斷者時多半沒有區分他們。然而，在任何需要判斷的工作上，有些人的表現顯然比其他人好。即使是一個訴諸於群眾智慧的總合判斷，如果群眾裡有較多的能人智士，判斷的品質也會比較好。[1]因此，如何辨識誰是比較優越的判斷者，就是一個重要的問題。

這個問題的關鍵有三點。訓練有素、比較聰明、有正確認知風格的判斷者，判斷比較沒有雜訊，也比較沒有偏誤。換句話說：優良的判斷取決於你的所知、你的思考能力，還有你的思考**方法**。優良的判斷者通常有經驗，而且聰明，但是他們也往往具備主動開放心態（actively open-minded），並願意從新的資訊中學習。

專家與榮譽專家

判斷者的技術會影響他們做判斷的品質，這句話說來幾乎是贅語。例如，技術純熟的放射科醫師更可能正確診斷出肺炎，而在預測全球事件方面，也有預測力穩定勝過同儕一籌的「超級預測者」。如果你找來某個法律領域眞正的專家組成律師團，他們可能會對法庭裡一般法律攻防的結果做出近似、不錯的預測。技術優越的人，判斷比較沒有雜訊，顯現出的偏誤也較少。

這些人在所屬領域的任務上是眞正的專家。由於他們表現結果的相關數據可以取得，因此他們高人一等的優越性是可以驗證的。至少在原則上，我們可以根據醫師、預測人員或律師過去的正確率來挑選他們。（在實務上，這個方法卻難以落實，原因很明顯：我們不建議你要求家庭醫師接受能力檢定。）

我們已經指出，許多判斷都無法驗證。在某些領域裡，我們無法輕易知道或毫無爭議的界定判斷目標的眞實數值爲何。保險承保與刑事量刑就屬於這類判斷，品酒、文章評分、書評與影評，還有其他無數判斷也都一樣。然而，這些領域有一些專業人士卻被封爲專家。我們對於這些專家的判斷所抱持的信心，完全是基於他們的同儕對他的尊崇。我們稱他們爲**榮譽專家**（respect-expert）。

榮譽專家這個詞並沒有不敬的意思。有些專家確實不會受制於他們判斷準確性的評估表現，這並不是批判；這在許多領域都是常態。許多教授、學者和管理顧問都是榮譽專家。他們的信譽取決於學生、同儕或客戶對他們的尊崇。在這些領域與許多其他領域，一位專業人士的判斷只能與當事者同儕的判斷來做比較。

當缺乏一個可以決定誰對誰錯的眞實數値時，我們通常會重視榮譽專家的意見，即使他們彼此有歧見。比方說，假設在小組委員裡的幾名政治分析家，對於外交危機的導火線與後續如何發展各自抱持截然不同的觀點。（這種異議並非不尋常；如果全體委員意見一致，這個小組才眞的是耐人尋味。）所有的分析者都相信有一個正確的觀點，而他們自己的觀點才是最接近正確的觀點。你聽著聽著，可能會覺得其中幾位的看法都很令人嘆服，而他們的論點也同樣有說服力。你當下無法得知他們誰是對的（甚至到後來你可能也無法得知，如果他們的分析不是訴諸於可以清楚驗證預測的公式）。你知道，至少有一些分析師是錯的，因爲他們的意見有分歧。然而，你敬仰他們的專業。

或是我們換一組完全不做預測的專家來討論。有三位受過良好訓練的倫理哲學家齊聚一堂，一位追隨康德，另一位是邊沁的門徒，還有一位則是師從亞里斯多德。他們對於倫理道德的條件有嚴重的歧見。這個議題或許涉及說謊是否正當與何時說謊屬於正當行爲，或是涉及動物權，或是涉及刑罰的目的。你仔細聆聽他們的論述。你或許會佩服他們的思路清晰和精準。你可能贊同其中一位哲學家，但是他們三位全都讓你心生敬崇。

爲什麼你會這樣？更廣泛來說，因爲判斷品質而被尊爲專家的人，怎麼會決定信任一個沒有任何資料可以據以客觀建立專業的專家？成爲榮譽專家的條件是什麼？

部分答案在於共同規範的存在，也就是行規。專家通常是從專業社群取得專業資格，並在他們的組織裡接受訓練與督導。通過住院醫師階段的醫師，還有向資深合夥人見習的年輕律師，不只學習他們那一行的技術工具，也接受運用某些方法並遵從某些規範的訓練。

共同規範賦予專業人士一種知覺，知道哪些資訊應該納入考量，以及如何做出最後的判斷，並提出充分的理由。例如，評估理賠的檢核表應該納入哪些相關的考量，保險公司的理賠人員都可以達成共識並加以描述，毫無困難。

當然，這種共識無法避免理賠人員的理賠評估結果出現龐大的變異，因爲規章沒有具體完整的說明要如何進行評估。它不是像機器般按照一個步驟一個步驟做的說明書。相反的，規章留有解讀的空間。專家仍然要做判斷，而不是做運算。這就是爲什麼雜訊的發生無可避免。即使受過一模一樣的訓練，對應用的規章有共識的專業人士，在應用時彼此之間也會有出入。

除了知道共同規範，經驗也是必要條件。如果你的專長是下西洋棋、演奏鋼琴，或是擲標槍，由於成績可以驗證你的表現，年紀輕輕就能成爲奇才。但是保險核保人員、指紋辨識人員或是法官，通常需要一定的年資才能累積信譽。保險核保這一行沒有早慧的天才。

榮譽專家的另一個特質是，他們除了具備做判斷的能力，也能很有自信的解釋他們的判斷。我們往往會更信任對自己有信心的人，而不是流露疑慮的人。這種**信心捷思法**（confidence heuristic）可以說明，在一個群體中，自信的人爲什麼比其他人說話更有分量，即使他們的自信沒有根據。[2]榮譽專家特別擅長建構脈絡連貫的故事。他們的經驗讓他們能夠迅速辨識規律的型態、透過與先前案例的類比來做推論，以構成並確認假設。他們可以輕易的把所看到的事實恰如其分的拼出一個連貫的故事，藉此激發信心。

智力

訓練、經驗和信心是讓榮譽專家能夠贏得信任的條件。但是，這些特質無法保證他們的判斷品質。那麼，我們怎麼知道哪位專家比較可能做出良好的判斷？

我們有很好的理由可以相信，一般智力（general intelligence）可能和良好的判斷力相關。在幾乎所有領域，智力都與出色的表現相關。在其他條件不變之下，智力不只與出色的學術成就相關，也與傑出的工作表現相關。[3]

智力或一般心智能力（general mental ability，簡稱

GMA，與「智商」〔也就是IQ〕）這個詞相比，現在大家比較偏好採用這個名詞）的評量有許多討論和誤解。關於智力的內在本質，一直都還是有錯誤的觀念；[4]事實上，測驗評量的是已經發展的能力，部分取決於天生的特質，部分則受到環境的影響，包括教育機會。至於針對可辨識的社會群體，以一般心智能力進行篩選會產生的負面影響，以及以篩選爲目的而進行一般心智能力測驗的正當性，也讓許多人感到憂心。

我們有必要把「採行測驗的顧慮」，與「這些測驗對預測的價值」兩件事分開來看。自從美軍在超過一個世紀之前開始採用心智能力測驗以來，有數千項研究衡量認知測驗分數與後續表現之間的關聯。這麼大量的研究傳達出的訊息很清楚。有一篇評論就指出：「一般心智能力能預測一個人在挑選的職業裡可以達到的層級和表現，而且比根據其他能力、特質或性情的預測好，甚至比根據工作經驗所做的預測更好。」[5]當然，其他的認知能力也很重要（後面會再著墨）。許多人格特質也一樣重要，包括嚴謹自律和**恆毅力**，也就是在追求長期目標時的堅持不懈和熱情。[6]此外，沒錯，還有各種形式的智力，不在一般心智能力測驗的評量範圍，例如實用智力（practical intelligence）和創意。心理學家和神經科學家把智力區分爲晶體智力（crystallized intelligence）與流動智力（fluid intelligence），前者指的是仰賴對世界相關知識的累積來解決問題的能力（包括算術運算），後者則是解決新奇問題的能力。[7]

一般心智能力以語言、計量和空間問題的標準化測驗進行評量，儘管很粗略且有其局限，不過目前仍然是預測重要成就最好的單一指標。前面提到的評論還提到，一般心智能力的預測能力比「大部分心理學研究的發現還要高」。[8]一般心智能力和工作成就之間的關聯強度，隨著工作的複雜度升高而增加，這點說來相當合乎邏輯：智力對火箭科學家的重要性，比對做較簡單工作的人還重要。以複雜度高的工作而言，標準化測驗成績與工作績效表現之間的相關性可達0.5（和諧率＝67％）。[9]我們曾經提過，按照社會科學的標準來看，相關性0.5已經具備非常強大的預測價值。[10]

尤其是在討論技術性專業判斷時，對於智力評量的相關性有個重要而常見的反對理由是，所有做這類判斷的人通常是一般心智能力很高的人。醫師、法官或資深核保人員的教育程度遠高於一般人，他們在任何認知能力的評量上也極有可能得到更高的分數。你或許可以合理的相信在這群人之間，一般心智能力高的人占不到什麼便宜，這只是進入高成就者圈的入場券，而不是在那個群體裡成就出現差異的原因。

這個想法儘管普遍，卻不正確。在某個職業裡，基層從業人員的心智能力分布範圍，無疑會比高階從業人員來得廣：心智能力高的人也可能從事基層工作，但是律師、化學家或工程師，幾乎沒有人的心智能力低於平均。[11]因此，從這個角度來看，高心智能力顯然是躋身高地位行業的必要條件。

然而，這個評量指標無法解釋這些群體**之內**的成就差異。即使是認知能力評量成績位於前1%的人（評量時的年齡爲13歲），出眾的成就也與心智能力強烈相關。[12]在這1%的群組裡，位於前25%的人拿到博士等級學位、出版著作或獲頒專利的可能性，比位於後25%的人高出兩到三倍。也就是說，一般心智能力差異的重要性不只是存在於第99百分位和第80百分位或第50百分位之間，就連在第99.88百分位和第99.13百分位之間還是存在，而且影響很大。

關於能力與成就之間的關聯，另一個鮮明的例子就是2013年的一項調查，這項調查的對象是財星500大企業的執行長和424名美國億萬富翁（財富排名前0.0001%的美國人）。[13]可以想見，調查結果發現，這些超級菁英群體裡的人，都是最聰明的人。但是，這項研究也發現，在這些群體裡，高教育與高能力水準，與高薪酬（執行長）和資產淨值（億萬富翁）相關。順帶一提，那些成爲億萬富翁、舉世知名的大學中輟生，像是賈伯斯、比爾蓋茲、祖克柏，只是讓人見樹不見林的特例：大約有三分之一的美國人擁有大學學位，億萬富翁裡有88%擁有大學學位。

結論很清楚。在需要判斷的行業，心智能力對於表現的品質影響重大，即使在一群能力高超的個人之間也是一樣。有人認爲過了某個門檻，心智能力就不再有影響力，但證據並不支持這個觀念。這個結果反而強烈顯示，如果專業判斷無法驗明對錯，而只能假定它朝向一個看不見的靶心接近時，那麼能力高的人所做的判斷更可能接近目標。如果你必須挑選某個人來做判斷，挑心智能力最高的人非常合理。

但是，這樣的推論有一個重大的限制。既然你無法給每個人都做標準化測驗，你就必須猜測誰是心智能力較高的人。高心智能力能提升許多面向的表現，包括說服能力，讓別人相信你是對的。高智力的人比其他人更可能做出較好的判斷，而且成爲眞正的專家，但是他們也比較可能在沒有任何實際情況的回饋下得到同儕的讚佩、贏得信任，並成爲榮譽專家。中世紀時期的占星師一定是他們那個時代心智能力最高的一群人。

信任看起來聰明的人、聽起來聰明的人、能爲他們的判斷講出一番有說服力道理的人，這種做法可能是合理之舉，但是這項策略有缺失，甚至會適得其反。那麼，還有其他方法可以讓我們找出眞正的專家嗎？擁有頂尖判斷力的人還有其他可以辨識的特質嗎？

認知風格

無論智力如何，人的**認知風格**（或是說處理判斷工作的方法）有別。現在已經開發出許多用於描繪認知風格的工具。這些評量都與心智能力相關（也彼此相關），不過它們衡量的是不同的事物。

其中一項評量就是**認知反射測試**（cognitive reflection test, CRT）。這項測試因爲一個現在無所不在的「球與球棒」問題而聞名：「一支球棒和一顆球總共要花1.1美元。一支球棒比一顆球多1美元，那麼一顆球要多少錢？」其他用於評量認知反射的問題還包括：「如果你參加一場跑步比賽，你超過第二名的選手，那麼你是第幾名？」[14]認知反射測試問題的目的是衡量人抗拒第一個浮現腦海（而且是錯誤）的答案的傾向（在球與球棒問題中，那個出於直覺的錯誤答案是「0.1美元」，至於賽跑問題，則是「第一名」）。認知反射測試的得分較低，和許多眞實世界裡的判斷和信念都相關，包括相信鬼魂、占星術和超能力。[15]這些分數能用來預測人是否會對離譜的「假新聞」信以爲眞。[16]它們甚至與一個人有多常使用智慧型手機相關。[17]

許多人把認知反射測試視爲衡量一個更廣泛概念的工具：運用「反省思考流程」與「衝動思考流程」的傾向來比較。[18]簡單來說就是，有些人遇到問題時喜歡深思熟慮，而有些人在面對同樣的問題時，往往會信任他們衝動之下的第一個念頭。以我們的用語來說，認知反射測試可以視爲人們仰賴系統二思考（慢想）而不是系統一思考（快思）的一項衡量指標。

還有其他的自我評量也是爲了評估這個傾向而開發出來（當然，這些測驗都交互相關）。例如，認知需求量表（needfor-cognition scale）是問受測者想要多努力去思考問題。[19]要在這個量表得到高分，你要同意「我通常會設定唯有耗費相當多的腦力才能達成的目標」，而不同意「我覺得思考不是有樂趣的事」。高認知需求的人通常比較不會受到已知的認知偏誤所挾制。[20]還有些文獻指出更奇特的關聯：如果你會避免閱讀爆雷的影評，你可能具備高度認知需求；在認知需求量表得分低的人則喜歡爆雷的故事。[21]

由於那份量表是採取自我評量的方式，而且明顯合乎社會期待的答案，因此它引發相當合理的質疑。一個想要給別人留下好印象的人，幾乎不會贊同「我覺得思考不是有樂趣的事」這樣的論述，基於這個原因，出現了其他旨在衡量技能、而不是採用自我描述的測驗。

其中一個例子就是成人決策能力量表（adult decision making competence scale），這是衡量一個人在判斷時犯下典型錯誤的傾向，像是過度自信或是風險認知的不一致。[22]另一個例子是哈本批判性思考量表（halpern critical thinking assessment），這個評量關注的是批判性思考技巧，包括理性思考的傾向，以及一組可學習的技巧。[23]進行評量時，你會被問一些問題，像是：「假設有位朋友徵詢你的建議，想知道有兩種減重計畫要選哪一種。第一種計畫顯示客戶平均減重10公斤，而第二種計畫則顯示客戶平均減重15公斤。在你回答要選哪一種之前，你會問什麼問題？」比方說，如果你回答你想要知道有多少人減掉這麼多體重，還有他們在減重一年以上之後，維持減重後體重的人數，那麼你就會因爲運用批判性思考而得分。在成人決策能力量表或哈本批判性思考量表上得分較高的人，看起來在生活裡會做出較佳的判斷：他們比較少歷經到因爲壞選擇而引發的人生負面事件，像是繳納延遲還出租影片的罰款和意外懷孕。

假設這些（與其他許多）認知風格和技巧的衡量，大致上能預測判斷的品質，似乎言之成理。然而，其中的相關程度卻會因爲任務不同而有差異。烏里爾．哈朗（Uriel Haran）、伊拉娜．瑞托夫（Ilana Ritov）和梅勒思著手尋找或許能夠作爲預測能力指標的認知風格時，發現從認知需求無法預測誰會比較努力尋找額外的資訊，他們也沒有發現認知需求與高績效之間有可靠的關聯。[24]

他們發現，唯一能夠預測到預測能力表現的認知風格或性格評量，是另一個由心理學教授強納森．貝倫（Jonathan Baron）所開發出來的量表，目的是在評量「主動開放心態」。[25]所謂主動開放心態，是主動尋找與自己預定假設相矛盾的資訊。這類資訊包括其他人的異議，還有謹慎權衡新證據，以檢驗舊信念。具備主動開放心態的人認同「容許自己被相反的論點說服，是良好品格的象徵。」的陳述，他們不同意「改變想法是軟弱的表現」這種論點，也不認爲「直覺是做決策最好的指引」。

換句話說，雖然認知反射與認知需求評分能衡量從事慢思、愼思的傾向，主動開放心態的思考卻更勝一籌。它評量的是那些經常意識到自己的判斷仍屬於進行式、以及渴望被糾正的那些人所懷抱的謙卑。我們會在第21章看到，這種思考風格是最頂尖預測者所具備的特點，他們會根據新資訊不斷改變想法、修正信念。有意思的是，有證據顯示，主動開放心態的思考方式是可教導的技能。[26]

我們在這裡的目標不是迅速下定論，指出如何在特定領域挑選出能做出良好判斷的人。但是，從這個簡短的討論可以引申出兩條原則。第一，認知到「可透過比對真實數值來驗證專業的領域」（例如天氣預報），以及「屬於榮譽專家國度的領域」的差異會是明智之舉。一名政治分析家或許聽來能言善道，深具說服力，而一名西洋棋大師可能羞怯畏縮，無法清楚解釋他棋路背後的道理。然而，我們或許應該對前者的專業判斷抱持更多懷疑，而不是對後者的判斷多加質疑。

第二，有些判斷者遠比與他們資格、經驗相當的同儕表現還好。如果他們比較優秀，他們的判斷比較不會有偏誤，或有雜訊。解釋這些差異的原因有很多，但智力和認知風格是其中的重要原因。雖然沒有單一標準或量表能全面用來預測判斷品質，你還是應該尋找一種人，他們會主動搜尋可能違背自己先前信念的新資訊，有方法把新資訊與目前的觀點進行整合，而且願意、甚至渴望因此改變想法。

具備卓越判斷力的人，性格可能不符合果決領導人一般的刻板印象。大家通常傾向於信任那種堅定、明確的領導人，還有看起來打從骨子裡知道什麼是正確的事的領導人。這種領導人能激發信心。但是證據顯示，如果你的目標是減少錯誤，領導人（以及其他人）還是應該對反對意見保持開放心態，並知道自己或許是錯的，這樣會比較好。如果他們最終需要果敢的做出決斷，那也是在過程的尾聲，而不是開始。

關於優越的判斷者

「你是專家。但是你的判斷可以驗證嗎？或者你是個榮譽專家？」

「我們必須在兩個意見之間做選擇，而我們對這些人的專業和資歷一無所知。那麼就聽從比較聰明的人所做的建議。」

「可是，智力只是事情的一面，思考**方式**也很重要。或許我們應該挑選思慮比較周密、心態更開放的人，而不是最聰明的人。」

19

移除偏誤與決策保健

許多研究人員和組織追求的目標是去除判斷偏誤。本章檢視他們的核心發現。[1]我們會區分不同類型的去偏誤干預措施，並探討值得深入探究的一種干預措施。接著，我們要談如何減少雜訊，並介紹決策保健觀念。

事後去偏誤與事前去偏誤

去偏誤有兩種主要方法，要描述它們的特點，一個不錯的方式以測量某樣東西來比喻。假設你知道你家浴室體重計測量的數字平均而言比實際體重多0.2公斤，你的測量結果有偏誤，但是這個數字並不是毫無用處。你有兩種方法可以處理體重計的偏誤。你可以在每一次量體重時，都把你那台不留情面的體重計所顯示的讀數減去0.2公斤。沒錯，那或許有一點煩人（而你或許也會忘記這道手續）。另一個做法或許是調整體重計的調節旋鈕，藉此改進這部儀器的精準度，一勞永逸。

這兩種測量去偏誤的方法，都可以直接拿來與去除判斷偏誤的干預措施來類比。去偏誤的做法不是在事後，也就是在判斷做成後進行修正；就是在事前，在判斷或決策做成之前就介入。

事後去偏誤（或者說「修正型」去偏誤）通常是憑直覺執行。假設你現在管理一支負責某項專案的團隊，而團隊估計能在3個月內完成專案。你或許要在團隊成員的判斷和規畫之外加一點緩衝，把期限訂為4個月或更長的時間，以修正你認為存在其中的偏誤（計畫謬誤）。

這種偏誤修正方法有時候會以更系統性的方法實行。在英國，財政部出版《綠皮書》（*The Green Book*）[2]，這是一本評估計畫和專案方法的指南。這本手冊勸告計畫者對於專案的成本與期間做出一定比例的調整，以處理樂觀偏誤。理想上，這些調整應該根據組織過往的樂觀偏誤水準而定。如果沒有現成的歷史數據，《綠皮書》建議針對各類型專案採取泛用的調整比例。

事前（也就是「預防型」）去偏誤干預措施可以分為兩大類。在最有潛力的措施中，有些措施是要藉由調整判斷或決策所在的環境而設計。這種調整，或稱為**推力**（nudge），就像大家知道的，目的是減少偏誤的影響，甚至是借偏誤之力來產生較好的決策。[3]一個簡單的例子是自動加入的退休計畫。自動加入機制是為了克服惰性、拖延和樂觀偏誤，員工除非特別選擇不參加，否則一定能為退休進行儲蓄。事實證明，自動加入機制有效提升參加率。這項計畫有時候會伴隨「明天存更多」（Tomorrow Save More）計畫，也就是員工可以同意把未來增加的薪資按比例撥入儲蓄。自動加入機制可以用在許多地方，例如綠色能源、貧窮孩童的學校免費午餐計畫，或是其他各項福利計畫。

其他推力措施則是在選擇架構的不同層面上發揮作用。或許是讓正確的選擇變成容易的選擇，比方說減少取得心理健康問題照護服務的行政管理負擔，或是凸顯產品或活動的某些特質，比方說讓隱藏的費用清楚顯現。雜貨店與網站在設計上可以很輕易的營造推力，讓人們克服偏誤。如果健康食品放在顯著的位置，可能就有更多人會去購買。

另一種事前去偏誤的類型則涉及訓練決策者去體認到自己的偏誤，並克服它們。這類干預措施有部分稱為**拉力**（boosting）；它們的目的是提升人們的能力，譬如教他們統計知識。[4]

教育人們克服自己的偏誤是一件崇高的計畫，但是實際執行比表面上看起來更具挑戰性。當然，教育有用。[5]例如，修過幾年高等統計學課程的人，比較不會在統計推論上犯錯。但是，教人避免偏誤是件難事。數十年的研究顯示，在專業領域學會避免偏誤的專業人士，要把他們的所學應用到不同領域時，往往要很努力。例如，氣象預報員學會在預測裡避免過度自信。如果他們發布消息說有70%的降雨機率，大體而言有70%的時間會下雨。然而，被問到一般知識的問題時，他們也會過度自信，和別人沒有兩樣。[6]學習克服偏誤的挑戰在於，如何體認到新問題類似我們在別處遇到的問題，而我們在某個地方看到的偏誤，也可能會在其他地方出現。

在運用非傳統教學法來增進這種體認上，研究人員和教育者都已經取得一些成就。波士頓大學的凱瑞．莫爾維奇（Carey Morewedge）和同事在一項研究裡，運用教學影片和「嚴肅遊戲」*，讓參與者學習辨識由確認偏誤、錨定效應和其他偏誤所引起的錯誤。在每回合的遊戲結束後，參與者會收到他們犯錯的回饋，並學習如何避免再次犯這些錯誤。這些遊戲減少參與者在隨後立即的測試、以及八週後再次測試時，回答類似問題所犯的錯誤數量（影片也是，雖然效果較弱）。[7]在另外一項研究裡，安－蘿瑞．賽立耶爾（Anne-Laure Sellier）和同事們發現，玩過教學型電玩並在其中學習到如何克服確認偏誤的MBA學生，在解決其他課堂的商業案例問題時，會應用這項所學。[8]即使沒有人告訴他們這兩項練習之間有任何關聯，他們還是會應用。

去偏誤的限制

不管是事後修正偏誤，還是透過推力或拉力預防偏誤，大部分去偏誤的方法都有一個共通點：它們都以假定存在的特定偏誤爲目標。這個通常合理的假設有時候是錯的。

以專案規畫爲例。你可以合理假設，過度自信普遍會影響專案團隊，但是你無法確定它是影響特定專案團隊的唯一偏誤（甚至連是否爲主要偏誤都無法確定）。或許團隊領導人在類似專案上有過糟糕的經驗，因此在做估計時學乖了，變得特別保守。如此一來，這個團隊表現出的偏誤，與你認爲應該修正的偏誤正好背道而馳。又或許這個團隊研擬預測時，向另一項類似的專案借鏡，而以那項類似專案完成所耗費的時間爲定錨點。又或者那個專案團隊因爲預期你會以他們的估計值再外加一個緩衝期，於是根據你的調整提前部署，做出比他們眞正相信應該花費的時間還要更爲樂觀的建議。

或者，以投資決策爲例：對於投資前景的過度自信當然可能會發揮作用，但是損失規避這個效果強大的偏誤，也會產生相反的作用，讓決策者厭惡可能會損失最初投資金額的風險。又或者以一家在多個專案間分配資源的公司爲例：

---

* 譯注：指有明確主題的遊戲，例如科學探索、健康照護、危機管理、都市計畫等，在設計上強調的不是樂趣，而是具有教育價值。

決策者可能同時對新投資案的效益過度樂觀（又是過度自信），而在轉移現有單位的資源上又過度退縮（**現狀偏誤**所引發的問題。所謂現狀偏誤，一如其名所示，就是我們偏好讓事情保持原狀）。

就像這些例子所顯示的，我們難以確知，影響判斷的究竟是哪些心理偏誤。在任何有一定複雜度的情況裡，可能有多個心理偏誤在作用，共同往同一個方向使錯誤加劇，或是彼此相互抵消，結果無法預測。

因此，分別用於修正或預防特定、可辨識偏誤的事後或事前去偏誤方法，只在部分情況裡能發揮作用。在已知誤差的一般方向，而且以清楚的統計偏誤呈現時，這些方法才能夠奏效。預期會出現嚴重偏誤的決策類別，都可能會因爲去偏誤干預措施而受惠。例如，計畫謬誤就是足夠有力的發現，可以確保去偏誤干預措施對抗過度自信的規畫。

問題在於，有許多情況無法事先知道誤差的方向。心理偏誤的影響在判斷者之間存在變異、而且基本上無法預測（因而形成系統雜訊）的種種情況，都屬於此類。爲了減少這類情況下的錯誤，我們需要把網撒得更大，一次偵察一種以上的心理偏誤。

決策觀察者

我們建議，搜尋偏誤的實行時機點，既不是在決策之前，也不是在決策之後，而是即時進行。當然，人們在受到偏誤所誤導時，很少會意識到自身的偏誤。缺乏知覺本身就是一種偏誤，稱爲**偏誤盲點**（bias blind spot）。[9]我們通常比較容易辨識別人的偏誤，而不是發覺自己的偏誤。我們認爲，訓練觀察者可以藉由訓練學會偵察診斷訊號，以即時發覺影響其他人決策或建議的一項或數項熟悉的偏誤。

爲了說明這個過程可能會如何運作，我們假設有個小組要做一項影響重大的複雜判斷。這項判斷可能是任何類型，例如面對疫情大流行或其他危機的政府，要決定採取哪些可能的回應；醫師面臨症狀複雜的病患，在病例討論會議裡探索最佳的治療方式；要制定重大策略行動的企業董事會。現在，想像有一名**決策觀察者**，在一旁觀察這個決策小組，並運用一張檢核表，診斷是否有任何偏誤牽引著小組偏離可能的最佳判斷。

決策觀察者可不好當，而無疑的，在有些組織，設置這個角色並不切實際。如果最後的決策者沒有對抗偏誤的決心，偵察偏誤就沒有什麼用處。確實，決策者必須是決策觀察過程的發起者，也要是決策觀察者這個角色的支持者。我們當然不會建議你自告奮勇當決策觀察者。這份差事交不到朋友，也不能影響其他人。

不過，非正式的實驗顯示，這種方法能創造實質的進步。至少，只要有適當的條件，這個方法能夠發揮助益，尤其是組織或團隊的領導人真正致力於除去偏誤、挑選到適合擔任決策觀察者的人選，而且不受制於自身嚴重的偏誤時。

在這些情況裡，決策觀察者可以歸類爲三種。第一種，在有些組織，這個角色可能是由主管擔任。這位主管不能只是監督專案團隊提案內容的本質，也要密切注意提案發展的**流程**，以及團隊的動態。這麼做能讓觀察者警覺到可能已經影響到提案發展的偏誤。[10]另外有些組織可能是在各個工作團隊指派一個成員，擔任該團隊的「偏誤剋星」；這位決策流程的守門員會即時提醒團隊成員可能誤導他們的偏誤。這個方法的缺點是，決策觀察者被放在團隊裡擔任魔鬼代言人時，他的政治資本可能很快就會消耗殆盡。最後，還有些組織可能會仰賴外部推動者，他們具備看法中性的優點（但也伴隨著缺乏內部知識與會產生成本的缺點）。

爲了發揮成效，決策觀察者需要一些訓練和工具。這類工具中有一項就是檢核表，裡頭列出他們要偵測的偏誤。依靠檢核表的理由很清楚：檢核表用於提升高風險環境下的決策由來已久，而且特別適用於防範過去犯過的錯誤。[11]

在此舉個例子。在美國，聯邦機構單位在發布一些實行成本高昂的規定之前，例如目的是淨化空氣或水、減少工作場所的死亡事件、提高食品安全、因應公共衛生危機、減少溫室氣體排放或增進國土安全的法規，必須先彙編正式的法規影響分析。有一份密密麻麻、名字不怎麼討喜（名爲「OMB Circular A-4」）的技術文件，以將近50頁的篇幅，鋪陳出這項分析所要求的條件。這些條件的設計明顯是爲了對抗偏誤。機構單位必須解釋爲什麼需要這項法規，也要考慮更嚴格和更寬鬆的選項、考量成本與利益，並以公正不偏的方式呈現資訊，並把未來適當的納入考量。但是在許多機構單位，政府官員並沒有遵守這份密密麻麻的技術文件要求。（他們可能連讀都沒讀過。）聯邦官員的因應方式是製作一張簡單的檢核表，內容只有一到一頁半，以降低人員忽視、或未能關照到任何重大規定的風險。[12]

爲了說明偏誤檢核表大致可能的樣貌，我們在附錄B收錄一份檢核表。[13]這張通用的檢核表只是一個例子；任何決策觀察者絕對要根據組織的需求量身研擬一張檢核表，以提升相關性，並利於推行。[14]重要的是，檢核表並不列出所有可能影響決策偏誤的詳盡清單；它著眼於最頻繁、影響最爲重大的偏誤。

在適當的偏誤檢核表輔助下，決策觀察有助於限制偏誤的效應。雖然我們看過一些非正式、小規模的實作有令人振奮的成果，但是關於這個方法的成效，或是各種可能部署方式的優缺點，我們卻不知道有任何通盤性的探究。我們希望實務人士和研究人員能得到啟發，進行更多實驗，探討決策觀察者即時去偏誤的實務做法。

減少雜訊：決策保健

偏誤是我們可以經常看到、甚至解釋的錯誤。它具有方向性：那就是爲什麼透過推力可以限制偏誤的有害效應，也是爲什麼強化判斷力的做法可以克服某些偏誤。偏誤也通常具體可見：那就是爲什麼一個觀察者可望在做成決策的過程裡即時診斷偏誤。

另一方面，雜訊是無法預測的錯誤，我們無法輕易看到或解釋。那就是爲什麼我們這麼經常忽略它，即使在它造成嚴重損害時也是一樣。基於這個原因，減少雜訊的策略之於去偏誤，有如預防保健措施之於醫療：兩者的目標都是在錯誤發生之前，防治範圍不明確的潛在錯誤。

我們稱這種減少雜訊的方法爲**決策保健**。洗手時，你不一定知道究竟在避免哪一種細菌，你只知道，洗手是預防多種細菌的好方法（尤其是在疫情大流行期間，但不只限於這個狀況）。同理，遵循決策保健原則，意味著採取能減少雜訊的技巧，但你不知道這麼做有助於避免哪些潛在的錯誤。

我們是刻意挑選洗手的比喻。保健措施可能相當繁瑣乏味，但是它們的效益不是直接具體可見；你可能永遠不會知道它們防範哪些問題。反過來說，當問題眞的發生時，可能也無法追溯是違反哪一條具體的保健規定所致。基於這些原因，洗手規定難以強制執行，即使是在深知洗手重要性的醫療照護專業人士之間也是如此。

就像洗手和其他預防形式，決策保健極爲寶貴，但是得不到掌聲。修正一個顯眼的偏誤至少能給你具體的成就感。但是減少雜訊的程序卻不是。統計上來說，它們預防許多錯誤。然而，你永遠不會知道它們擋下了**哪些**錯誤。雜訊是隱形的敵人，而防範隱形敵人的攻擊，只能成就隱形的勝利。

有鑑於雜訊可能引發眾多損害，隱形的勝利值得一戰。接下來的章節會介紹多個領域所採用的幾項決策保健策略，這些領域包括鑑識科學、預測、醫療和人力資源。在第25章，我們會檢視這些策略，並說明如何結合這些策略，成為減少雜訊的整合方法。

關於去偏誤與決策保健

「你知道你在對抗哪一個偏誤，也知道它會影響結果朝向哪個方向進展嗎？如果不知道，那麼其中可能有好幾個偏誤在作用，而且難以預測哪一個是主要偏誤。」

「在開始討論這個決策之前，先指派一名決策觀察者。」

「在這個決策流程裡，我們確實遵守決策保健措施；這項決策很可能已經是最佳狀態。」

20
鑑識科學的資訊排序

2004年2月，馬德里發生一連串通勤列車炸彈爆炸事件，造成192人喪生，超過2,000人受傷。犯罪現場找到的一個塑膠袋上採集到一枚指紋，透過國際刑警組織發送到全球各地的執法機構。幾天後，美國聯邦調查局（FBI）犯罪實驗室確認，這枚指紋屬於住在奧勒岡州的美國公民布蘭登・梅費爾德（Brandon Mayfield）。

梅費爾德看起來確實是個可疑的嫌犯。他是前美國陸軍軍官，娶了一名埃及女子，並改信伊斯蘭教。他曾爲被控企圖入境埃及而加入塔利班組織的人擔任委任律師。他早就在FBI的觀察名單上。

梅費爾德成爲被監控的對象，他的屋子被竊聽、遭到搜查，他的電話也被錄音。在這樣的詳細蒐證無法得到任何實質資訊的時候，FBI逮捕了他。但是，他從來沒有正式被起訴。梅費爾德有10年的時間沒有離開美國。在他遭到拘留的期間，西班牙檢調人員找到符合指紋的另一名嫌犯，而在此之前，他們就曾知會FBI，認爲梅費爾德不是塑膠袋上那枚指紋的主人。

兩週後，梅費爾德獲釋。最後，美國政府向他道歉、付給他200萬美元的和解金，並下令詳盡調查造成錯誤的原因。他們的關鍵發現是：「這項錯誤是人爲錯誤，而不是方法失誤或科技失靈。」[1]

幸好，這種人爲錯誤很罕見。不過，它們讓人有深刻的啟發。美國最頂尖的指紋專家怎麼會誤把一枚指紋的主人認作是一個從來不曾出現在犯罪現場附近的人？爲了找出原因，我們首先必須理解指紋檢測的運作方式，以及它與其他專業判斷的例子有何關聯。我們會知道，一般人通常認爲是精確科學的指紋辨識，其實會受到檢測人員心理偏誤的影響。這些偏誤可能產生更多雜訊，因此造成更多錯誤，這樣的情況超過我們的想像。我們接下來會看到，鑑識科學界如何採取措施，藉由實行一項可以應用於所有環境的決策保健策略，以化解這個問題，這個決策保健策略就是：嚴密控管用來判斷的資訊流通。

指紋

指紋是手指脊紋留在觸摸表面的印痕。雖然古代就有將指紋作爲顯著識別標記的例子，但現代的指紋學應該可以追溯至19世紀晚期；當時亨利·福爾茲（Henry Faulds）這位蘇格蘭醫師發表第一篇科學論文，建議用指紋作爲一項身分辨識技術。

其後數十年間，指紋作爲犯罪紀錄的身分識別標記變得愈來愈有影響力，逐漸取代由法國警官阿方斯·貝蒂榮（Alphonse Bertillon）發展的人體計測衡量技術。貝蒂榮在1912年編製一套對照指紋的正式系統。我們在本書前文裡提過群眾智慧的發現者法蘭西斯·高爾頓爵士，他在英國發展出一套類似的系統。（還是一樣，這些開山祖師很少得到世人的稱頌並不是什麼奇怪的事。高爾頓相信指紋是根據種族把人分類的實用工具，至於貝蒂榮，或許是因爲反猶太的偏見，在1894年與1899年的阿弗烈·德雷福〔Alfred Dreyfus〕審判裡做了決定性〔而有瑕疵〕的專家證詞。）

警官很快就發現，指紋的功用不只是作爲累犯的辨識標記。1892年，阿根廷警官胡安·布塞蒂奇（Juan Vucetich）是第一個比較留在犯罪現場的潛在指紋與嫌犯姆指指紋的人。從那時起，蒐集**潛在指紋**（指紋主人遺留在犯罪現場的指紋）並與**標本指紋**（在控制條件下從已知的個人身上採集的指紋）做比對，成爲指紋識別最明確的應用，也是最廣爲使用的鑑識證據形式。

如果你曾經看過電子指紋讀取器（就像許多移民事務機構使用的機器），你可能會認爲指紋比對是一件直觀、機械化，而且容易自動化的工作。但是，相較於比對兩枚乾淨的指紋，從犯罪現場採集的潛在指紋與標本指紋的比對作業，是一項更爲細膩的工作。當你把手指穩固的壓在爲了記錄指紋的讀取機上，你留下的是整齊、符合標準的影像。對比之下，潛在指紋通常有殘缺、模糊、髒汙，或是扭曲的情況；它們所提供的資訊，在品質和數量上都無法與在受控制與專屬環境裡所採集的指紋相提並論。潛在指紋通常會與其他指紋重疊，它們可能是同一個人的指紋，也可能是別人的指紋，而且摻雜塵土和其他出現在採集表面的人造物質。要決定它們是否與嫌犯的標本指紋相符，需要專家的判斷，而這是人類指紋鑑識人員的工作。

按照常規，鑑識人員收到潛在指紋後，會遵照一套名爲ACE-V的程序來處理；這四個字母分別代表「分析」（analysis）、「比對」（comparison）、「評估」（evaluation）與「驗證」（verification）。首先，他們必須分析潛在指紋，決定它是否有足以做比對的價值。如果是，他們會拿它和標本指紋比對。比對要進行評估，評估的結果爲**相符**（指紋來自相同的人）、**排除**（指紋不是來自同一個人）或無法確認。相符的結果則進入第四個步驟：由另一位鑑識人員進行驗證。

過去，這套程序的可靠度在數十年間一直沒有遭受質疑。雖然情況顯示目擊者的證詞可能危險到不可靠的地步，甚至連自白也可能造假，但是至少在DNA分析問世之前，指紋都被認可是最可信的證據類型。2002年之前，美國法庭上不曾有人成功挑戰指紋證據。例如，當時的FBI網站就堅定表示：「指紋是識別個人身分**萬無一失**的方法。」[2]當極爲罕見的錯誤發生時，這些錯誤會被歸咎爲無能或造假。

指紋證據在這麼長的期間裡屹立不搖，部分原因是我們很難證明它是錯誤的。一組指紋的眞實價值在於可以指出誰是眞正的犯罪者，而這個價值通常是未知的。在梅費爾德和少數類似的案件中，這個錯誤特別離譜。但是一般而言，如果嫌犯的主張與鑑識人員的結論有出入，指紋當然會被認爲是比較可靠的證據。

我們已經知道，不知道眞實價值既非不尋常，也不會構成衡量雜訊的障礙。指紋分析裡暗藏多少雜訊？更精確的說，既然指紋鑑識人員不像判刑的法官或保險理賠人員一樣，他們做出的判斷不是決定一個數字，而是做出一種類別的判斷，那麼他們有多常出現歧見？原因又爲何？倫敦大學認知神經科學研究人員艾提爾．卓爾（Itiel Dror）率先著手研究這個問題。他在一個自認爲沒有雜訊問題的領域，進行可視爲一系列雜訊審查的研究。

指紋分析裡的場合雜訊

一位認知科學家（心理學家）對指紋鑑識人員提出挑戰，這件事或許看起來奇怪。畢竟，你可能在電視上看過像

《CSI犯罪現場》（*CSI: Crime Scene Investigation*）以及後續同系列的影集，這些人可是戴著乳膠手套、操作顯微鏡的硬底子理科人。但是，卓爾明白，指紋鑑定顯然是一個判斷問題。身爲神經科學家，他的理論是，只要有判斷，就一定有雜訊。

爲了測試這個假設，卓爾首先以場合雜訊爲焦點，也就是觀察**同一個**專家檢視**同樣的**證據兩次、在這兩次判斷之間的變異性。卓爾表示：「如果專家因爲自身的不一致而不可靠，那麼他們的判斷和專業所立足的基礎就有問題。」[3]

指紋是雜訊審查的完美測試場，因爲配對的指紋與醫師或法官所遇到的案件不同，它們不容易被記憶。當然，必須經過適當的時間間隔，才能確保鑑識人員不記得這些指紋。（在卓爾的研究裡，有一些勇敢、心胸開放的專家同意**在接下來五年內的任何時間**，他們都願意在不知情的狀況下參與研究。）此外，這項實驗必須在專家日常案件工作的過程裡進行，這樣他們才不會意識到研究人員正在測試他們的檢測技能。在這些條件之下，如果鑑識人員的判斷會因爲檢測而變動，那就表示場合雜訊與我們同在。

鑑識的確認偏誤

卓爾在最初的兩個研究裡加了一個重要的變化。第二次看到指紋時，有些鑑識人員會額外得知可能引發偏誤的相關案件資訊。例如，之前認爲指紋相符的鑑識人員，在這一次會被告知，「嫌犯有不在場證明」，或是「槍枝跡證顯示嫌犯不是他」。第一次認爲嫌犯是無辜或指紋無法確認的鑑識人員，則會被告知「警探相信嫌犯有罪」、「有目擊者指認他」，或是「他坦承犯罪」。卓爾把這項實驗稱爲專家的「可偏誤性」測試，因爲提供的背景資訊會觸發特定方向的心理偏誤（確認偏誤）。

的確，鑑識人員確實會受到偏誤的影響。同一位鑑識人員檢視之前看過一模一樣的指紋，只不過這一次附有會引發偏誤的資訊，他們的判斷改變了。在第一項研究裡，當出現暗示排除嫌疑的強烈背景資訊時，五位專家裡有四位改變了他們之前的比對相符結論。[4]在第二項研究裡，有六位專家檢視四對指紋；在二十四個決策中，有四個決策因爲偏誤效果的資訊而改變。沒錯，他們的決策大部分都沒有改變，但是以這類決策而言，六分之一的變化可視爲重大。之後也有其他研究者重現出同樣的發現。[5]

可想而知，當決策一開始難以找到頭緒、當造成偏誤的資訊強烈，以及當結論是從相符改變爲排除時，鑑識人員比較可能改變想法。然而，令人擔憂的是，「指紋鑑識專家是根據背景脈絡爲基礎做出決定，而不是從指紋所包含的實際資訊做決定。」[6]

會引發偏誤的資訊，所產生效應不只有在鑑識人員的結論上（相符、排除或無法確認）。會引發偏誤的資訊除了改變認知的解讀**方式**（how），其實也會改變鑑識人員所認知到的**內容**（what）。卓爾和同事的另一項研究顯示，置身於偏誤脈絡裡的鑑識人員所看到的事物，其實與那些沒有接觸到會引發偏誤作用資訊的鑑識人員不同。[7]潛在指紋跟著目標的標本指紋交到鑑識人員手上時，鑑識人員觀察到的細節（稱爲「**特徵點**」〔minutiae〕）比只能看到潛在指紋時大幅減少。後來另一項獨立研究確認了這個結論，並補充道：「（這件事）是怎麼發生的，並非顯而易見。」[8]

關於可引發偏誤作用的資訊所產生的影響，卓爾發明了一個名詞：**鑑識確認偏誤**（forensic confirmation bias）。自此之後，這項偏誤就出現在其他鑑識技術的相關文獻裡，包括血濺形態分析、縱火調查、骨骼殘骸分析和鑑識病理學。就連公認是鑑識科學新黃金標準的DNA分析，也無法倖免於確認偏誤，至少在專家必須評估複雜的DNA混合物時是如此。[9]

鑑識專家很容易受到確認偏誤的影響，這不只是理論上的顧慮，還因爲現實世界沒有現成的系統性預警措施，可以確保鑑識專家不接觸有偏誤作用的資訊。鑑識人員通常會從轉送證據的信函中附帶接收到這類資訊。[10]鑑識人員通常也會與警察、檢察官和其他鑑識人員直接溝通。

確認偏誤會引起另一個問題。ACE-V程序內建重要的防範錯誤機制，就是在確認指紋相符前要由另一位專家做獨立驗證。但通常的狀況是，只有指紋相符的案例會進行獨立驗證。由於負責驗證的鑑識人員知道最初的結論是指紋相符，因而有高度的確認偏誤風險。[11]驗證步驟無法產生一般預期可以將獨立判斷總合起來所帶來的好處，這是因爲指紋的驗證其實並不獨立。

看起來，梅費爾德案件裡有一連串的確認偏誤發生作用，不只兩位FBI專家認同錯誤的鑑識結果，而是三位。後來針對這個錯誤所做的調查指出，在指紋資料庫裡搜尋可能指紋相符的自動化系統，其所展現的「關聯力」，似乎讓第一位鑑識人員印象深刻。[12]雖然他沒有接觸到梅費爾德生平的細節，但執行最初搜尋的電腦化系統所產生的結果，「加上處理一個高度受矚目案件的內在壓力」，足以造成最初的確認偏誤。一旦第一位鑑識人員做出錯誤的指紋相符辨識，調查報告繼續敘述道：「後續的查驗就變了調。」由於第一位鑑識人員是備受尊敬的主管，「單位裡的其他人變得難以表示異議。」最初的錯誤經過複製和放大，造成幾乎斷定梅費爾德有罪。顯然，即使是備受推崇的專家，接受法庭指派來代表梅費爾德的辯方檢視證據時，都贊同FBI的看法，確認指紋相符。[13]

同樣的現象也在其他各個鑑識領域上演。潛在指紋辨識被封爲是各個鑑識學門中最客觀的領域。如果指紋鑑識人員會發生偏誤，那麼其他領域的專家也可能如此。此外，如果槍枝專家知道指紋相符，這項資訊可能也會誤導專家的判斷。而如果齒科鑑識人員知道DNA分析辨識出一名嫌犯，那位專家可能比較不會主張咬痕與嫌犯的咬痕不符。這些例子引發一連串偏誤的問題：一如我們在第8章描述的群體決策，由確認偏誤引發的最初錯誤，變成有偏誤作用的資訊，影響第二位專家，而第二位專家的判斷又影響第三位專家，依此類推下去。[14]

在確立有偏誤作用的資訊會造成變異之後，卓爾和同事挖掘出更多場合雜訊的證據。指紋專家即使沒有接觸到有偏誤作用的資訊，對於他們之前見過的指紋，有時候看法也會改變。[15]就像我們預期的，沒有提供引起偏誤作用的資訊時，改變雖然較不常見，不過還是會發生。FBI在2012年進行的一項研究以更大的規模重現這項發現：在研究中，有72名鑑識人員應要求再次檢視大約7個月前鑑定過的25對指紋。[16]這項納入高素質鑑識人員的大樣本研究，證實指紋專家有時候會受到場合雜訊的影響。大約有十分之一的鑑識結果出現變動。這些變動多半都來自「指紋無法確認」的類別，沒有一個與「指紋相符」辨識錯誤有關。這項研究最讓人憂心的是，有些導致定罪的指紋辨識結果，在不同時間可能會被判定成「無法確認」。同樣的鑑識人員檢視同樣的指紋，即使框架背景的設計不是爲了造成鑑識人員的偏誤，而是爲了盡量保持決策一致，他們的決策還是會出現不一致的情況。

有一些雜訊，但是有多少錯誤？

這些發現引出一個的實際問題，就是判斷錯誤的可能性。對於在法庭作證的專家，我們無法忽視他們的判斷是否可靠的問題：信度是效度的條件，理由很簡單，如果一個人的判斷會前後不一致，那麼也難以符合現實。

那麼，有瑕疵的鑑識科學究竟造成多少錯誤？「清白專案」（Innocence Project）是一個致力爲錯誤判決翻案的非營利組織，他們檢視可取得的350個無罪宣判案件後發現，鑑識科學的不當應用是導致45%案件成立的原因。[17]這項統計數據聽起來很糟糕，但是對法官和陪審團來說，重要的是另一個問題：他們必須知道鑑識科學家（包括指紋鑑識人員）犯下重大錯誤的可能性有多少，才能知道他們對出庭做證的鑑識者應該賦予多少信任。

這個問題最有力的一組答案，來自美國總統科學技術顧問委員會（President's Council of Advisors on Science and Technology, PCAST）的一份報告。這個由美國頂尖科學家和工程師所組成的顧問團，在2016年出具一份深度報告，檢討刑事法庭的鑑識科學。[18]這份報告總結了關於指紋分析效度目前可獲得的證據，特別是像涉及梅費爾德案件這種指紋相符辨識錯誤（僞陽性）的可能性。

這項證據極其難得，就像PCAST指出的，這項工作一直到最近才開展，「令人感到心情沉重」。最可信的資料來源是唯一發表過關於指紋辨識準確度的大型研究，這是2011年由FBI科學家進行的研究。研究涵蓋169位鑑識人員，每位都比對大約100組潛在指紋與標本指紋。它最重要的發現是，指紋相符辨識錯誤的情況非常少發生：僞陽率大約是六百分之一。[19]

六百分之一的錯誤率很低，但是就像報告指出的，它還是「**遠遠高於**一般大眾（延伸來說，還有大部分陪審員）根據長久以來對指紋分析精確度說法的信任程度」。[20]此外，這項研究沒有納入有偏誤作用的背景資訊，而鑑識人員也知道他們正在參與一項測試，這可能會造成這項研究低估眞實案件作業時會發生的錯誤。在佛羅里達州進行的一項後續研究得到的僞陽率就高出許多。[21]文獻裡的各種發現顯示，關於指紋鑑識人員決策的精準度，以及這些決策的形成方式，我們還需要更多研究。

不過，有一項讓人安心的發現是，這些研究的結果似乎都一致認為，鑑識人員看起來都寧可謹慎，也不要犯錯。他們的正確率不是百分之百，但是他們了解自己的判斷影響重大，因此會考慮到潛在的錯誤不對稱的代價。由於指紋鑑識有非常高的公信力，因此錯誤的指紋相符結論可能會釀成悲劇。其他類型的錯誤，後果比較沒有這麼重大。例如，FBI專家就觀察到，「在大部分案件，『排除』與『無法確認』在辦案上是同樣的意涵。」[22]也就是說，在凶器上找到指紋就足以定罪，但是沒找到指紋並不足以宣判嫌犯無罪。

就像我們觀察到鑑識人員抱持謹慎至上的態度一樣，證據顯示，專家在做出指紋辨識相符決定之前會三思。在FBI對指紋辨識相符的準確度研究裡，不到三分之一的指紋「配對」（也就是來自同一個人的潛在指紋與標本指紋）被判定相符。鑑識人員做出僞陽判斷（把錯的判斷爲對的），也比排除僞陰判斷（把對的判斷爲錯的）來得少很多。[23]他們會受制於偏誤，但是力道並不是兩個方向均等。卓爾就指出：「鑑識專家的偏誤比較容易朝向做出不表態的指紋『無法確認』結論，勝於蓋棺論定的指紋『相符』結論。」[24]

鑑識人員接受的訓練，讓他們將錯誤判定指紋相符的結論視爲致命的罪過，必須盡全力避免。他們遵守這項原則，值得讚賞。我們只能希望，他們小心謹慎的程度，能夠阻絕梅費爾德案與其他幾個知名案件這種錯誤的指紋相符判斷，讓這些錯誤變得少之又少。

傾聽雜訊傳達的意涵

觀察到鑑識科學裡存有雜訊，不應該視爲對鑑識科學家的批評。這只是我們不斷觀察得到的結果：只要有判斷，就會有雜訊，而且雜訊比你想像的要來得多。像是指紋分析這樣的工作看似如此客觀，以致於許多人不會自發的認爲它也是一種判斷。然而，鑑識工作的不一致、有歧見，偶爾會給錯誤乘虛而入的空間。指紋辨識的錯誤率再怎麼低，都不會是零錯誤，而一如PCAST所指出的，陪審團應該要認知道這點。

當然，減少雜訊的第一步必然是承認雜訊有可能存在。指紋學團體的成員並非自然而然承認這樣的說法，他們有許多人對卓爾的雜訊審查一開始都抱持高度質疑。鑑識人員可能無意間受到案件相關資訊的影響，這個想法惹惱了許多專家。為了回應卓爾的研究，指紋學會（Fingerprint Society）的主席寫道：「任何指紋鑑識人員……如果在決策過程受到左右……那就是不夠成熟，他們應該到迪士尼樂園另謀高就。」[25]一家大型鑑識實驗室的主任指出，得知案件資訊（正是那種能對鑑識人員引發偏誤的資訊），「能提供一種個人滿足感，讓（鑑識人員）樂在工作，**但他們實際上不會因此改變判斷**。」[26]即使是FBI，在他們對梅費爾德案的內部調查裡也都提到，「潛在指紋的鑑識人員經常是在知道前一位鑑識人員的鑑定結果下進行驗證，**然而那些結果並不會影響鑑識人員的結論**。」[27]這些評論基本上否認確認偏誤的存在。

鑑識人員即使意識到偏誤的風險，也無法避免受到偏誤盲點的影響，偏誤盲點是指能夠察覺到別人身上的偏誤、卻對自己的偏誤渾然不覺的傾向。在一項涵蓋21國、400名專業鑑識科學家的調查裡，有71%的受訪者同意，「整體而言，認知偏誤是鑑識科學令人擔憂的原因」，但是只有26%的人認為「他們的判斷受到認知偏誤的影響。」[28]換句話說，這些專業鑑識人員大約有一半的人相信，他們同事的判斷有雜訊，但是自己的判斷沒有。雜訊可能是隱而未現的問題，就連以鑑識隱而未現之事爲職業的人也不例外。

資訊的順序

拜卓爾和同事持續不懈的堅持，各方態度正在緩慢改變，有愈來愈多的鑑識實驗室已經開始採取新措施，以減少他們分析裡的錯誤。例如，PCAST的報告就提到FBI實驗室重新設計程序，來把確認偏誤的風險降到最低。

必要的方法論步驟相對容易。它們構成一項可以應用於許多領域的決策保健策略：**利用資訊的順序來限制言之過早的直覺形成**。在任何判斷裡，有些資訊與判斷相關，有些資訊則不相關。愈多資訊不一定愈好，尤其是資訊可能導致判斷者形成言之過早的直覺，而讓判斷出現偏誤。

本著這個精神，鑑識實驗室所採取的新程序，就是在鑑識人員需要資訊時只給他們需要的資訊，以保護他們判斷的獨立性。換言之，實驗室盡量把他們矇在鼓裡，無法得知案件的相關資訊，而且只會逐步透露資訊。爲此，卓爾和同事編排出一套稱作**線性序列揭露**（linear sequential unmasking）的方法。[29]

卓爾的另一項建議，點出同樣的決策保健策略：鑑識人員應該在每一個步驟記錄他們的判斷，他們應該**先**記錄對潛在指紋的分析，然後才檢視標本指紋，決定兩者是否相符。這些步驟的順序有助於專家避免風險，不會只看到他們要尋找的東西，而且他們應該在接觸到有可能造成偏誤的背景資訊之前，就記錄下對證據的判斷。如果他們在接觸背景資訊之後改變想法，那麼這些改變與改變的理由，也都應該列入紀錄。這項要求縮限了早期直覺造成整個流程發生偏誤的風險。

同樣的邏輯啟發了第三項建議，而這是決策保健的重要一環。要召集另一位鑑識人員確認第一名鑑識人員所做的鑑識結果時，不應該讓第二名鑑識人員知道第一次的判斷結果。

當然，我們憂心存在於鑑識科學裡的雜訊，因爲它的結果可能攸關生死。但是，它也深具啟發性。長久以來，我們仍然完全不知道指紋辨識錯誤的機率，這點顯示我們有時候可能誇大對專業人士判斷的信心，而且雜訊審查揭露出多麼讓人意外的雜訊數量。透過相當簡單的程序變動，就能改善這些缺陷，這對於所有關注提升決策品質的人來說，應該都是令人振奮的消息。

這個案例所展現的主要決策保健策略（資訊的排序），是用來防範場合雜訊的措施，而且應用廣泛。一如我們指出的，場合雜訊有無數的觸發因子，包括心情，就連戶外溫度也是。你無法期望去控制這些觸發因子，但是你可以努力保護判斷免於受到最明顯的因子所影響。例如，你已經知道判斷會因爲憤怒、恐懼或其他情緒而改變，或許你也已經注意到，如果可以，在不同時點重新檢視你的判斷（因爲場合雜訊的觸發因子可能不同），就是一項好做法。

另一個不明顯的可能情況是，還有一個場合雜訊的觸發因子可能會改變你的判斷，那就是資訊，即使是正確的資訊也會影響你。就像在指紋辨識的例子裡，一旦你知道別人的想法，確認偏誤可能會導致你過早形成整體印象，而忽略了相斥的資訊。有兩部希區考克（Hitchcock）電影的名字正好點出其中精義：一個優良的決策者，目標應該是保持「懷疑的陰影」（shadow of a doubt）*，而不是成爲「知道太多的人」（the man who knew too much）**。

* 譯注：中文片名翻譯成《辣手摧花》。

** 譯注：中文片名翻譯成《擒凶記》。

關於資訊的排序

「只要有判斷，就有雜訊，而且指紋判讀也包括在內。」

「我們對這個案件有更多資訊，但是在專家做出判斷之前，先不要把已經知道的每一件事告知他們，以免引發他們的偏誤。其實，只要告知他們絕對需要知道的資訊就好。」

「如果出具第二意見的人知道第一意見為何，第二意見就不具獨立性。至於第三意見的獨立性更低，其中可能出現一連串的偏誤。」

「要對抗雜訊，就必須先承認雜訊存在。」

21

預測的挑選與總合

許多判斷都涉及預測。下一季的失業率可能是多少？明年的電動車會賣出多少輛？氣候變遷在2050年會產生什麼影響？一棟新大樓完工要花多少時間？某家公司的年度盈餘會是多少？一名新員工的表現會如何？新空汙法規的成本會是多少？誰會贏得選舉？這類問題的答案都有重大影響。民間組織與公共機構的基本選擇通常取決於這類問題的解答。

預測（以及預測出錯的時間與出錯原因）分析師對於偏誤和雜訊（也稱爲預測的不一致或不可靠）分得一清二楚。大家都同意，在某些背景下，預測人員會有偏誤。例如，官方機構對預算的預測上就顯現不切實際的樂觀。[1]平均而言，他們對經濟成長的預測高得脫離現實，赤字預測也低得不眞實。實際上，他們不切實際的樂觀究竟是認知偏誤或政治考量的產物，根本無關緊要。

此外，預測人員通常過度自信：如果要他們以信賴區間表達他們的預測，而不是以單點估計值來表達預測，他們選的區間往往比應該有的範圍狹窄。[2]例如，有項持續進行的季度調查，請美國企業的財務長估計次年標普500指數的年度報酬率。他們請財務長回答兩個數字：一個是最低數字（他們認為低於這個數字的機率是10%），一個是最高數字（他們相信超過這個數字的機率是10%）。因此，這兩個數字構成80%信賴區間的界限。然而，實現的報酬只有36%落在這個區間。這些財務長對於他們預測的準確度太過有信心。[3]

預測者也有雜訊。史考特·阿姆斯壯（J. Scott Armstrong）的參考書《預測原理》（*Principles of Forecasting*）就指出，即使在專家之間，「判斷性預測的一項誤差來源是不可靠性。」[4]事實上，雜訊是誤差的主要來源。場合雜訊是常見現象；預測者自己的意見都不一定前後一致。人與人之間的雜訊也很普遍；預測者彼此的意見會有分歧，即使他們都是專家也一樣。如果你請法學教授預測最高法院的判決，就會發現很多雜訊。[5]如果你請專家預測空汙法規一年帶來的效益，你會發現有很多變異，比方說，範圍從30億美元到90億美元都有。[6]如果你請一群經濟學家預測失業率和經濟成長率，你也會發現很大的變異。關於有雜訊的預測，我們已經看過許多例子，而對預測的研究還挖掘出更多例子。[7]

預測的精進

有些研究也提出如何減少雜訊和偏誤的建議。在這裡，我們不會鉅細靡遺的討論所有建議，而是會聚焦在兩項能廣泛應用的減少雜訊策略。第一項是我們在第18章曾提及的一項原則應用：挑選出色的判斷者，產生較好的判斷。另一項是應用最爲普遍的決策保健策略：總合不同的獨立估計值。

總合數個預測值最簡單的方法就是求取它們的平均值。在數學上，平均法是減少雜訊的保證：具體而言，會使雜訊減少到「1－（1÷判斷值數量的平方根）」的水準。也就是說，如果你用100個判斷值求取平均值，就能減少90％的雜訊，而如果你用400個判斷值求取平均值，就能減少95％的雜訊，基本上會把雜訊消除。*這條統計法則是群眾智慧法的引擎，一如在第7章的討論。

由於平均法無法減少偏誤，它對總誤差（均方差）的影響取決於偏誤和雜訊在均方差裡的占比。所以，在判斷屬於獨立、因而比較不會包含共同的偏誤時，群眾智慧的效果最好。實證上有充分的證據顯示，多個預測值的平均能大幅增

* 編注：如果有100個判斷值，那麼雜訊就會減少 $1-\sqrt{\frac{1}{100}}=1\text{-}0.1=90\%$；如果有400個判斷值，那麼雜訊就會減少 $1-\sqrt{\frac{1}{400}}=1\text{-}0.05=95\%$。

加準確度，例如，股市分析裡經濟預測人員的「共識」預測。[8]至於銷售預測、氣象預測和經濟預測，一群預測人員未經加權的平均值，表現優於大部分的個別預測值、有時勝過全部的個別預測值。[9]由不同方法取得的預測值平均後也有同樣的效果：在一個涵蓋30項各種領域的實證比較分析裡，綜合預測減少錯誤的平均幅度達12.5%。[10]

直線平均法不是唯一總合預測的方法。**挑選群眾**（select-crowd）策略也可以和直線平均法一樣有效，這是根據判斷者最近判斷的準確度，挑選出最佳判斷者，並取一小群判斷者（如五人）的判斷計算平均。[11]尊重專業的決策者，比較願意去理解並採納一項除了仰賴總合、也根據挑選而來的策略。

一個產生總合預測的方法是運用**預測市場**（prediction market），這是一個供個人對事件可能的結果做賭注、個人因此有動機做出正確預測的市場。大多時候，預測市場的運作都非常好，也就是說，如果預測市場顯示事件有70%的可能會發生，它們發生的機率大概是70%。[12]各個產業裡都有許多公司曾經運用預測市場來總合多元的觀點。[13]

另一個總合多元觀點的正式程序，就是所謂的「德爾菲法」（Delphi method）。[14]這個方法最正統的形式，涉及讓參與者在多個回合裡向一個主持人提交估計值（或投票），而且彼此保持匿名。在每一個新回合，參與者要提出會產生這個估計值的原因，並對其他人的估計理由提出回應，這些資訊也都保持匿名。這個程序能促進估計值趨向收斂（而且有時候會規定新的判斷落在前一回合判斷的分布範圍內，以強迫估計值收斂）。這個方法同時會因爲總合效果和社會學習而受益。

在許多情況下，德爾菲法的效果都很好，但是實行起來可能有難度。[15]有個簡單的版本是**迷你德爾菲法**（mini-Delphi），它可以用一場會議來執行。[16]這個程序也稱爲**估計－討論－估計法**（estimate-talk-estimate），它要求參與者先各自（默默）產生一個估計值，然後解釋並證明這個估計值很合理，最後根據其他人的估計值和解釋做出新的估計。共識的判斷值就是第二回合個別估計值的平均。

優良判斷計畫

關於預測品質，有些最有創意的工作從2011年就開始，而且遠遠超越我們目前的探索：當時，有三位知名的行爲科學家成立「優良判斷計畫」（Good Judgment Project），他們分別是菲利普．泰特洛克和他的妻子芭芭拉．梅勒思，以及唐．摩爾（Don Moore）。他們的合作讓我們對預測有更好的理解，特別是爲什麼有些人比較擅長預測。

優良判斷計畫一開始募集數萬名自願者，他們既不是專業人員，也不是專家，而是各行各業的普通人。他們要回答數百個問題，像是：

- □ 北韓今年底之前會引爆核子裝置嗎？
- □ 俄國在接下來3個月內會正式併吞更多烏克蘭的領土嗎？
- □ 印度或巴西在接下來兩年內會成為聯合國安理會的常設會員嗎？
- □ 在接下來的一年內，會有任何國家退出歐元區嗎？

一如這些例子所顯示的，這項計畫把焦點放在與全球事件相關的重大問題。重要的是，試圖回答這些問題會引發的難題，就跟許多較世俗的預測一樣。如果律師被問到委託人是否會贏得官司，或是電視公司被問到提案的節目會不會走紅，要回答這些問題，都牽涉到預測技巧。泰特洛克和同事想要了解，有些人是否可以做出特別出色的預測。他們也想知道，預測能力是否可以傳授，或是至少可以改進。

為了理解這個計畫的重要發現，我們必須解釋泰特洛克和團隊在評估預測者時所採用的方法中一些重要的面向。第一，他們採用的預測項目數量龐大，不只是一、兩項（而且預測成功或失敗可能靠的是運氣）。如果你預測最喜歡的運動隊伍會贏得下一場比賽，而且確實贏了，並不見得你就必定是優秀的預測者。或許你**每一次**都預測你最愛的隊伍會贏球：如果那是你的策略，而如果它們只有一半的時間會贏，那麼你的預測能力並不特別突出。為了減少運氣成分，研究人員檢視的是參與者在許多預測的平均表現。

第二，研究人員要求參與者以機率表達他們對事件是否會發生的預測，而不是用「會發生」或「不會發生」的二分法進行預測。對許多人來說，預測指的是後者：在兩個立場當中選一個。然而，由於我們在客觀上對未來事件一無所知，建構機率性預測會好得多。如果有人在2016年說：「希拉蕊·柯林頓（Hillary Colinton）有70%的機率會當選總統。」他不見得是差勁的預測者。一件70%有可能發生的事，有30%的機率不會發生。為了知道預測人員的高下，我們應該問的是，他們的機率估計值是否反映事實。假設有位名叫瑪格麗特的預測者說500項不同的事件有60%的機率會發生。如果其中有300件真的發生，那麼我們可以說瑪格麗特的信心有很好的**校準度**（calibration）。優良的校準度是產生優良預測的一項條件。

第三，為了提升精細度，泰特洛克與同事請他們的預測者針對某件事是否會發生（比方說，在12個月內）估計機率時，不只給他們**一次**估計機會：他們也讓參與者可以不斷根據新資訊而修改估計值。假設回到2016年，你估計英國只有30%的機率在2019年結束前脫離歐盟。等到新的民調結果出爐，顯示贊成「脫歐」的聲勢正在壯大，你或許會上修你的預測。等到公投結果揭曉，英國是否會按照時間表脫歐仍然有不確定性，不過可能性看起來絕對高出許多。（事實上，英國是在2020年脫歐。）

隨著每一則新資訊的出現，泰特洛克和同事允許預測者更新他們的預測。爲了進行評分，每一個更新的預測都會被視爲新的預測。如此一來，優良判斷計畫的參與者就有動機去追蹤新聞，並不斷更新他們的預測。這個方法反映出企業與政府裡預測人員的職責所在，即使冒著因爲改變想法而被批評的風險，他們也應該根據新資訊經常更新他們的預測。（對於這種批評，有個偶爾會被認爲是出自凱因斯〔John Maynard Keynes〕的知名回應就是：「當事實改變，我就改變想法。那麼**你**呢？」）

第四，優良判斷計畫以一套由葛林．布里爾（Glenn W. Brier）在1950年發表的系統，爲預測者的表現評分。所謂的**布里爾分數**（Brier score）評量的是預測值與實際情況的差距。

布里爾分數巧妙的解決一個與機率預測相關的普遍問題：預測者爲了避險，做賭注時絕對不會採取大膽的立場。再想一下瑪格麗特的例子：我們把她描述爲校準度不錯的預測者，因爲她把500項事件的發生機率評爲60%；而那些事件當中有300件確實發生。這個結果或許並不如表面上看起來那麼令人佩服。如果瑪格麗特是個氣象預報員，**總是**預測有60%的機率會下雨，而500天當中有300天是雨天，那麼瑪格麗特的預測仍然有不錯的校準度，但是實際上一點用處也沒有。基本上，瑪格麗特是在告訴你，你或許每天都該帶把傘，以防萬一。現在拿她與尼可拉斯比較。

尼可拉斯在300個雨天預測100%會下雨，而在200個沒下雨的日子預測0%會下雨。尼可拉斯的校準度和瑪格麗特一樣完美：兩個人預測X%的天數會下雨，而正好就有X%的時間下雨。但是，尼可拉斯的預測更有價值：他沒有爲他的賭注進行避險，他願意告訴你是不是應該帶傘。嚴格來說，我們說尼古拉斯有很好的校準度，也有很高的**辨析度**（resolution）。

布里爾分數讚賞的是校準度和辨析度俱佳。要拿高分，你不只必須在平均值上正確（也就是有不錯的校準度），也必須願意採取立場，在預測上做出差異（也就是高辨析度）。布里爾分數遵循均方差的邏輯，因此分數愈低愈好：0分代表完美。

既然我們現在知道他們如何評分，那麼優良判斷計畫裡的自願者表現如何？一個重要發現就是絕大部分的自願者表現都很差，但是大約有2%的人表現突出。一如之前提到的，泰特洛克稱這些表現優良的人爲超級預測者。他們還是會犯錯，但是他們的預測比機遇強得多。值得注意的是，一名政府官員表示，這個群體的表現明顯「比能讀到監聽與其他機密資料的情治體制分析人員來得好」。[17]這個對照值得我們深思。情治體系的分析人員爲了做出準確預測而受過訓練，他們不是業餘人員。此外，他們能取得機密資訊。然而，他們的表現卻比不上超級預測者。

永遠的測試版

超級預測者爲什麼這麼厲害？依循我們在第18章的主張，我們可以合理的推論他們特別聰明。這個推論並沒有錯。超級預測者的一般心智能力測驗成績，比優良判斷計畫自願者的平均程度還高（而自願者的平均成績又高於全國平均值）。但是，這個差異並沒有那麼大，許多智力測驗成績極好的自願者，並不符合超級預測者的資格。除了一般智力，我們也可以合理預期，超級預測者對數字特別擅長。他們確實如此。但是，他們眞正的優勢並不是他們的數學能力，而是他們能輕易從分析和機率角度思考事情。

就拿超級預測者建構和解構問題的意願和能力來說。他們並非對一個地理政治上的大問題做整體判斷（一個國家是否會脫離歐盟、某個地方是否會爆發戰爭、某位政府官員是否會遇刺等），而是把它分解成各個部分。他們會問：「如果答案是肯定的，需要什麼條件？如果答案是否定的，又需要什麼條件？」他們的答案並非出自某個內心的聲音或某種概括的直覺，他們會提問，並嘗試回答各種附屬的問題。

超級預測者也擅長採取外部觀點，而且他們十分注重基本率。就像在討論第13章的甘巴迪問題時曾解釋的，在你著眼於甘巴迪資訊的細節之前，知道執行長在兩年內遭到開除或辭職的平均機率會有所幫助。超級預測者會系統性的尋找基本率。被問到中國和越南的邊境爭端在接下來一年是否會爆發武裝衝突時，超級預測者不會只關注或立刻關注中越目前相處的狀況。根據他們讀到的新聞和分析，他們對事件或許有些直覺看法。但是他們知道，他們對事件的直覺通常不是好的指引。他們做的是從尋找基本率著手：他們會問，過去的邊境爭端有多常升高爲武裝衝突。如果這類衝突很罕見，超級預測者會開始綜合事實證據，而只有在這時，他們才會轉而了解中越局勢的細節。

簡單說，超級預測者之所以能脫穎而出，靠的並不是智力本身，而是他們**如何**運用智力。他們展現的技巧反映出第18章所描述的認知風格，這個風格可能會產生更好的判斷，尤其是高度的「主動開放心態」。還記得那個主動開放心態思維的測試：它包括諸如「人們應該考慮到有違他們信念的證據」或「關注意見與你不同的人，比關注意見與你相同的人更有用」等陳述。顯然，這項測驗得分高的人在得到新資訊時，不會怯於更新他們的判斷（但不會反應過度）。

爲了說明超級預測者思考風格的特色，泰特洛克用「永遠的測試版」（perpetual beta）這個詞來描述：電腦程式設計師把這個詞用在無意發布最終版、但會無止盡的使用、分析和改良的程式。泰特洛克發現：「能否躋身超級預測者之列，最強勁的預測指標就是永遠的測試版，也就是一個人致力於更新信念和自我提升的程度。」[18]一如他所說的：「他們之所以這麼厲害，與其說是因爲他們自身的條件，不如說是他們所做的事：努力進行研究、縝密的思慮和自我批判、蒐集與整合其他觀點、細緻的判斷和不懈怠的更新。」他們喜歡一種特定的循環思考：「嘗試、失敗、分析、調整、再次嘗試。」[19]

預測裡的雜訊與偏誤

這時，你或許忍不住會想，人能否透過訓練而成爲超級預測者，或至少表現得更像他們。確實，泰特洛克和他的合作者確實就曾這麼做。他們的努力應該被視爲第二階段，理解超級預測者的表現爲什麼這麼出色、以及如何讓他們表現更好。

在一項重要的研究裡，泰特洛克和團隊將一般預測者（非超級預測者）隨機分成三組，測試不同的干預措施對後續判斷品質的影響。這些干預措施示範了我們描述提升判斷的三項策略：

1. **訓練**：幾名預測者完成一套課程，這是一套教導他們機率推理來提升預測能力的課程。在這套教學課程裡，預測者會學到各種偏誤（包括忽視基本率、過度自信和確認偏誤）；將來自多樣來源的多項預測進行平均的重要性；以及考慮參考類別。
2. **組隊（一種總合形式）**：他們要求一些預測者組成團隊來合作。在團隊裡，大家可以看到彼此的預測並進行辯論。組成團隊可以鼓勵預測者應對相左的論點，並採取主動開放心態，以增加準確性。

3. **挑選**：所有預測者都要接受準確度的評鑑，而在經過完整一年時，最頂尖的2%會被選為超級預測者，並有機會在接下來的一年加入菁英團隊一起工作。

實驗結果顯示，從參與者布里爾分數的進步程度來看，這三項干預措施都有效果。訓練會有影響，不過組隊的影響更大，而挑選的效果甚至更強。

這項重要的發現證實判斷的總合與挑選優秀判斷者的價值。但是，故事還沒結束。與泰特洛克和梅勒思合作的維爾・薩托帕（Ville Satopää）運用各項干預措施效果的相關數據，開發一項精細繁複的統計技巧，以找出各項干預措施究竟如何提升預測。[20]根據他的推論，為什麼有些預測者的表現會比其他人更好或更差，原則上有三個主要原因：

1. 在與他們必須做預測的相關環境裡，他們尋找、分析資料的技巧更好。這個解釋點出資訊的重要。
2. 有些預測者的錯誤傾向朝著特定方向偏離預測的真實數值。如果在數百個預測裡，你一律高估或低估現狀變動的機率，那表示你犯了某種形式的偏誤，偏好變動或穩定。
3. 有些預測者比較不受雜訊（或是隨機錯誤）影響。

> 預測就像任何判斷，雜訊可能有許多觸發因子。預測者可能對某條新聞反應過度（這就是我們說型態雜訊的一個例子），他們可能會受到場合雜訊的影響，又或者他們對機率量表的運用有雜訊。這些錯誤（還有許多其他錯誤），在規模和方向上都無法預測。

薩托帕、泰特洛克、梅勒思和同事馬拉特・薩利考夫（Marat Salikhov）把他們的模型稱爲預測的偏見、資訊與雜訊模型（bias, information, and noise model，簡稱BIN模型），並著手衡量這三項因素中，對於三項干預措施導致的績效各產生多少效果。

他們的答案很簡單：這三項干預措施的主要作用都是減少雜訊。一如研究人員所說，「如果干預措施能提振準確度，它主要是藉由壓制判斷的隨機錯誤來發揮作用。說來奇怪，訓練這項干預措施的本意是爲了減少偏誤。」[21]

既然訓練是爲了減少偏誤而設計，一個表現比超級預測者差一點的預測者會預期，減少偏誤是訓練的主要效果。然而，訓練的成效卻是來自雜訊的減少。這個意外的發現很容易解釋。泰特洛克的訓練是爲了對抗**心理**偏誤。你現在已經知道，心理偏誤的效應不一定是統計偏誤。心理偏誤以不同的方式在不同的判斷影響不同的個人時，就會產生雜訊。這裡顯然就是如此，因爲要預測的事件相當多樣。同樣的偏誤會導致一名預測者過度反應或反應不足，情況則是因主題而不同。我們不應該預期他們會產生**統計**偏誤，也就是一名預測者認爲事件會發生或不會發生的一般傾向。因此，訓練預測者對抗自己的心理偏誤會產生效果，憑藉的是減少雜訊。

組成團隊在減少雜訊上有相對較好的效果，但是它也能大幅提升團隊擷取資訊的能力。這個結果與總合的邏輯一致：在尋找資訊上，三個臭皮匠總是勝過一個諸葛亮。如果愛麗絲和布萊恩合作，而愛麗絲發現布萊恩錯失的訊號，他們共同的預測會更好。團隊合作時，超級預測者似乎能夠避開群體極化和資訊瀑布的危險。此外，他們還能夠匯集眾人的資料和見解，並本著主動開放心態，充分利用綜合的資訊。薩托帕和同事如此解釋這項優勢：「組成團隊，與訓練不同的地方是……能讓預測者善用資訊。」[22]

挑選的整體效果最大。有些進步來自善用資訊。超級預測者比其他人更善於尋找相關資訊，這可能是因爲他們比較聰明、有更強的動機，而且在做這類預測上也比一般參與者更有經驗。但是，還是一樣，挑選的主要效果是減少雜訊。超級預測者的雜訊比一般參與者、甚至訓練有素的團隊還低。這項發現也讓薩托帕和其他研究人員感到驚異：「超級預測者的成功或許要歸功於他們減少評量錯誤的卓越紀律，而不是對新聞的敏銳解讀。」[23]這些是別人無法複製的特質。

挑選和總合的效用何在

超級預測者計畫的成功凸顯兩項決策保健策略的價值：**挑選**（超級預測者就是超級厲害），以及**總合**（預測者在團隊合作時的表現較好）。這兩項策略可以廣泛應用在許多判斷上。你應該盡可能以結合兩項策略爲目標，挑選本身是高手**而且**彼此互補的判斷者（例如預測者、投資專業人士、召募人員），讓他們組成判斷團隊。

目前爲止，我們探究因爲將多個獨立判斷平均考量而成功提升準確度的例子，就像群眾智慧實驗一樣。總合高信度判斷者的估計值，能進一步提升準確度。不過，綜合獨立而互補的判斷，能讓準確度更上一層樓。[24]假設某件刑案有四名目擊證人，確保他們不會彼此影響當然是基本要件。此外，如果他們分別從四個不同的角度看到犯罪事件，他們提供的資訊品質會好得多。

組成專業團隊一起判斷，就類似在學校或在職場將一連串的測驗組合起來，以預測申請入學者與求職者的未來表現。執行這項工作的標準工具是多元迴歸（在第9章介紹過）。它藉由連續挑選變數來發揮作用。最能預測結果的測試最先挑選。然而，接下來挑選的測試不見得是效度第二高的，而是不但具備效度、而且與第一項測試沒有重疊，因而能在第一項測試之外**增加**最多預測力的變數。例如，假設你有兩項能力性向測驗，兩者與未來表現的相關性分別是

0.50與0.45，還有一項性格測驗，與未來表現的相關性只有0.30，但是與性向測驗不相關。那麼，最佳的解決方案是先挑選效度較高的性向測驗，然後挑選能增加最多新資訊的性格測驗。

同理，如果你要組一支判斷者團隊，當然應該先挑最好的判斷者。但是，你的第二個人選可能是效度中等、但能爲團隊引進新技能的人，而不是效度較高、但與第一個人選相似度很高的人。以這種方式選拔成員的團隊表現會比較好，因爲當大家的判斷彼此不相關時，彙集後的判斷在提升效度的速度上，比彼此相似的人所集結起來的判斷還快。這種團隊的型態雜訊相對偏高，這是因爲個人對每個案例的判斷都會不一樣。弔詭的是，有雜訊的群體所產生的平均值，準確度高於意見全體一致的群體所產生的平均值。

在這裡，有一件重要事項要注意。無論多元化程度多高，總合法只有在判斷眞正彼此獨立時才能減少雜訊。我們對雜訊的討論曾經特別強調，群體合議通常會比移除的雜訊增加更多偏誤的誤差。想要借用多元組織的力量，必須接納團隊成員各自獨立做判斷時會出現的歧見。徵詢並總合獨立而多元的判斷，通常是最容易、成本最低廉、應用也最廣泛的決策保健策略。

關於挑選與總合

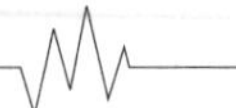

「我們取四個獨立判斷的平均值，保證能消除一半雜訊。」

「我們應該努力保持永遠的測試版狀態，就像超級預測者一樣。」

「在我們討論這個狀況之前，先說說相關的基本率是多少？」

「我們有一支優秀的團隊，但是我們要如何確保意見更多元？」

22
醫療診斷指引

幾年前，我們有個好朋友（姑且叫他「保羅」）被主治醫師（我們叫他「瓊斯醫師」）診斷出有高血壓。醫師建議保羅嘗試治療。瓊斯醫師開了利尿劑，但是沒有效果，保羅的血壓還是很高。瓊斯醫師以第二種療法應對，開了鈣離子通道阻滯劑，效果也很普通。

這些結果讓瓊斯醫師感到困惑。保羅連續3個月每週到診所報到一次，他的高血壓數字稍微下降，但還是太高。接下來要怎麼做並不明朗。保羅很焦慮，瓊斯醫師很苦惱，尤其是因爲保羅是個相當年輕的健康男士。瓊斯醫師正考慮嘗試第三種療法。

那時，保羅剛巧搬到一座新城市，在那裡找了一位新的主治醫師（我們叫他「史密斯醫師」）。保羅告訴史密斯醫師他與高血壓持續奮戰的經歷。史密斯醫師立刻回答道：「買一部家用血壓計，看看血壓數字如何。我完全不認爲你有高血壓。你可能只是有白袍症候群（white coat syndrome），這導致你的血壓在診間會升高！」

保羅按照醫師的指示做了，結果沒錯，他的血壓在家裡是正常的。從那時開始，他的血壓一直都處於正常值（而在史密斯醫師告訴他白袍症候群症狀的1個月後，他的血壓在診間也回歸正常）。

醫師有項主要工作是診斷，決定病患是否患了某種疾病，如果診斷出生病，就要找出患了什麼疾病。診斷通常需要某種判斷。在許多情況下，診斷是例行、多半機械化的工作，而且有現成的規則和程序，要把雜訊降到最低。醫師要決定某人是否肩膀脫臼或腳趾骨折通常很容易，某些更技術面的疾病問題也同樣不難診斷。量化肌腱退化的程度很少有雜訊。[1]病理學家判讀乳房病灶的粗針切片時，評估也相當直截了當，沒有什麼雜訊。[2]

重要的是，有些診斷完全不涉及判斷。健康照護領域通常是藉由移除判斷要素來取得進步，也就是從判斷轉變爲計算。以鏈球菌咽喉炎來說，醫師一開始會在病患的喉嚨以醫用棉花棒採樣，進行快速抗原檢驗。檢驗可以在很短的時間裡驗出鏈球菌（如果沒有快速抗原檢驗的結果，甚至有時候在有檢驗結果時，鏈球菌咽喉炎的診斷都會有雜訊。[3]）如果空腹的血糖值在126mg/dL以上，或是糖化血色素（HbA1c，測量血糖過去3個月的平均值）檢驗值在6.5

以上，那麼你就患有糖尿病。[4]新冠病毒疫情大流行的早期階段，有些醫師一開始做診斷時，根據的也是考量症狀之後所做的判斷；隨著疫情的發展，檢測變得更普遍，也讓判斷變得不必要。

許多人都知道，醫師做判斷時可能有雜訊，而且有可能會犯錯；一個標準的做法是建議病患尋求第二意見。有些醫院甚至會規定要有第二意見。[5]第二意見與第一意見出現分歧時，這就是雜訊，當然我們不清楚哪一位醫師是對的。有些病患（包括保羅）會因爲看到第二意見和第一意見有很大的差別而感到驚異。但是，我們應該驚訝的不是醫療業裡有雜訊，而是雜訊有多麼嚴重。

本章的目的是闡述這個主張，並描述醫療業用來減少雜訊的一些方法。我們會把焦點放在一項決策保健策略上，那就是診斷指引的發展。我們深知，對於醫療裡的雜訊，以及醫師、護士和醫院爲了補救雜訊問題所採用的各種步驟，很容易就可以寫成一本專書。值得注意的是，醫療的雜訊絕非只有這裡主要討論的診斷雜訊。治療也會有雜訊，而且有廣泛的文獻在處理這個主題。如果病患有心臟問題，醫師對於最佳療法的判斷也有很驚人的差異，無論問題涉及正確的用藥、正確的手術種類，或是否要進行手術，醫師的意見都各有分歧。達特茅斯宏圖計畫（Dartmouth Atlas Project）以超過25年的時間，致力於記錄「美國醫療資源在分布和使用上的明顯變異」。[6]許多國家也得到類似的結論。[7]然而，以我們的目的來說，簡單探索診斷裡的雜訊就已經足夠。

醫療雜訊概觀

醫療雜訊的討論有龐大的文獻。這些文獻儘管大部分都是實證研究，都在檢測雜訊的存在，但也有很多指示性分析（prescriptive）。那些涉及醫療照護的研究不斷尋求減少雜訊的策略，這些策略有許多形式，是值得許多領域考慮的構想金礦。

只要有雜訊出現，就代表其中有一位醫師顯然是對的，而且另一位醫師顯然是錯的（而且可能受到某種偏誤所害）。或許有人會預期，技術是重要因素。例如有一項針對放射科醫師肺炎診斷的研究就發現大量雜訊。[8]雜訊大部分源自技術的差異。更具體的說，「技術的變異可以解釋44%的診斷決策變異」，顯示「提升技術的政策比統一的決策指引更好」。這個領域與其他領域一樣，對於減少誤差與消除雜訊和偏誤，訓練和挑選很明顯是關鍵。[9]

在一些專科，像是放射科和病理科，醫師深知雜訊存在。例如，放射科醫師就稱診斷的變異是他們的「阿基里斯腱」。[10]放射科和病理科領域的雜訊之所以特別受到關注，究竟是因爲這些領域的雜訊確實比其他領域多，或單純是因爲這裡的雜訊比較容易留下紀錄，我們並不清楚。我們猜測，容易記錄是最主要的原因。在放射科比較容易進行簡單明瞭的雜訊測試。例如，你可以回頭重新檢視掃瞄影像或X光片，重新評量前一次的評估。

在醫藥學上，個體間的雜訊，或是稱爲**評分者間的信度**（interrater reliability），通常用**卡帕統計量**（kappa statistic）來衡量。[11]卡帕值愈高，雜訊愈少。卡帕值是1時，表示意見完全吻合；卡帕值爲0時，意見吻合程度就像是一群猴子朝著潛在診斷表射飛鏢一樣。根據這個係數所衡量的信度，醫療診斷的某些領域屬於「輕度」或「不佳」，這表示雜訊非常高。通常的情況是「一般」，這當然比較好，但是也存在大量的雜訊。在哪些藥物交互作用具臨床重要性的重要問題上，一般科醫師在檢視100種隨機挑選的藥物交互作用之後，結果顯示爲「意見吻合程度不佳」。[12]在外行人和許多醫師看來，不同階段的腎臟疾病診斷或許看似相對直截了當。但是腎臟科醫師判讀用於評估腎臟病患的標準檢測時，結果只顯示出「輕度到中度的意見吻合」。[13]

關於乳房病灶是否癌變這個問題，一項研究顯示病理學家的意見吻合程度只有「一般」。[14]在診斷乳房增生性病兆時，意見吻合程度還是只有「一般」。[15]醫師根據磁振造影（MRI）掃瞄結果評估脊椎狹窄症的程度時，意見吻合度也是「一般」。[16]這些發現值得深思。我們說過，在某些領域，醫療的雜訊水準非常低。但是，在有些相當技術性的領域，醫師的判斷仍然遠遠稱不上是零雜訊。一名病患是否被診斷患有嚴重疾症，如癌症，可能也取決於某種樂透，取決於問診的醫師是誰。

現在思考幾項文獻裡的其他發現，它們來自雜訊量看似特別值得注意的領域。我們描述這些發現，不是爲了對醫療執業的現狀提出武斷的陳述（畢竟醫療實務持續在演變與進步），而是爲了傳達一種對雜訊的普遍認知，有相對近期的認知，也有目前的情況。

1. 在美國，心臟疾病是男性與女性的頭號死因。[17]冠狀動脈血管攝影檢查是檢測心臟疾病的主要方法之一，在急性與非急性狀況下用於評估心血管的阻塞程度。在非急性狀況下，當病患反覆出現胸痛時，如果有一條或多條血管出現70％以上的阻塞，通常就會進行治療，例如置入心血管支架。然而，紀錄顯示，血管攝影檢查的解讀可能有差異，導致不必要的程序產生。一項早期研究發現，評估血管攝影檢查的醫師，對於主血管的阻塞程度是否超過70％，在31％的病例中會出現歧見。[18]雖然眾所周知心臟科醫師對血管攝影檢查的判讀有差異，醫界也有持續的努力和修正措施，但是問題仍有待解決。
2. 子宮內膜異位症是一種病症，會導致正常來說在子宮內部的子宮內膜細胞，長到子宮以外的部位。這種病症可能伴隨疼痛，並引發生育問題。它通常是透過腹腔鏡診斷，這是以手術讓小型攝影機進入身體的檢查方法。有一項研究讓108位婦科外科醫師看3名病患的腹腔鏡數位影像，其中兩人有子宮內膜異位症，但嚴重程度不同，而第三個人沒有。研究人員請這些醫師判斷子宮內膜異位病灶的數量和位置。結果，他們的意見嚴重分歧，在病灶的數量和位置上都呈現低度相關。[19]

3. 結核病是全球最普遍而致命的疾病，光是在2016年就造成超過1,000萬人感染、將近200萬人喪生。檢測結核病最廣爲使用的方法是照胸部X光，以檢視結核菌在肺部造成的空洞部位。結核病的診斷變異有將近75年的完善紀錄。雖然在過去數十年有所改善，研究仍然持續發現結核病診斷有大幅的變異，評分者間的一致程度爲「中度」，或只有「一般」。[20]在不同的國家，放射科醫師對結核病的診斷也有變異。[21]

4. 當病理學家分析皮膚病灶以查看是否有黑色素瘤（皮膚癌中最危險的一種），他們的意見只有「中度」一致。八位病理學家檢視同一個病例，只有62%的時候會全體意見一致或只有一位有異議。[22]另一項在腫瘤中心所做的研究發現，黑色素瘤的診斷準確度只有64%，這表示醫師診斷黑色素瘤時，每三個病灶就有一個誤診。[23]第三項研究發現，紐約大學的皮膚科醫師有36%的病例沒能從皮膚切片診斷出黑色素瘤。這項研究的作者做出結論：「臨床上無法正確診斷出黑色素瘤，對於患有這個潛在致命疾病的患者生存有很嚴重的影響。」[24]

5. 放射科醫師用乳房攝影篩檢來判斷乳癌時也有變異。一項大型研究發現，不同放射科醫師判斷的偽陰率，範圍從0%（這名放射科醫師每次都正確）到超過50%（這名放射科醫師會把一半的乳房攝影結果誤判為正常）。類似的情況是，偽陽率的範圍則是低於1%到64%（這表示有三分之二的病例，放射科醫師把正常的乳房攝影成像說成顯示有癌症）。[25]來自不同放射科醫師的偽陰和偽陽判斷，裡頭必然有雜訊。

在現存研究裡，這些個體間雜訊的案例隨處可見，不過也有發現場合雜訊。當醫師再次評估同樣的病例時，有時候會提出不同的觀點，呈現自我矛盾（不過他們與其他人意見相左的狀況更常見）。[26]在評估血管攝影檢查的血管阻塞程度時，有22%的醫師在63%到92%的病例判斷上會自我矛盾。[27]在涉及模糊標準和複雜判斷的領域，所謂的評分者間的信度可能非常不理想。[28]

這些研究沒有對這種場合雜訊提出明確的解釋。但是有另一項不涉及診斷的研究，指出醫療的場合雜訊有個簡單來源，這個發現值得病患與醫師銘記。[29]簡單說，醫師在一大早指示做癌症篩檢的可能性，遠高於在午後較晚的時間。在一個大樣本裡，開出乳房與結腸篩檢醫囑的比例最高是在早上8點的63.7%。然後，這些比例在整個早上一路下降到11點的48.7%，接著到中午上升到56.2%，然後又下降，到下午5點時為47.8%。於是，約診時間在一天中較晚時段的病患，比較不會得到癌症篩檢的指引建議。

我們如何解釋這些發現？一個可能的答案是，醫師在看過一名醫療問題複雜、診療耗時比平常一次20分鐘的時段還長的病患之後，看診進度幾乎一定會落後。我們已經提到壓力和疲倦在觸發場合雜訊所扮演的角色（參閱第7章），而這些條件似乎在這裡發揮了作用。有些醫師為了趕上進度，會跳過對預防性醫療措施的相關討論。另一個說明疲勞對臨床醫師產生影響的例子是：在醫院值勤接近換班時，確實洗手的比例較低。（洗手其實也有雜訊。）[30]

診斷指引的價值

詳細說明在不同醫療問題架構裡雜訊的存在與強度，不但對醫療是一大貢獻，對人類知識也是。[31]就我們所知，目前沒有這類說明；我們希望它遲早會出現。不過就算是現在，現有的發現也能夠提供一些線索。

在最極端的情況，有些問題和疾病的診斷基本上屬於機械化工作，不留任何判斷的空間。至於有些案例，診斷並沒有機械化，但直截了當；任何受過醫療訓練的人都非常有可能做出同樣的結論。還有些案例，某個程度的專業分工就足以確保雜訊處於最低水準，例如肺癌專科醫師。而在另一個極端，有些案例有很大的判斷空間，而診斷的標準極爲開放，以至於雜訊事關重大，而且難以減少。我們接下來會看到，精神病學大部分都屬於這一類。

怎麼做才可能有效減少醫療的雜訊？一如我們提到的，訓練可以提升技能，而技能當然有幫助。[32]總合多個專家判斷也有幫助（例如第二意見等類似做法）。[33]演算法尤其深具潛力，而且醫師現在還在運用深度學習演算法和人工智慧來減少雜訊。例如，這類演算法已經用來偵測女性乳癌患者的淋巴結是否轉爲癌症。研究發現，最好的演算法表現優於最好的病理學家，而演算法當然沒有雜訊。[34]深度學習也用來偵測與糖尿病有關的眼疾，而且相當成功。[35]人工智慧從乳房攝影檢查來偵測癌症的成效，現在已經和放射科醫師一樣好，[36]人工智慧進一步的發展將會證明它的優越性。

醫療業在未來可能會愈來愈仰賴演算法；它們有潛力可以減少偏誤和雜訊，也能在這過程中挽救生命並節省金錢。但是，我們在這裡的重點是人類判斷的指引，因爲醫療領域有助於凸顯出，人類判斷的指引如何在某些應用產生良好、甚至優異的結果，但是在其他應用的結果則優劣互見。

診斷指引最有名的例子或許是1952年由產科痲醉師維吉妮亞．阿普嘉（Virginia Apgar）發展出來的阿普嘉新生兒評分（Apgar score）。評估新生兒是否有窘迫現象一向是由醫師與助產士進行臨床判斷。阿普嘉評分則給他們一個標準的指引。評量者要評估嬰兒的皮膚顏色、心跳速率、刺激反射、肌肉張力以及呼吸強度，有時候可以將這些項目的第一個字母總結縮寫爲阿普嘉的名字「APGAR」：**外觀**（appearance，即膚色）、**脈搏**（Pulse，即心跳速率）、**表情**（grimace，即反射）、**活動**（activity，指的是肌肉張力）和**呼吸**（Respiration，指呼吸速率和強度）。在阿普嘉測試裡，這五項評量項目的分數都分爲0分、1分或2分。總分最高分爲10分，非常少見。7分以上都顯示健康良好（見表3）。

請注意，心跳速率是評分中唯一嚴格的數字條件，其

表3：阿普嘉評分指引[37]

類別	分數
外觀（膚色）	0：全身發青或蒼白 1：身體紅潤，但是四肢發青 2：完全紅潤或正常膚色
脈搏（心跳速率）	0：沒有心跳 1：心跳少於每分鐘100下 2：心跳在每分鐘100下以上
表情（反射）	0：對呼吸道的刺激沒有反應 1：刺激時會皺著臉 2：刺激時會皺著臉並咳嗽或打噴嚏
活動（肌肉張力）	0：四肢無力 1：四肢有部分反射（彎曲） 2：主動動作
呼吸（呼吸速率和強度）	0：沒有呼吸 1：哭聲微弱（嗚咽或咕嚕） 2：哭聲良好、有力

他項目則都涉及判斷要素。但是由於判斷被分解成個別要素，因此每一個要素的評估都直截了當，只要是受過起碼程度訓練的執行者，意見不太可能出現很大的出入，因此阿普嘉評分的雜訊很少。[38]

阿普嘉評分是診斷指引如何發揮作用，以及爲什麼能減少雜訊的範例。不像規定或算術，診斷指引不會消除判斷的必要性，因爲決策不是直截了當的運算。每一個項目仍然可能出現歧見，最後的結論也是。然而，診斷指引能成功減少雜訊是因爲它們把一個複雜的判斷分解成許多較爲簡單的子判斷，而且以預先定義的衡量面向作爲判斷依據。

如果從第9章討論的簡單預測模型來看這個問題，這個方法的好處就很清楚。判斷新生兒健康狀況的臨床醫療人員，是從幾個預測線索來判斷。場合雜訊或許會產生影響：可能是在某個日子裡或是在某種心情下，臨床醫療人員可能會注意到相對不重要的預測指標，或是忽略重要的預測指標，這種情況不會發生在其他的日子裡或另一種的心情下。阿普嘉評分讓醫療專業人士關注實證上已知很重要的五項指標。然後，評分清楚的描述每個線索要如何進行評量，大幅簡化每個在線索層級的判斷，因此減少雜訊。最後，阿普嘉評分具體指明預測指標機械化的權重分配，以產生所需要的整體判斷，反觀人類臨床醫療人員給這些線索的權重則會因人而異。聚焦在重要的預測指標、預測模型的簡化，以及機械化的總合方法，這些措施都減少了雜訊。

許多醫學領域都採用類似的方法。用於診斷鏈球菌咽喉炎的診斷指引「森特評分」(Centor Score)就是一個例子。病人有以下症狀或病兆時，一項給1分(這項診斷指引是由羅伯特·森特〔Robert Centor〕與同事最早總結出來的，就像阿普嘉評分，森特評分各個項目的第一個字母，也與創始者姓氏的字母吻合)：沒有**咳嗽**(cough)、出現**滲出液**(exudates，喉嚨後方有白色斑塊)、頸部的淋巴**結**(lymph nodes)疼痛或腫脹，**體溫**(temperature)超過華氏100.4度(攝氏38度)。是否要進一步做咽喉拭子來診斷是否罹患鏈球菌咽喉炎，則視病患的得分數而定。運用這個量表做評估和評分相對直接而明確，能有效降低患者進行不必要的測試和治療的人數。[39]

同樣的，乳癌診斷也有一套乳房影像報告和數據系統(breast imaging reporting and data system, BI-RADS)作爲診斷指引，以減少乳房攝影解讀的雜訊。有一項研究發現，BI-RADS能增加乳房攝影評估時評估者間的一致性，顯示在具顯著變異性的領域，診斷指引能有效減少雜訊。[40]在病理學裡有許多運用診斷指引成功達到相同目標的做法。[41]

傷腦筋的精神病學案例

以雜訊來說，精神病學是個極端的例子。精神科醫師運用同樣的診斷標準來診斷同一名病患，不過他們的意見還是經常出現分歧。因此，至少可追溯自1940年代，減少雜訊一直是精神病學界的優先要務。[42]我們會看到，雖然診斷指引不斷精進，但是對於減少雜訊的助益還是平平。

1964年一項涵蓋91名病患和10名有經驗的精神科醫師的研究發現，兩個診斷意見一致的可能性只有57%。[43]另一項早期的研究（網羅426名州立醫院病患，由兩名精神科醫師獨立診斷）發現，兩名醫師一致診斷病患爲某種精神疾病的比例只有50%。然而，在另一項有153名門診病患參與的研究，診斷一致的比例則是54%。這些研究沒有具體指出雜訊的來源。不過，耐人尋味的是，研究發現有些精神科醫師傾向把病患歸爲特定診斷類別。例如，有些精神醫師特別傾向診斷病患爲憂鬱症，而有些醫師則是傾向診斷爲焦慮症。

我們很快會看到，精神病學的雜訊水準一直很高。爲什麼會這樣？對於這個問題，專家沒有單一而清楚的答案（這表示雜訊的解釋本身也有雜訊）。數量龐大的診斷類別無疑是一個因素。不過，有一項爲了回答這個問題的初步研究，研究人員請一名精神科醫師與一名病患談話，然後在短暫休息後，再讓第二名精神科醫師進行另一次談話。之後，這兩名醫師開會，如果兩人的意見不同，就討論他們爲什麼會抱持不同主張。[44]

一個經常出現的原因是「醫師的反覆無常」，有不同的思想學派、不同的訓練、不同的臨床經驗、不同的問診風格。儘管「有受過發展訓練的臨床醫療人員，可能會把幻覺經驗解釋爲後創傷經驗的一部分」，另一個「生物醫學取向的臨床醫療人員，或許會把幻覺經驗部分歸因爲精神分裂的部分過程。」[45]這樣的不同就是有型態雜訊的例子。

然而，除了醫師的差異，雜訊的主要原因是「專業名詞的不足」。這項觀察和專業醫師對精神科命名普遍的不滿，促成1980年改版（第三版）的《精神疾病診斷與統計手冊》（*Diagnostic and Statistical Manual of Mental Disorders*，簡稱DSM-III」。這本手冊首次納入具體而詳細的精神疾病診斷標準，是邁向診斷指引發展的第一步。

DSM-III引發對診斷是否有雜訊的相關研究爆增。[46]但是這本手冊稱不上完全成功。[47]即使是2000年大幅改版的第四版（DSM-IV，原版爲1994年出版），研究也顯示雜訊水準仍然很高。[48]一方面，阿米德．阿博拉亞（Ahmed Aboraya）和同事做出的結論是：「精神科疾病診斷標準的運用，顯示精神科診斷信度的提升。」[49]另一方面，「單一病患的病歷紀錄顯示，同個病患會得到多種診斷」的嚴重風險還是持續存在。[50]

這本手冊的另一版本DSM-5在2013年發行。[51]美國精神醫學學會（American Psychiatric Association）希望DSM-5能減少雜訊，因爲新版仰賴更客觀、更清楚的標準。[52]但是精神科醫師還是持續出現明顯的雜訊。[53]例如，山謬．里伯利赫（Samuel Lieblich）和同事發現：「精神科醫師對於是否患有嚴重憂鬱症的診斷很少會有相同的看法。」[54] DSM-5的實地試驗發現：「意見低度吻合」，也就是在研究設定的條件下，訓練有素的精神專科醫師，對於一名病患是否有憂鬱症，意見一致的機率只有4%到15%。[55]有些實證試驗顯示，DSM-5其實讓情況更糟：「在所有主要領域」，都出現雜訊增加的情況，「有些診斷，像是合併焦慮憂鬱症（mixed anxiety-depressive disorder, MADD）……在臨床實務中實在毫無用途。」[56]

診斷指引的成效有限，主要原因似乎是在精神醫學這個領域，「有些疾病的診斷標準仍然很模糊，而且難以操作化（operationalize）。」[57]有些診斷指引把判斷分解成能減少歧見的標準，以降低雜訊，但是由於這些標準還是有相當大的自由發揮空間，雜訊仍然會出現。有些重要的建議方案考量到這點，因而訴諸於更標準化的診斷指引。其中包括（1）明定診斷指標，捨棄模糊的標準；（2）根據「當臨床醫師對於病患是否出現症狀的意見一致，他們更有可能有一致的診斷」這個理論，建立症狀與症狀嚴重程度的「參照定義」；還有（3）在開放式對話之外，運用結構化的病患問診指引。[58]有一個問診指引建議方案包括24個篩選問題，如焦慮、憂鬱和飲食失調，以得到更可靠的診斷。

這些步驟聽起來很有發展潛力，至於它們能成功減少多少雜訊，答案仍然有很大的彈性。借用一名觀察者的話：「由於這要仰賴病患的主觀症狀、臨床醫師對症狀的解讀，加上缺乏客觀檢測量度（如血液檢測），都爲精神疾病診斷埋下不可靠的種子。」[59]由此來看，精神科醫學可能眞的對降低雜訊的方法有特別頑強的抵抗力。

對於這個問題，要做出把握十足的預測還言之過早。但是，有一件事很清楚。在一般醫療領域，診斷指引對減少偏誤和雜訊都有很高的成效。它們在過程中幫助了醫師、護理師和病患，也增進公共衛生。醫療產業需要更多診斷指引[60]。

關於醫療診斷指引

「醫師之間的雜訊水準可能遠高於我們的猜測。在診斷癌症和心臟疾病，甚至是判讀X光片時，專科醫師有時候會出現歧見。這表示病患會得到什麼治療，或許就像買樂透一樣。」

「醫師認為自己無論是星期一或星期五、清晨或傍晚都會做同樣的決定。但是事實顯示，醫師的言行或許取決於他們的疲倦程度。」

「醫療指引能讓醫師比較不會因為犯錯而損及病人的利益。這類指引也能幫助整個醫療業，因為它們能減少變異。」

23

績效評鑑量表的制定

我們先從一項練習開始。請選出三個你認識的人，可能是朋友或同事。接著，以1分爲最低分，5分爲最高分，請評鑑這三個人在以下三個特質的表現，包括善良、聰明與勤奮。現在，再請另外一個熟識他們的人，例如你的另一半、最好的朋友或最親近的同事，也對同樣的三個人對這三個特質評分。

在有些項目的評分中，你和其他評鑑者很可能給出不同的數字。如果你（以及你的伙伴）願意，請討論這些差異的原因。你或許會發現，答案就是你們運用量表的方式不同，也就是我們所說的水準雜訊。或許你認爲表現要特別出色才能得到5分，而另一位評分者認爲只要表現還不錯就可以給5分。又或許你們出現差異的原因是你們對這些接受評分的人有不同的看法：你對於他們是否善良的理解，或者那項美德究竟如何定義，可能與其他評鑑者有不同的看法。

現在，假設接受評鑑的三個人可能會因此影響升官或獎金。假設你和其他評鑑者是在一家重視善良（或者合群）、聰明和勤奮的公司擔任績效評鑑工作。這時，你們的評分會有差異嗎？差異會像先前的練習那麼大嗎？還是甚至會有更大的差異？無論這些問題的答案如何，政策方針與量表的差異都可能產生雜訊。事實上，各種組織環境的績效評鑑工作，普遍都能看到這個現象。

績效評鑑是判斷工作

幾乎所有大型組織裡，都會定期對績效進行評鑑。接受評等的人都不喜歡這樣的經驗。就像有個報紙標題說〈研究發現，基本上人人都討厭績效考核〉。[1]（我們認為）每個人也都知道，績效評鑑會受到偏誤和雜訊的影響。但是，大部分人並不知道它們的雜訊有多嚴重。

在一個理想的世界，評估一個人的表現並不是一種判斷工作；客觀事實就足以決定一個人的表現如何。但是，大部分現代組織都不像亞當．斯密（Adam Smith）說的那個別針工廠，每個工人的產出都可以衡量。財務長或研究主管的產出是什麼？今日的知識工作者要在多個、有時候相互矛盾的目標間求取平衡。只注重其中一項目標可能會產生錯誤的評量，而且帶來有害的誘因效應。比方說，醫師每日看診的病患人數是醫院生產力的重要動因，但是你不會希望醫師全心全意只著眼於這個指標，更不用說只以它作爲評估和獎勵的唯一基礎。即使是可量化的績效評量指標，比方說業務人員的銷售額，或是程式設計師寫的程式碼行數，評量時也必須有參考框架：不是所有的顧客都一樣難伺候，也不是所有的軟體開發專案都會一模一樣。有鑑於這些挑戰，許多人無法完全依照客觀的績效指標進行評量。因此，以判斷爲基礎的績效評鑑無所不在。[2]

25%是訊號，75%是雜訊

關於績效評鑑的實務研究，已有數千篇論文發表。大部分研究人員都發現，績效評鑑的雜訊過多。[3]這個引人警惕的結論多半來自以360度績效評鑑爲依據的研究，這是由多個評鑑者對同一個受評者提出評估意見。這種分析的結果並不好看。研究經常發現，眞正的變異（也就是可歸因於當事人績效的變異），不超過整體變異的20%至30%。剩下的70%至80%的變異，都是系統雜訊。[4]

這個雜訊從何而來？我們從多項針對工作績效評鑑變異的研究得知，系統雜訊的所有要素都在其中。[5]

在績效評鑑的架構下，相當容易描繪這些要素。接下來我們就以琳恩和瑪麗這兩位評鑑者爲例。琳恩的評鑑很寬容，瑪麗的評鑑則很嚴格，意思是以全體受評者來看，平均而言，琳恩給的評鑑分數都比瑪麗高，因而會產生水準雜訊。我們在討論法官量刑時曾指出，這個雜訊可能表示琳恩和瑪麗對受評者的觀感真的不同，不然就是這兩名評鑑者對受評者的觀感相同，只是運用不同的評鑑量表來表達相同的看法。

現在，如果琳恩要評鑑你，不巧的是，她對你和你的貢獻的看法特別糟糕。她對你的特殊反應（而且是負面反應）抵銷她普遍表現出的寬容態度。這就是我們說的穩定型態：特定評估者對特定受評者的反應。由於這個型態是琳恩獨有的（而且她對你的判斷也是獨有的），所以是型態雜訊的來源。

最後，或許瑪麗在塡寫評鑑表之前，在公司停車場發現她的車被別人撞凹了，也或許琳恩才剛拿到一筆極爲豐厚的個人專屬獎金，因此在評估你的績效時心情特別好。這種事件當然會產生場合雜訊。

系統雜訊如何拆解成這三個要素（水準雜訊、型態雜訊和場合雜訊），結論因研究而異，至於它如何因組織而異，我們當然也可以想像得到原因。但是，所有形式的雜訊都是我們不樂見的。這項研究傳達一個簡單的基本訊息：績效評鑑與受評者的表現之間的關聯大部分都不如預期。有項評論總結道：「工作表現與工作表現評鑑之間可能只有薄弱的關聯，充其量只能說關聯不確定。」[6]

此外，有很多原因可以說明爲什麼組織裡的績效評鑑或許也無法反映評鑑者對一名員工眞正表現的認知。[7]例如，或許評估者其實並不想追求評鑑的準確度，而是採取「策略性的」評鑑員工。[8]此舉背後有各種動機，比方說，或許評鑑者刻意在評分時灌水，目的是規避煎熬的回饋對話，或是偏袒一個等升遷等很久的人，甚至說來弔詭的是，是爲了擺脫一個績效低落的團隊成員，因爲他需要很好的考績才能獲准轉調到其他部門。

這些策略上的算計當然會影響評鑑結果，但這並不是雜訊唯一的來源。我們能知道這點，要歸功於一種自然實驗：有些360度回饋制度只用於人力發展的目的。在這些制度下，評鑑者會被告知，回饋意見不會用於工作績效評鑑。如果評鑑者眞的相信如此，這個方法能讓他們在評鑑時打消評分灌水或是刻意扣分的念頭。結果，爲了發展而做的評鑑的回饋品質確實有差異，但是系統雜訊仍然很高，而且在變異的占比還是遠高於受評者表現變異的占比。即使是純粹爲了人力發展而進行的回饋，評鑑仍然有雜訊。[9]

一個早就發現卻沒有解決的問題

如果績效評鑑制度的毛病這麼多，評量績效的人應該已經留意到這些缺點並予以改良。確實，在過去數十年來，組織對那些制度進行無數的改革實驗。這些改革採用一些我們已經概述的減少雜訊策略。我們認爲，還可以做得更多。

幾乎所有組織都採用減少雜訊的**總合**策略。講到評等的總合，我們通常會聯想到1990年代成爲大型企業標準實務的360度評鑑制度。（《人力資源管理》〔*Human Resources Management*〕期刊在1993年曾經出版一期360度回饋制度的特刊。）

取幾個評鑑者的評分計算平均值，儘管有助於減少系統雜訊，不過値得注意的是，360度回饋制度並不是爲了修正這個問題而發明的。它們的主要目的是超越主管的視野，大幅拓展衡量的範圍。如果要對你的績效評鑑發表意見的人不只是你的主管，還有你的同儕和部屬，評鑑中看重的事物本質也會因此改變。理論主張，這會是更好的轉變，因爲今天的工作涉及的不只是討好主管。360度回饋制度受歡迎程度的提升，符合流動性、專案導向組織普遍的發展趨勢。

有些證據顯示，在預測客觀可衡量的績效時，360度回饋制度是有用的工具。[10]可惜的是，回饋制度的運用本身會製造難題。隨著電腦化的發展，在回饋制度中增加更多評鑑問題變得毫不費力，而且隨著企業快速增加多種目標和限制在職務描述的層面上，許多回饋問卷也變得複雜到令人咋舌。過度設計的問卷到處都有（有個例子是評鑑者要對每個受評者在11個面向上進行46項評估）。[11]只有超人評鑑者才有辦法回想並準確處理眾多受評者在眾多面向的相關表現。某些方面來說，這種過度複雜的方法不但沒有用，還會造成危害。我們已經看到，光環效應意味著，理應分開考量的面向，事實上不會得到個別單獨的處理。在頭幾個問題強烈的正面或負面評估，通常會把後續問題的答案推往同一個方向。

甚至更重要的是，360度回饋制度的發展，讓投入於提供回饋的時間呈指數成長。中階主管要完成各層級同事的評鑑，做數十份問卷是家常便飯，有時候他們甚至還要評鑑其他組織的窗口人員，因爲有許多公司現在都會向顧客、供應商和其他事業伙伴徵詢回饋。無論立意有多好，當暴增的需求落在時間有限的評鑑者身上時，我們無法期待他們提供的資訊品質會提升。在這種情況下，爲了減少雜訊所付出的成本或許並不划算，我們會在第六部討論這個問題。

最後，360度回饋制度也無法倖免於所有績效衡量制度幾乎都有的問題：緩升型評分膨脹。有一家大型工業公司曾經發現，它有98%的主管都被評爲「完全符合預期」。[12]要是幾乎每個人都得到最高評等，那麼我們對這些評等的價值有疑慮也相當合理。

相對判斷的優點

理論上，評分膨脹問題的一個有效解決辦法，就是對評分做標準化處理。一個以此爲目標的常見實務是**強制排序**（forced ranking）。[13]強制排序制度不但防止評鑑者給每個人最高評等，也強制他們的評等遵守預先決定的分布。傑克・威爾許（Jack Welch）擔任奇異執行長時擁護強制排序制度，以此遏止績效評鑑的評等膨脹，並確保績效評鑑的「坦誠」。許多公司都採用這個做法，只不過後來廢除，並提到它對士氣和團隊合作會產生不理想的副作用。

無論它們有何缺點，排序的雜訊還是比評等的雜訊更少。我們在懲罰性賠償的例子裡看到，相對判斷的雜訊比絕對判斷的雜訊少得多，而這個關係也適用於績效評鑑。[14]

爲了理解原因，請見圖17。圖17有兩種評鑑員工的量表範例。A式採用絕對量表評鑑員工，需要我們所稱的配對運作：根據你對這位員工「工作品質」的印象，找出一個最接近的評等。對比之下，B式則是要求評鑑者在特定面向（例如，安全性）把每個人和一個群體做比較。主管必須用

圖17：絕對評等量表與相對評等量表的範例[15]

A式

員工A的工作品質：

1	2	3	4	5
非常差	差	普通	好	非常好

B式

請為你的部屬在**安全性**的表現評等。**安全性**指的是員工遵守適當規則和規範的程度、在工作上安全行事的做法，並展現出對安全工作實務的意識和了解。

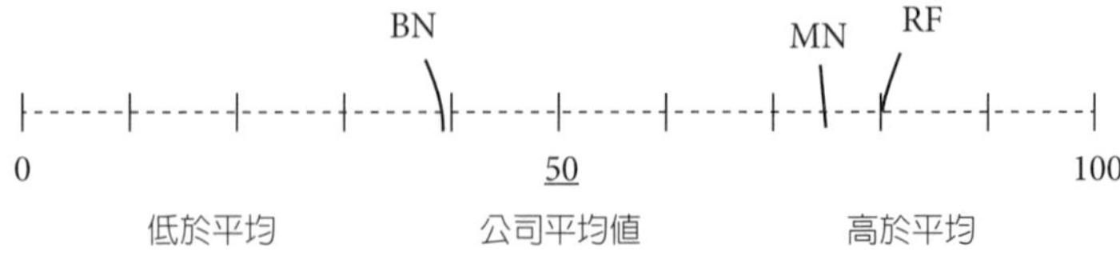

百分位量表，指出一名員工在特定群體裡的排序（或百分位）。我們可以看到，負責評鑑的主管把三名員工放在同一個量表上。

B式的方法有兩個優點。首先，一次用一個面向評估所有員工（在這個例子裡是「安全性」），點出我們會在下一章詳細討論的減少雜訊策略：**結構化**，也就是把一個複雜判斷解構成幾個面向。結構化是爲了限制光環效應，讓單一個人在不同面向上的評分維持在一個小範圍內。（當然，只有各個面向分開評估，結構化才會有效，就像圖17這個例子一樣：用「工作品質」這種定義不清的總體判斷來評估員工，無法減少光環效應。）

第二，一如我們在第15章的討論，排序能同時減少型態雜訊和水準雜訊。相較於逐一給每一個人評分，你在比較兩名團隊成員的表現時，比較不會不一致（或是產生型態雜訊）。更重要的是，排序能自動消除水準雜訊。如果琳恩和瑪麗要評估同樣的20名員工，而琳恩比瑪麗寬容，她們的平均評分會不同，但是平均排序不會。寬容的評估者與嚴格的評估者用的是同樣的排序。

確實，減少雜訊是強制排序的主要目的，確保所有評估者的評估都有同樣的平均值和同樣的評分分布。規定評分的分布，就是強迫分級。例如，可能有規定會要求，最高評級的受評者不能超過20%，而最低評級的員工不能低於15%。

排序，但不強制

因此，原則上，強制排序應該能帶來迫切需要的改良。然而它通常會適得其反。我們在這裡無意檢視它所有的不良效應（這通常是執行出了問題，而不是原則有問題）。但是，強制排序制度有兩個議題能提供一些通用的教訓。

第一個是絕對績效與相對績效的混淆。任何公司當然不可能有98%的經理人都在同儕群體裡排名前20%、50%，甚至80%。但是，他們全都「達成期望」並不是不可能的事，只要這些期望是在事前以**絕對條件**來定義。

許多經理人會反對「幾乎所有員工都達成期望」的看法。他們主張，如果是這樣，那麼那些期望必然很低，或許是自滿文化所造成。誠然，這種解釋可能是眞的，但是大部分員工眞的都達成**高**期望也是有可能的。沒錯，這正是我們可以在高績效組織裡看到的狀況。如果你聽聞在一項成功的太空任務裡所有的太空人都完全達成期望，你不會嗤之以鼻的認爲NASA的績效管理程序太過寬鬆。

結論就是，只有組織關注相對績效時，取決於相對評量的制度才適當。比方說，無論表現如何，只有固定比例的人能夠晉升，那麼相對評比或許就有道理。上校升將軍的考評就是如此。但是，如果目的是在衡量**絕對**績效水準，一如許多公司的情況，那強制實施相對排名就不合乎邏輯。規定固定比例的員工必須評爲未達成（絕對）期望，不只是殘忍，還很荒謬。若是軍隊規定某個菁英單位必須有10%的人被評爲「差強人意」，這是愚蠢的指示。

第二個問題是，假設評等的強制分布能反映眞實績效的分布，通常會接近常態分布。然而，即使受評母體的績效分布已知，同樣的分布或許也無法在較小群體裡重現，像是由單一評鑑者評量的那群人。如果你從數千人的母體隨機挑選10個人，也不能保證其中剛好有兩個人是落在母體的前20%。（說「不保證」還算客氣：剛好有兩人位於前20%的機率只有30%。）實務上，這個問題甚至更糟，因爲團隊不是隨機組成。有些單位的人員幾乎全是高績效者，有些單位則是表現低於平均的員工。

無可避免的，在這種環境下，強制排序會導致錯誤和不公平。假設一名評鑑者的團隊是由五個表現不分軒輊的人所組成。對這個無差別的實際情況強制做差異化的評等分布，不但無法減少錯誤，反而會讓錯誤增加。

強制排序的批評者通常會把炮火瞄準排序的原則，把它斥爲野蠻、沒有人性，而且最終將會損害生產力。無論你是否接受這些論點，強制排序的致命缺陷並不是「排序」，而是「強制」。只要判斷被強制塞進一個不適合的量表，無論是因爲以相對量表評量絕對表現，或是因爲判斷者被迫要在不分高下的情況裡硬要判出個高下，選擇這種量表，雜訊就會自動增加。

那接下來該怎麼做？

儘管組織爲了提升績效衡量做了種種努力，但我們還是要委婉的說：結果並不盡如人意。績效評估的成本因爲這些努力而飆升。2015年，德勤（Deloitte）算出每年要投入200萬小時評估6萬5000名員工。[16]績效檢討一直是組織裡最令人畏懼的一項儀式，進行績效檢討的兩方幾乎都很痛恨。有項研究發現，居然有高達90%的管理者、員工和人資主管都相信，他們的績效管理流程無法傳達他們預期的成效。[17]研究已經證實大部分經理人的經驗。績效回饋與員工的發展計畫相關時，雖然能帶來進步，但是員工因爲最常實行的績效評比受到的打擊，卻和得到的激勵一樣多。有一篇評論文章總結道：「爲了改善（績效管理）流程，數十年來無論做出什麼嘗試，仍然不斷產生不準確的資訊，對於提升績效其實一無所獲。」[18]

絕望之餘，有一群爲數不多、但數量增長中的企業，正在考慮一個極端的選擇，那就是完全廢除評量制度。這場「績效管理革命」的擁護者包括許多企業、一些專業服務組織，還有幾家傳產公司，他們的目標是著重於發展式、未來導向的回饋，而不是評估式、回顧過去的評量。[19]有幾家公司採用的評估甚至沒有數字，意味著他們拋棄傳統的績效評分。

至於不打算放棄績效評等的公司（而且這些公司占壓倒

性多數），可以做些什麼事來改進這個制度？還是一樣，有一項減少雜訊的策略與挑選正確的量表有關。它的目標是確保有一個**共同的參考框架**（common frame of reference）。研究顯示，改良後的評等格式與評鑑者的訓練結合，有助於提升評鑑者在使用量表上的一致性。

起碼，績效評等量表必須以具體的描述為基準，而且描述必須夠具體，足以產生一致的解讀。有許多組織都採用**行為定錨評定量表**（behaviorally anchored rating scales），量表的每個分級都有對應的具體行爲描述。圖18的左半部就是一個例子。

然而，證據顯示，行爲定錨評定量表不足以消除雜訊。但更進一步的**參考框架訓練**（frame-of-reference training），顯示有助於確保評鑑者間的一致性。[20]在這個步驟，評估者接受訓練，以辨識績效的不同面向。他們用影片練習績效的評等，然後會得知他們的評等和專家所提供「眞正」評等的對照結果。[21]績效影片可以作爲參考案例；績效量表的每個定錨點都用一段影片來定義，由此構成一個**案例量表**（case scale），如圖18的右半部所示。

有了案例量表，新受評者的每個評等都是和定錨案例做比較而來。評鑑成爲相對判斷。和評等比起來，比較型判斷較不會受到雜訊所害，因此和運用數字、形容詞或行爲描述的量表比起來，案例量表更爲可靠。

參考框架訓練的問世有數十年，已經證明可以產生雜訊

圖 18：行為定錨評定量表（左）與案例量表（右）[22]

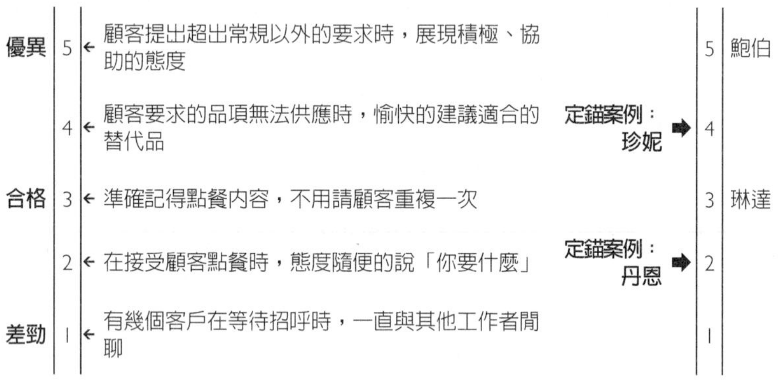

較少、準確度較高的評等。然而，它的普及度卻很低。其中的原因並不難猜。參考框架訓練、案例量表和其他追求相同目標的工具既複雜又費時。它們通常需要依執行評鑑的公司、甚至單位進行客製化才能發揮價值，而它們也必須隨著工作描述的演變而經常更新。這些工具需要公司在已投入巨資的績效管理系統之外再增加投資。目前的潮流正好反其道而行（我們會在第六部對減少雜訊的成本有更多說明。）

此外，組織在撫平能夠歸因於評鑑者的雜訊時，也會損及評鑑者影響評等而追求個人目標的能力。要求管理者接受額外的評鑑者訓練、爲評等流程投入更多心力，還要放棄部分控制權，絕對會招致相當強烈的抗拒。關於這點，從評鑑者參考框架訓練的研究目前多半以學生爲研究對象，而不是實際的管理者，可知其中端倪。[23]

績效評鑑這個重大主題衍生出許多問題，有實務上的問題，也有哲理上的問題。例如，有些人會問，在今日的組織裡，成果通常取決於人與人彼此的互動，那麼個人績效這個觀念還有多少意義。如果我們相信這個觀念確實有意義，我們就必須思考，個人績效水準在特定組織裡的分布狀況：比方說，績效是否符合常態分布，或是有「明星人才」存在，他們的貢獻占比超乎尋常。[24]如果你的目標是激發大家發揮最佳表現，你可以自問一個合理的問題：評量個人績效，並透過恐懼和貪婪來讓評量結果激勵人們，是不是最好的方法（甚至是有效的方法）。

如果你要設計或修改績效管理制度，你就需要回答這些問題，以及其他更多問題。在這裡，我們沒有檢視這些問題的雄心，不過我們要提出一個小小的建議：如果你眞的要衡量績效，你的績效評鑑可能已經瀰漫著系統雜訊，因此，它們基本上可能不但沒有幫助，反而相當有可能會傷害生產力。減少雜訊是一個無法以簡單的科技方法化解的挑戰。它需要我們清楚思考，我們期望評鑑者做什麼判斷。你很可能會發現，你可以藉由清楚釐定評等量表，以及訓練量表使用者以一致的方式運用量表，來提升判斷品質。這項減少雜訊的策略可以應用於其他許多領域。

關於量表的界定

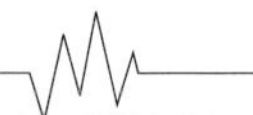

「我們花很多時間做績效評鑑，可是評鑑結果只有四分之一反映績效，四分之三都是系統雜訊。」

「我們試過360度回饋制度和強制排序法來解決這個問題，但是我們可能反而讓事情變得更糟。」

「如果有這麼多水準雜訊，這是因為不同的評鑑者對於什麼是『良好』或『優異』有完全不同的想法。只有我們給他們具體的案例作為評分量表上的定錨點，他們的解讀才會一致。」

24
人員召募結構化

如果你曾經爭取到一份工作，**召募面試**一詞可能會挑起一些鮮明而沉重的回憶。工作面試是進入許多組織必經的儀式，這是應徵工作的求職者與未來的主管或人力資源專業工作者會面的場合。

大部分的面試都遵照一套熟練的劇本走。在一陣客套寒暄之後，面試官請求職者描述他們的經驗，或詳述某些資歷。像是成就和挑戰、應徵這份工作的動機，或是改善公司的想法等，都在面試的問題之列。面試官通常會請求職者描述他們的個性，並解釋他們爲什麼適合這項職務，或是符合公司文化。到了尾聲，求職者通常有機會提幾個問題，而面試官當然也會把這些提問的重要性和深度列入評估。

如果你現在負責員工召募的工作，你的篩選方法可能就包含這個儀式的某個版本。有位組織心理學家就指出：「沒有經過某種面試而雇用人的情況很罕見，甚至是不可思議的事。」[1]幾乎所有的專業工作者在這些面試裡做出雇用決策時，或多或少都仰賴他們的直覺判斷。[2]

就業面試無所不在，這個現象反映出我們在選擇共事的人選時，對判斷的價值仍然抱持根深柢固的信念。而人事選拔作爲一項判斷的工作，有個突出的優勢：因爲它如此普遍、如此重要，組織心理學家已經詳細研究過它。《應用心理學期刊》（*Journal of Applied Psychology*）在1917年出版的創刊號，把雇用指爲「首要問題……因爲人類的能力畢竟是主要的國家資源。」[3]一個世紀之後，我們對各種人事選拔技巧的有效性已經所知甚多（包括標準面試）。不曾有任何一項複雜判斷工作像人事選拔這樣，成爲這麼多田野研究的焦點。因此，它是一個完美的測試案例，它所提供的教訓，可以類推適用於許多牽涉到在數個選項中做選擇的判斷。

面試的風險

如果你不熟悉就業面試的研究，接下來的敘述可能會讓你訝異。基本上，如果你的目標是決定哪些求職者做一份工作會成功，哪些人則會失敗，標準面試（也稱爲「非結構化面試」，與我們稍後就會討論的結構化面試做區隔）並無法提供太多資訊。說得直接明確一些，它們通常沒有用處。

之所以有這個結論，是因爲有無數研究估計過評估者在面試結束後給求職者的評鑑，與求職者最終的工作成就之間的相關性。如果面試評鑑與工作成就之間高度相關，那麼我們就可以認定面試（或任何以同樣方式計算相關性的召募技巧）是求職者績效很好的預測指標。

這裡要注意一點。成功的定義可不是個枝微末節的小問題。一般而言，績效的評估是根據主管的評分而來。有時候，這個衡量標準是雇用期間。這類衡量標準當然會引發問題，尤其是考量到績效評鑑的效度有其疑慮，一如我們在前一章提到的情況。然而，爲了評估雇主在選擇員工時的判斷品質，一個看似合理的做法是，在評估員工受雇後的表現時，採用當初同意雇用者的判斷。雇用決策品質的分析都必須做這個假設。

那麼，這些分析的結論爲何？在第11章，我們提到典型面試評鑑和工作表現評鑑之間的相關性爲0.28。其他研究得到的相關性落在0.20到0.33之間。[4]我們已經看到，以社會科學的標準來看，這種相關性已經非常高，但是要作爲決策的根據，這樣的相關性並不算非常理想。運用我們在第三部介紹的和諧率，我們可以計算出一個機率：就前述的相關水準來說，如果你對兩名求職者的全部了解，只有其中一個人在面試裡的表現看起來比另一人好，那麼這名求職者的工作表現確實較好的機率大約是56%到61%。當然，這多少還是比丟硬幣決定來得好，但如果是遇到重大決策，卻稱不上是避免失敗的安全之道。

沒錯，除了對求職者做判斷，面試還有其他目的。顯然，面試也是一個向有潛力的求職者推銷公司的機會，也可以藉機與未來的同事建立融洽的關係。然而，站在組織爲選才投入時間和心力的立場，面試的主要目的顯然是爲了去蕪存菁。而以這個任務來說，面試並不是成效卓著的方法。

面試的雜訊

以傳統的面試預測求職者的工作表現爲什麼會出錯，其中的原因可想而知。這項錯誤部分和我們所稱的「客觀的無知」有關（參閱第11章）。[5]工作表現取決於許多因素，包括你錄取的那個人適應新職位的速度有多快，或是各種生活事件如何影響到他的工作。這些事情在雇用當時多半無法預測。這種不確定性會限制面試在預測上的效度，而確實，其他人事選拔技巧也不例外。

面試也是心理偏誤的地雷區。近年來，大家已經清楚意識到，面試者往往在無意間會更青睞於文化上與自己相近的求職者，或是與自己有共通點的求職者，例如在性別、種族和教育背景上有共通點。[6]許多企業現在體認到偏誤所造成的風險，於是嘗試透過專業召募人員和其他員工的專業訓練來化解這些風險。還有一些偏誤數十年來已經爲人所知。例如，在評估求職者時，外貌的影響扮演很重要的角色，即使是外貌對於職務沒什麼關係或完全不相干時也是如此。大部分召募者都會顯現這些偏誤，而如果偏誤的效應對某個求職者有影響，通常會產生共同的誤差：對於求職者的評估就會出現負向或正向偏誤。

面試有雜訊：不同的面試官對同樣的求職者有不同的反應，而做出不同的結論。聽到這個消息你應該不會意外。兩名面試官在面試同一名求職者之後，兩人給的評分之間的相關性落在0.37到0.44之間（和諧率爲62％到65％）。[7]一個原因是求職者在不同的面試官面前的表現可能不會一模一樣。但是，即使是小組面試，也就是好幾名面試官同時接觸到同樣的面試者行爲，評等之間的相關性離完全相關還差得遠。有一項統合分析估計的相關性是0.74（和諧率爲0.76％）。這表示即使你和另一位面試官出席**同一場**小組面試，在看過**同樣的**兩位求職者之後，對於哪位求職者比較好，你們的意見還是不同的機率大約有75％。

這種變異多半是型態雜訊的產物，也就是面試官對某個面試者的特有反應有差異。大部分組織都充分預期到這項變異，因此會要求數名面試官與同一名求職者面談，以某種方式總合各個評判結果。（一般來說，總合的意見是透過討論而形成，討論必須達成某種共識，但這種程序本身就會產生問題，我們已經提過。）

另一項更驚人的發現是面試存在許多場合雜訊。例如，有確切的證據顯示，錄取建議與在面試時營造融洽氛圍的非正式階段裡所形成的印象相關，也就是在面試一開始的兩、三分鐘，你只是爲了讓求職者放鬆而親切閒聊的時候。第一印象其實有關係，而且有很大的關係。[8]

或許你會認爲根據第一印象做判斷沒有什麼問題。我們從第一印象所得知的訊息至少有部分是有意義的。我們都知道，我們對於新結識的人，確實能在互動一開始的片刻得知一些訊息。若說這點在技巧高超的面試官身上或許特別有用，這麼主張也是有道理。但是，面試一開始的片刻所反映的，正好是你從第一印象聯想到的那類表面特質：早期認知的形成幾乎完全是根據求職者的活潑和談吐。就連握手的感覺都是建議錄取的重要預測指標！[9]我們都喜歡感覺厚實的握手，但是很少有召募者會特意把它列入錄取的重要條件。

面試官心理學

爲什麼第一印象會主宰時間長得多的面試？其中一個原因是，在傳統的面試中，面試官可以自由把面試帶向自己認爲合適的方向。他們可能會問能確認最初印象的問題。比方說，如果求職者看起來羞怯而拘謹，面試官可能會針對求職者過去的團隊工作經驗嚴格提問，但是面對看起來愉快而合群的求職者，或許會忽略提出同樣的問題。如此一來，他們在兩位求職者身上所蒐集的證據就不會一樣。有項研究追蹤面試官從履歷表和測驗分數形成正面或負面最初印象之後的行為，結果發現最初印象對於面試的進行方式有深切的影響。例如，抱持正面第一印象的面試官，問的問題較少，也比較賣力向求職者「推銷」公司。[10]

第一印象的力量不是面試唯一的問題。還有一個問題是，身為面試官，我們想要**解讀**坐在對面的求職者（這就是第13章討論到，我們過度傾向於追求並找出連貫性的一種展現）。在一項引人注目的實驗裡，研究人員指派學生扮演面試官或應徵者的角色，並告知雙方，面試只採封閉式的是非問答進行。接著，他們請部分應徵者**隨機**回答問題。[11]（回答的規則是以問題的第一個字母作為回答「是」或「否」的依據。）研究人員挖苦的提到：「有些應徵者一開始擔心這種隨機的回答會中斷面試，而且顯得狀況很荒謬。不過這樣的問題並沒有發生，面試也繼續進行。」你沒有讀錯：**沒有一位面試官**發現求職者以隨機方式答題。更糟的是，當研究人員請他們估計，「以兩人共處的時間」，自己是否「能夠推知許多與對方相關的事情」，這時「隨機」組的面試官，也像那些與如實回答的求職者同組的面試官一樣肯定。這就是我們自圓其說的能力。就像我們通常可以在隨機數據裡找到想像中的型態，或是看著雲的輪廓想像出一個物件的形體，我們也能夠在完全沒有意義的回答裡找出邏輯。

以下是一個比較沒有那麼極端的例子。本書的其中一位作者要面試一名之前在一家中型企業擔任財務長的求職者。他注意到，求職者在上個工作只待了幾個月就離職，於是問對方爲什麼。求職者解釋道，原因是「與執行長在策略上有歧見」。另一個同事也面試這位求職者，問了同樣的問題，得到同樣的答案。然而，在接下來的彙報裡，這兩位面試官卻有截然不同的觀點。到目前爲止對那位求職者已經形成正向評估的面試官，認爲求職者決定離開公司展現出正直和勇氣。另外一位對求職者形成負面第一印象的面試官，把同樣的事實詮釋爲缺乏彈性的訊號，甚至是不成熟的象徵。這個事例說明，無論我們多麼深信自己是根據事實對求職者做判斷，我們對事實的解釋都受到先前態度的影響。

關於我們是否有能力從面試得到任何有意義的結論，傳統面試的限制構成嚴重疑慮。然而，從面試形成的印象生動鮮明，面試官通常對它們滿懷信心。在綜合考量面試的結論與其他關於求職者的線索時，我們往往會賦予面試過高的權重，至於其他可能更具預測力的資料（如測驗成績），給予的權重則過低。

有個例子或許有助於說明這個現象。參加教學職位甄選的教授通常會應要求對一群同儕示範教學，以確認他們的教學技巧達到該機構的標準。這種情境的風險當然高於一般課堂。我們其中一個人就曾經目睹一名求職者在接受這道考驗時留下了壞印象，原因顯然是身處那種情況下產生的壓力：這位求職者的履歷條列了傑出教學評鑑，以及幾項教學卓越獎項。然而，在最後的決策階段，他在高度人爲的情境裡失敗所產生的鮮明印象，大幅壓倒他過去優良教學表現的抽象資料。

最後一點：當面試不是求職者資訊的唯一來源，如果還有諸如測驗、推薦或其他資訊時，我們必須綜合各種資訊來源，做出整體判斷。由此而產生的問題你現在已經知道：這些資料應該透過判斷（臨床式總合法），或是公式（機械式總合法）進行整合？我們在第9章看到，以工作績效的預測而言，無論是整體或個案，機械式的方法都比較好。遺憾的是，調查顯示，偏好臨床式總合法的人力資源專業工作者占壓倒性的多數。[12]這項實務成為另一個雜訊來源，讓已經很多雜訊的流程雪上加霜。

透過結構化流程提升人事篩選品質

傳統面試和以判斷為基礎的雇用決策，限制了預測的效度，我們能拿它們怎麼辦？幸好，這些研究也提供改善人事選拔方法的建議，而且有些公司也在關注這點。

有家企業讓人事選拔實務升級並做出成績，那就是Google。Google前人力營運資深副總拉茲洛．博克（Laszlo Bock）曾在《Google超級用人學》（*Work Rules!*）裡講述這段歷程。雖然Google致力於雇用最高素質的人才，並投入相當多的資源尋找適當的人，但還是在選才上吃足苦頭。它在稽核召募面試預測的信度時發現，「零關係（……），充斥著隨機的一片混亂。」[13]Google為了處理這種情況所實行的變革，反映出累積數十年研究而得到的原則。它們也是決策保健策略的寫照。

在這些策略中，有一項策略你現在應該很熟悉，那就是總合。在人事選拔裡運用這項策略，沒有什麼好意外。幾乎所有公司都會把多位面試官對同一個求職者的判斷總合起來。不讓別人專美於前的Google，有時候會讓求職者歷經25次面試的折磨！博克檢討後的一個結論就是把面試次數減少到4次，因爲他發現在頭4次面試之後，額外的面試幾乎無法增加預測力。然而，爲了確保信度水準，Google嚴格落實一項不是所有公司都觀察到的原則：Google會確保面試官在彼此溝通**之前**，分別對求職者評分。還是那句話：總合法有用，但條件是判斷要彼此獨立。

Google也採用一項我們還沒有詳述的決策保健策略：**把複雜判斷結構化**。**結構化**這個詞可能有很多意義。在這裡，我們說的是，一個結構化複雜判斷要符合三個原則：分解、獨立性，以及延遲做出整體判斷。

第一條原則是**分解**，意指把決策拆解成幾個組成部分，或稱爲**中介評估**（mediating assessments）。這個步驟的目的與診斷指引裡的次判斷一樣，都是要讓判斷者聚焦在重要線索上。分解的作用就像路線圖，具體指明需要哪些資料。它能過濾掉不相關的資訊。

以Google來說，人事決策可以分解成四項中介評估：一般認知能力、領導力、文化契合度（稱爲「Google精神」

〔googleyness〕），以及與職務相關的知識。（這些評估有些後來又會拆解爲更小的單元。）請注意，召募者在一項非結構化面試裡可能會注意到的面向，如求職者出眾的外貌儀表、流利的言談、令人眼睛一亮的嗜好等等，都不在其中。

爲召募工作建立這種架構，看似只是常識。確實，如果你要雇用的是初級會計師或行政助理，你會有現成的標準工作描述，具體列出需要的能力。可是，專業的召募工作者知道，在非尋常職務或高階職位，要列出關鍵評估標準的定義會變得困難，而且是經常遭到忽視的步驟。有位知名的獵才工作者指出，以足夠具體的方式界定職務所需的能力是一項挑戰，也是經常被忽略的工作。[14]他強調決策者「投入心力界定問題」的重要性：在與任何求職者見面之前，就要先投入足夠的時間，就明確而詳細的職務描述達成一致的意見。這裡的挑戰是，許多面試官都使用由共識和妥協所產生、過多的職務描述。這些描述是模糊的願望清單，列出所有理想求職者具備的所有特質，卻無法以這些特質爲基準來挑選，或是在它們之間做取捨。

結構化判斷的第二條原則是**獨立性**，也就是各項評估資訊的蒐集必須獨立進行。只是列出職務描述的條件還不夠：大部分進行傳統面試的召募者，也知道他們在求職者身上尋找哪四項或五項條件。問題在於，在進行面試時，他們不會分開評估各項條件。於是，這些評估會彼此影響，因此每一項評估都出現很多雜訊。

爲了克服這個難題，Google定出方法，以本於事實的態度做評估，並讓評估彼此獨立。其中能見度最高的做法是引進**結構化行為面試**（structured beahvioral interviews）。[15]在這樣的面試裡，面試官的角色不是決定他們在整體上是否喜歡一名求職者；而是爲評估架構裡的每項評估蒐集資料，並在各項評估爲求職者評分。爲此，面試官必須就求職者在過往情況裡所表現的行爲來提問預設的問題。他們必須記錄答案，並使用統一的評分指標，按照預先制定的評分量表給分。評分指標會舉例說明，在每個問題中，普通、良好或優等的答案各是什麼樣貌。這個共同量表有助於減少判斷的雜訊，而它也是我們在前一章介紹的行爲定錨評定量表的一個例子。

如果這個方法聽起來與傳統、聊天式的面試不同，確實如此。事實上，它給人的感覺更像是一種測驗或偵訊，而不是商務會面，也有證據顯示，面試雙方都不喜歡結構化面試（或至少偏好非結構化面試）。面試究竟應該納入哪些內涵才夠資格稱爲結構化，一直都眾說紛紜。[16]不過，文獻裡對面試最一致的發現是，結構化面試還是遠比傳統、非結構化面試更能預測未來的表現。[17]工作表現的相關性在0.44到0.57之間。運用我們的和諧率指標來看，以結構化面試選拔到較佳求職者的機率介於65％到69％之間，與非結構面試能挑到最佳求職者的機率56％到61％相比，這是很明顯的提升。

Google在它關注的部分面向，還會引進其他資料。爲了測驗與工作相關的知識，它有部分會仰賴**工作樣本測驗**（work sample tests）[18]，例如要求應徵程式設計工作的求職者寫一些程式碼。研究顯示，工作樣本測試是預測任職表現最好的一項指標。Google也使用「後門照會」（backdoor reference），也就是不去向求職者提名的推薦人打聽風評，而是向與求職者偶然接觸的Google員工徵詢意見。

結構化判斷的第三條原則是**延遲做出整體判斷**，一言以蔽之就是：不要排除直覺，但是要延遲運用直覺的時間。在Google，最後的雇用建議是由召募委員會合議所產生，他們會檢視求職者的完整檔案，包括他們在每一次面試的每一項評估所得到的所有評分，還有其他支持這些評估的相關資訊。接著，委員會根據這些資訊決定是否予以錄取。

就算這家公司的數據導向文化很出名，就算所有證據都顯示數據的機械化總合結果優於臨床總合，最終的雇用決策並**不是**以機械化的方法產生。它仍然是一個判斷，由委員會考量所有的證據、做全面的權衡，並討論以下這個問題：「這個人在Google能成功嗎？」這個決策不只是靠運算。

在下一章，我們會解釋我們爲什麼相信這是做成最終決策的合理方法。但是請注意，Google的最終雇用決策儘管不是機械化決策，卻是以四名面試官的平均評分作爲定錨。這些決策背後也是有證據支持。換言之，Google只有在蒐集並分析全部證據之後，才允許判斷和直覺進入決策流程。因此，可以對每名面試官（以及召募委員）快速形成直覺印象、並倉促下判斷的傾向有很好的制衡。

對於所有想要改進人員選拔流程的組織來說，這三條原則（再說一次：分解、各個面向獨立評估，以及延遲做出整體判斷），不見得能提供一個範本。但是，這些原則與組織心理學家多年來所提出的建議普遍一致。事實上，這些原則近似我們其中一個人（康納曼）早在1956年於以色列軍隊實行的篩選方法，[19]而且《快思慢想》裡也描述過這個方法。那個過程就像Google落實的流程一樣，把評估的架構正式化（將必須評估的人格和能力面向列表）。它要求面試官探詢各個面向的客觀證據，並在一個面向評分結束之後，再進行下一個面向。它也允許召募官運用判斷和直覺做最後決策，不過只有在結構化評估出爐之後才執行。

有大量證據證明結構化判斷流程在雇用上的優越性（包括結構化面試）。想要採用這些方法的經理人也可以得到實務建議。[20]一如Google的例子所顯現的，也一如研究人員已經指出的，結構化判斷法的成本也比較低，因爲沒有什麼做法能比親自會面的成本更高昂。

然而，大部分經理人仍然深信，非正式、以面試爲主的方法有不可替代的價值。特別是也有許多求職者相信，只有面對面的面試能讓他們向潛在雇主展現他們眞正的本事。研究人員稱此爲「錯覺暫留」。[21]一個不爭的事實就是：召募者和求職者都嚴重低估雇用判斷裡的雜訊。

關於人員召募的結構化

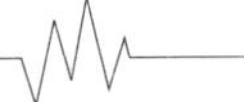

「在傳統、非正式面試裡，我們通常有一種擋不住的直覺，覺得自己了解求職者，而且知道對方是適合的人選。但我們必須學會不要信任那種感覺。」

「傳統面試的危險不只是因為偏誤，也是因為雜訊。」

「我們必須為面試增添架構，更廣泛而言，為人事選拔流程增添架構。就從更清楚而具體的定義我們要在求職者身上尋找哪些條件開始，同時也要確保，我們在各個面向都是對求職者獨立進行評估。」

25
中介評估法

前陣子，我們兩人（康納曼和席波尼）和我們的朋友丹・羅瓦洛（Dan Lovallo）一起描繪一種在組織裡做決策的方法。我們稱之為**中介評估法**，它的設計是以緩解雜訊為主要目標。[1]它綜合我們在前面各章所介紹大部分的決策保健策略。這套程序可以廣泛應用於任何需要考量、權衡多種面向的計畫或選擇的評估。它能為各種組織所用，並以各種方式調整，包括各類企業、醫院、大學和政府機構。

我們在這裡用一個範例說明這套程序，這是幾個眞實案例的組合：有一家虛構的公司，我們稱它為「地圖公司」（Mapco）。地圖公司在研究一個具轉型作用的重大收購案機會，我們會跟著這家公司歷經各個步驟，並指出這些步驟和其他身處同樣情況的企業所採取的尋常步驟有何不同。你會看到，其中的差異重大、但是細微，粗心大意的觀察者甚至可能不會注意到它們。

第一次會議：協議方法

收購競爭者「道路公司」（Roadco）的構想一直在地圖公司流傳，時機已經足夠成熟，於是公司的領導人考慮開董事會討論這件事。地圖公司的執行長瓊安・莫莉森（Joan Morrison）召集董事會的策略委員會開會，初步討論潛在的收購案，以及如何使董事會更加仔細考量這件收購案。在會議一開始，莫莉森的一個提議讓委員會嚇了一跳：

> 我想提議在決定道路公司收購案的董事會會議裡試行一種新流程。這個新流程有個無趣的名稱，叫作中介評估法，不過它的觀念其實相當簡單。它的靈感來自評估策略選項與評估求職者之間有相似性。
>
> 你們應該很熟悉有研究顯示，結構化面試的成效比非結構化面試更好，而且更概括的說，雇用決策的結構化可以改善決策品質。你們知道，我們的人力資源部門已經在雇用決策上採用這些原則。有大量研究顯示，面試的結構化能產生更高的準確度，而我們過去慣用的非結構化面試根本無法相比。

在我看來，求職者的評估和重大決策選項的評估顯然很類似：**決策的選項就跟各個求職者一樣**。這種相似性讓我想到一個點子，我們應該把有效評估求職者的方法應用在我們的工作上，也就是應用在評估策略選項上。

委員會的成員一開始對這個類比感到不解。他們爭辯道，召募流程是運作順暢的機器，做的是無數類似的決策，而且沒有嚴苛的時間壓力。反觀策略決策，它牽涉大量需要臨機應變的工作，也必須迅速決斷。有些委員對莫莉森挑明，他們反對任何會延遲決策的提議。他們也擔心地圖公司的研究幕僚會增加盡職調查的條件。

莫莉森直接回應這些反對意見。她要同事放心，結構化流程不會造成決策的延遲。「做這件事只有為我們討論這宗交易的董事會會議制定議程，」她解釋道。「我們應該事先決定收購案應該評估的各個面向，並做成列表，就像面試官會從職務描述著手，以此建構一名求職者必備特質或屬性的檢核表。我們要確保董事會逐一討論這些評估項目，就像結構化面試裡的面試官按順序在不同的面向評估求職者。接下來，也只有在這個時候，我們才開始討論是要接受或拒絕這項交易。這個程序能更有效的發揮董事會集體智慧的優勢。

當然，如果我們同意這個方法，它對於資訊應該如

> 何呈現，以及收購案團隊應該如何準備會議，都會有所影響。那就是爲什麼我想現在先徵詢你們的想法。

一名仍然存疑的委員問莫莉森，這個結構能爲雇用決策品質帶來哪些利益，還有她爲什麼相信這些利益能轉移到策略決策上。莫莉森解釋這個道理的來龍去脈。她解釋說，運用中介評估法能讓評估的各個面向保持彼此獨立，藉此從資訊中汲取最大的價值。「我們經常進行的董事會討論與非結構化面試非常類似，」她指出。「我們心裡不斷想著達成決策這個最終目標，我們以那個目標爲前提處理所有資訊。我們一開始就在尋找結論，並追求盡快做出結論。就像非結構化面試的面試官，風險在於所有的爭辯都是爲了肯定我們的第一印象。

> 運用結構化方法能強迫我們延後達成決策這個目標，等到我們做過所有評估再決定。我們會把個別評估當成中程目標。如此一來，我們就能考量到所有可獲得的資訊，確保我們對交易其中一個面向的結論不會改變我們對其他無關的面向做出的解讀。

委員們同意試試這個方法。但是，他們問，什麼是中介評估？莫莉森心裡有一個預定的檢核表嗎？「沒有，」她答道。「如果我們把這套程序應用在例行決策上，或許有一張預設的檢核表，但是以這個情況來說，我們需要自己定義中介評估。這一點攸關重大：收購案有哪些重要面向應該進行評估，全部由我們決定。」策略委員會同意第二天再次開會討論。

第二次會議：定義中介評估

「我們接下來要做的第一件事，」莫莉森解釋，「就是草擬一個完整的清單，涵蓋與這項交易相關的獨立評估項目。這些項目會由傑夫・史奈德（Jeff Schneider）的研究團隊負責評估。我們今天的任務就是建構評估項目清單。所謂的完整清單就是你想到的任何相關事實都應該列入，而且它應該至少會影響一個評估項目。而我所說的『獨立』，指的是相關事實理想上應該只影響一項評估，盡量減少重複的情況。」

小組於是展開工作，建構一張長長的清單，列出看似相關的事實和資料。接著，他們把內容編排成評估項目表。與會者很快就發現，其中的挑戰在於讓清單精簡、完整，而且評估項目必須沒有重疊之處。不過，這項任務還是可以處理。沒錯，小組最後訂出七項評估，表面上看起來就像董事會預期會在一般收購案報告裡看到的那張目錄表。例如，除了預期中的財務模型，這張清單還納入收購目標公司管理團隊的品質評量，以及實現預期綜效的可能性評估。

策略委員會有些委員覺得失望，因爲會議並沒有產生對道路公司的獨到見解。不過，莫莉森解釋，那不是會議的目標。眼前的目標是把這張清單彙報給負責研究收購案的交易團隊。她說，各項評估將構成交易團隊報告的各章主題，並交由董事會分開討論。

莫莉森認爲，交易團隊的任務並不是告訴董事會他們對交易的整體看法（至少，時機還沒到）。這時交易團隊要做的是針對各項中介評估提出客觀、獨立的評量。莫莉森解釋，最後，交易團隊報告的各章都應該用一個評分回答以下這個簡單的問題：「先不考慮我們在最後的決策應該給這項評估多少權重，這項評估的證據有多麼強力的支持或否決這項交易？」

交易團隊

那個下午，交易評估團隊的領導人史奈德召集團隊，著手籌備這項工作。相較於這個團隊平常的工作方式，這次的變動並不多，不過他強調這些變動的重要性。

首先，他解釋道，團隊的分析師應該致力於讓他們的分析盡可能客觀。評估應該根據事實（這點沒什麼新鮮），但是也應該盡可能運用**外部觀點**。由於團隊成員不確定「外部觀點」是什麼意思，史奈德就用莫莉森確認過的中介評估項目清單裡的兩個項目舉了兩個例子。他說，要評估這項交易能否獲得法令批准，他們必須從找出**基本率**開始，也就是類似交易的核准比例。這項工作會反過來需要他們界定相關的**參考類別**，也就是一組可供比較的交易案例。

史奈德接著解釋如何評估目標公司產品開發部門的科技技術（這是莫莉森列出的另一項重要評估項目）。「只以事實爲本的方式描述這家公司最近的成就，評估這樣的成就是『良好』或『優良』還不夠。我期望看到的內容是像這樣：『這個產品開發部門以最近推出產品的紀錄來看，在同儕群組排在前40％』。」他解釋說，整體而言，目標是盡可能以比對的方式進行評估，因爲相對判斷優於絕對判斷。

史奈德還提出另一個要求。爲了遵從莫莉森的指示，他說，評估應該盡可能彼此獨立，以減少評估項目彼此影響的風險。因此，他把不同的評估項目分派給不同的分析師，並指示他們要獨立工作。

有些分析師顯得很訝異。「團隊合作不是比較好嗎？」他們問他：「如果你不想要我們溝通，爲什麼要組成團隊？」

史奈德知道他必須解釋獨立作業的需要。「你們大概知道召募的光環效應，」他說。「它指的是你對一名求職者的整體印象會影響你對他在特定面向的技能的評估。我們努力要避免這點。」由於有些分析師似乎覺得光環效應不是嚴重的問題，因此史奈德用另一個比喻說明：「如果犯罪案件有四個目擊證人，你會讓他們在作證前彼此交談嗎？顯然不會！你不希望目擊證人受到其他人影響。」分析師不怎麼喜歡這個比喻，但是史奈德認為他已經把訊息帶到。

結果，史奈德沒有足夠的分析師可以達成完全獨立評估這個目標。資深的團隊成員珍（Jane）要負責兩項評估。史奈德則盡量挑出兩項最不相同的評估項目給珍，並指示她完成第一項評估後就撰寫報告，然後才進行第二項評估。另一個顧慮是對管理團隊品質的評估；史奈德擔心他的分析師在評估團隊的內在品質時，無法脫離他們對該公司最近營運績效的評判（團隊對此當然會詳細研究）。為了解決這個問題，史奈德延請一名外部人力資源專家，就管理團隊的品質提供意見。他認為，這樣一來，他就能得到更獨立的意見。

史奈德還有一項指示讓團隊感到有些不尋常。每一章都應該專注一項評估，而且按照莫莉森的要求，都要以評分形式表達結論。不過，史奈德又說，分析師應該在各章納入所有與評估相關的事實資訊。「不要隱藏任何資訊，」他指示。「每一章各自的語調當然要與提出的評分一致，可是如果有看似與主要評分不一致、甚至矛盾的資訊，一點都不要隱藏。你的職責不是推銷你的建議，而是表達眞相。如果眞相很複雜，就要忠實呈現出來，眞相通常如此。」

本著同樣的精神，史奈德鼓勵分析師透明表達每項評估的信心水準。「董事會知道你們沒有全部的資訊；如果你告訴他們你其實有不知道的地方，這對他們才有幫助。如果你眞的遇到讓你停下來仔細思考的事情，也就是潛在的破局條件，你當然應該立刻報告。」

交易團隊按照指示進行。幸好，他們沒有發現重大的破局條件。團隊匯總一份報告給莫莉森和董事會，其中涵蓋所有指定的評估項目。

決策會議

莫莉森閱讀團隊的報告，為決策會議做準備，而她立刻就注意到一個重點：雖然大部分評估都支持進行交易，但這些評估並沒有構成一幅簡單、美好、萬事皆備的圖像。有些評等很高，有些則否。她知道，這些差異是保持評估彼此獨立時可預測的結果。當你制止過度自圓其說的情況，現實狀態就不會像大部分董事會報告刻意為之的那麼連貫。「很好，」莫莉森心想。「這些評估之間的不一致會引發提問，並推動討論。那正是我們在董事會裡需要的好爭論。有這些分歧的結果，做決策不會那麼輕鬆，不過決策會變得更好。」

莫莉森召開董事會會議，檢視報告，並進行決策。她解釋交易團隊遵照的方法，並邀請董事會也採用同樣的原則。「史奈德和他的團隊努力讓各項評估彼此獨立，」她說：「而我們現在的任務就是也以獨立的方式審閱這些評估。這表示在我們討論最後決策之前，要對各項評估逐一分開考量。我們要把各項評估當成不同的會議議程。」

董事會成員知道，要遵守這個結構化的方法很困難。莫莉森等於是在要求他們，在討論過所有評估項目之前，不要對交易形成整體觀點，但是在他們當中有很多人都是業內行家。他們對道路公司**已經**有些看法。不去討論它感覺有點做作。然而，由於他們理解莫莉森想要達到的目的，於是同意按照她的規則走，暫時克制自己不去討論他們的整體看法。

出乎他們意料之外的是，董事會成員發現這項練習很有價值。在會議裡，他們有些人甚至改變對這項交易的想法（雖然其他人不會知道這點，因爲他們保留看法，沒有說出來）。莫莉森主持會議的方法影響重大：她採用的方法是**估計－討論－估計法**，這個方法兼具「仔細思考」與「平均獨立意見」的優點。[2]

她進行會議的方式如下。在審閱每一項評估時，史奈德代表交易團隊簡單總結關鍵事實（董事會成員在會前已經詳讀這些資訊）。接著，莫莉森請董事會用手機上的一個投票app給這個評估項目一個評分，他們的評分可以和交易團隊的提議一樣，也可以不一樣。評分的分布會立刻投影到螢幕上，但是評分不會記名。「這並不是投票，」莫莉森解釋。「我們只是就每一個主題試一下現在的水溫。」莫莉森在討論之前即刻讀取每位董事會成員的獨立意見，藉此減少社群影響和資訊瀑布的風險。

有些評估項目立即達成共識，但有些評估項目在過程中浮現對立的觀點。莫莉森自然會讓有歧見的項目花較多的時間討論。她確保持有各方立場的董事會成員都能夠發言，鼓勵他們以事實和論述、也以細膩和謙虛的態度表達觀點。有一次，一名對這項交易有強烈看法的董事會成員激動失控，她提醒他：「我們都是明理的人，不過我們的意見不同，因此這一定是明理的人會有不同意見的主題。」

一項評估的討論接近尾聲時，莫莉森請董事會成員再次提交評分。在大多數情況下，這時的意見會比第一輪更收斂。每項評估都按同樣的順序進行，第一次估計，討論，然後第二次估計。

最後到了對這項交易做結論的時候。爲了促進討論，史奈德把評估表張貼在白板上，顯示董事會給予各項評估的平均評分。這時呈現在董事會眼前的，就是這項交易的樣貌。他們應該如何做出決定？

有一位董事提出一個簡單的建議：用直線平均法計算評分。（或許他知道機械式總合優於整體的臨床判斷，一如第9章的討論。）不過，還有一位董事立刻表示反對，因爲她認爲有些評估項目應該得到較高的權重。第三位董事不認同這些看法，建議使用另一種不同的評估權重。

莫莉森打斷討論。「這不只是一道把各項評估分數做簡單組合的計算題，」她說。「我們一直在延遲使用直覺，現在到了運用直覺的時候。我們現在需要的是你們的判斷。」

莫莉森沒有解釋她的邏輯，但這是她在慘痛經歷裡學到的教訓。她知道，特別是在重要決策上，人們會拒絕那些綁住手腳、不讓他們運用自身判斷力的方案。她曾經看過，一旦決策者知道要採用公式計算時，他們會如何利用這套系統要詐。他們會改變評分來達成想要的結論，而這麼做就破壞了整個練習的目的。還有，雖然這裡的例子不是這種情況，她還是保持警覺，唯恐在評估的定義範疇之外出現沒有預料到的決定性考量（如第10章討論過的「斷腿」因素）。如果出現這種突如其來的破局條件（或者相反的成交條件），根據評估的平均分數而進行的純機械化決策流程，或許會釀成嚴重錯誤。

莫莉森也知道，讓董事會成員在這個階段運用直覺，與讓他們在流程更早的階段運用直覺非常不同。現在，評估結果已經出爐，而且大家都很清楚結果，所以最後的決策穩當的定錨在這些本於事實、徹底討論過的評分。看著一張評量結果多半支持交易案的中介評估表，董事會成員必須提出強而有力的理由，才能反對這項交易。根據這個邏輯，董事會這時討論這項交易，並進行投票，情況就和所有董事會差不多。

重複決策的中介評估法

我們已經描述在僅此一次、單一決策背景下進行的中介評估法。但是，這套程序也可以應用在重複決策。假設地圖公司不是只進行單一的收購案，它是一家創投基金，會一再投資新創事業，那麼這套程序也一樣適用，而且歷程也差不多，只要做兩個讓它變得更簡單的小小調整。

首先，第一個步驟（定義中介評估項目列表）只需要做一次。創投基金擁有一套適用於所有潛在投資案的投資準則：這些就是評估項目。沒有必要每一次都重新擬定。

第二，如果創投基金要做許多同類型的決策，它可以用經驗作爲判斷的基準。以每個創投基金都要做的評估「評估管理團隊的品質」爲例。我們建議，這類評估應該對照參考類別來進行。或許你與地圖公司的分析師有同感：在評估特定標的之外，蒐集可比較的公司資料很有挑戰性。

在重複決策的脈絡下，比較式的判斷會容易得多。如果你評估過數十家、甚至數百家公司的管理團隊，你可以把這種共同經驗作爲參考類別。要建立參考類別，一個務實的做法是建立一個由定錨案例定義的案例量表。例如，你可以說，收購目標公司的管理團隊「與我們收購ABC公司時ABC公司的管理團隊一樣好」，不過「不如DEF公司的管理團隊」。當然，定錨案例必須是所有參與者都知道的案例（而且要定期更新）。界定定錨案例需要在前期投入時間處理。但是，這個方法的價值在於，相對判斷（把這個團隊與ABC和DEF公司的團隊進行比較）遠比用數字或形容詞定義的量表所做成的絕對評分更爲可靠。

中介評估法有哪些改變

爲了方便參照，我們在表4裡總結中介評估法涉及的主要變動。

你在此可能已經辨識出我們在前面章節提出的幾項決策保健技巧，包括：資訊排序、用獨立的評估建構決策、運用立基於外部觀點的共同參考架構，還有總合多人的獨立判斷。中介評估法落實了這些技巧，目標是改變決策**流程**，盡可能引進最多的決策保健措施。

這種強調流程、而非決策內容的做法，無疑會讓人詫異。前面案例中的研究團隊成員和董事群的反應並不罕

表4：中介評估法的主要步驟

1. 在流程一開始，把決策建構成中介評估。（**若是重複型判斷，這個步驟只需要做一次**。）
2. 盡可能確保中介評估採用外部觀點。（**若是重複型判斷：運用相對判斷，可能的話，搭配案例量表**。）
3. 在分析階段，盡可能讓評估保持彼此獨立。
4. 在決策會議上，各項評估分開檢視。
5. 每一項評估都要確保參與者各自做判斷；然後運用「估計－討論－估計法」流程。
6. 要做最後決策時，延遲直覺的運用時間，但不要禁用直覺。

見。內容是具體的；流程是概括的。運用直覺做判斷是樂趣；遵照流程則不然。一般人認為的好決策（特別是頂尖的一流決策）來自卓越領導人的眞知灼見和創意。（當我們就是領導人時，特別願意相信這點。）很多人也認為，**流程**就會引來官僚、繁文縟節和拖延。

根據我們在企業和政府機關實行完整或部分中介評估法的經驗，這些顧慮都是誤導。沒錯，在一個很官僚的組織增加複雜的決策流程，情況並不會改善。但決策保健不一定會拖慢進展，當然也不見得會很官僚。相反的，它能增進挑戰和辯論，而不是達成官僚組織那種讓人窒息的共識。

主張決策保健的理由很清楚。企業和公共部門的領導人通常對他們最大、最重要決策裡的雜訊渾然不覺。因此，他們不會採取具體的措施去減少雜訊。在這個方面，他們就像不斷仰賴非結構化面試作為唯一人事挑選工具的召募人員：對自身判斷裡的雜訊無所察覺，對判斷的效度過度自信，也不知道可以改進判斷流程。

洗手不能防範所有疾病。同理，決策保健也無法防範所有錯誤。決策保健不是讓每個決策變明智的靈丹。但是，就像洗手一樣，決策保健能化解看不見、無所不在、但又深具破壞力的問題。只要有判斷，就會有雜訊，而我們提議用決策保健作為減少雜訊的工具。

關於中介評估法

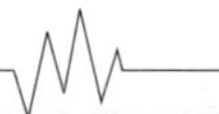

「我們做雇用決策時有結構化流程。我們在做策略決策時何不也來一個？反正決策的選項就跟求職者一樣。」

「這是個困難的決策。我們應該根據哪些中介評估做決策？」

「我們對這項計畫的直覺與整體判斷都很重要，只不過現在還不要討論到這個。經過我們所要求的個別評估而掌握充分的資訊之後，我們的直覺可以提供更多幫助。」

第六部

雜訊的最適水準

1973年，法蘭科法官呼籲刑事量刑要不斷努力減少雜訊是對的。他的非正式、直覺式的雜訊審查，以及接下來更正式和系統性的作爲，揭露相似的犯案者得到不公正的差別待遇。其中的差異荒謬離譜，令人瞠目結舌。

本書大部分內容可以視爲努力使法蘭克的主張成爲一般常態，並讓我們理解它們的心理學基礎。對某些人來說，刑事司法制度的雜訊似乎特別無法容忍，甚至是很丟臉的事。但是在無數其他環境裡，雜訊並非就可以容忍，就像在民間部門與公共部門理應可以相互替換的承辦人員，在職務上卻做出不同的判斷。在保險、員工的召募與評估、醫療、鑑識科學、教育、商業以及政府，個體之間的雜訊是錯誤的主要源頭。我們已經看到，每個人都受制於場合雜訊，也就是說，理應不相干的因素會導致我們在早晨和午後、甚至在星期一和星期四做出不同的判斷。

但是，就像量刑基準在司法界所引發的強烈負面反應所顯示的，減少雜訊的作爲通常會遇到嚴重、甚至激烈的反對。許多人辯稱，量刑基準僵化、不符合人性，而且本身就不公平。幾乎每個人都有這樣的經驗：向公司、雇主或政府提出合理的要求，得到的答覆卻是：「我們實在愛莫能助。因爲這點有清楚的規定。」這裡所說的規定或許看似愚蠢，甚至殘酷，但是當初採用這些規定可能有很好的理由，那就是減少雜訊（或許還有減少偏誤）。

即使如此，有些爲了減少雜訊而做的措施還是引發深切的顧慮，或許最重要的是當事人的意見很難或不可能被公平的聽到。這種反對態度在演算法和機器學習找到新舞台，沒有人會打著「現在就用演算法！」的旗號來行事。

一則有影響力的批評來自耶魯法學院教授凱特·史迪斯和聯邦法官荷西·卡布倫思。他們對量刑基準的嚴厲抨擊，也等同於批判我們在書裡提出的一項核心論點。他們的論述雖然只限於刑事量刑領域，但也能用來反對教育、商業、運動和其他任何領域裡許多減少雜訊的策略。史迪斯和卡布倫思堅稱，量刑基準的動力是「對行使裁量權的恐懼，也就是對判斷的恐懼，還有技術官僚對專家和中央計畫的信仰。」他們認爲，「對判斷的恐懼」禁止對「每個審議中案件的細節」進行考量。根據他們的觀點，「沒有任何機械化的解決方案能滿足正義的訴求。」[1]

這些反對論述值得審視。在涉及各種判斷的環境裡，人們通常把「正義的訴求」和禁用任何機械化解決方案畫上等號，因而容許、甚或強制規定實施那些最後一定會有雜訊的流程和方法。許多人都在呼籲，要關注「每個受審議案件的細節」。在規模大大小小的醫院、學校和公司，這個訴求十分符合直覺。我們看到，決策保健有各式各樣減少雜訊的策略，而其中大部分都不涉及機械化的解決方案；我們把一個問題拆解成好幾個部分，而它們的判斷不見得是機械化的。即使如此，大家還是不喜歡採用決策保健策略。

我們把雜訊定義爲不樂見的變異，而不樂見的事物，或許就應該要消除。但是做這樣的分析卻比消除雜訊更爲複雜，也更有趣。其他條件不變下，沒有人樂於見到雜訊，但是其他條件可能不會不變，而消除雜訊的成本也可能超過利益。即使成本效益分析顯示雜訊的成本高昂，消除雜訊也可能會產生一系列糟糕、甚至令公共或民間機構都無法接受的後果。

反對降低或消除雜訊的聲音，主要有七種意見。

第一，減少雜訊可能成本高昂，或許不值得費事。減少雜訊的必要步驟可能會造成極爲沉重的負擔。在有些情況下，這些措施或許甚至不可行。

第二，有些用來減少雜訊的策略或許本身就會帶來錯誤。偶爾，它們或許會產生系統偏誤。如果政府機關裡所有的預測人員都採用同樣樂觀到不顧現實的假設，他們的預測不會有雜訊，但卻是錯的。如果一家醫院的所有醫師給每一種疾病都開阿斯匹靈，他們之間也沒有雜訊，但卻會犯下許多錯誤。

我們會在第26章探討前述兩項反對意見。在第27章，我們會討論另外五項反對意見，而這五項反對意見不但常見，在未來可能也會在更多地方聽到，尤其是隨著這個世界愈來愈依賴規則、演算法和機器學習的時候。

第三，如果我們希望人們覺得自己受到尊重而有尊嚴，或許就不得不容忍一些雜訊。爲了在過程中讓每個人（員工、顧客、求職者、學生、嫌疑犯）表達自己的意見、有機會影響裁量權的行使，並感受到他們有機會被看到和聽到，大家最後接受了一個不完美的流程，而雜訊可能就是這種流程的副產品。

第四，雜訊可能是容納新價值、進而能夠推動道德與政治演進的必要產品。如果我們消除雜訊，當道德與政治承諾轉向沒有預期到的新方向時，或許會減損我們的回應能力。零雜訊的體制或許會讓現有的價值停滯。

第五，有些旨在減少雜訊的策略可能反而會鼓勵投機行爲，讓有心人鑽制度漏洞或是規避禁令。一點雜訊，又或許是大量雜訊，可能是防止逾矩行爲所必要的東西。

第六，有雜訊的程序或許能產生不錯的遏止作用。如果大家知道自己可能遭到輕微或嚴重的懲罰，或許會避免做壞事，至少有風險規避傾向的人是如此。體制或許能以容忍雜訊作爲發揮更多嚇阻力量的方法。

最後，沒有人想要只被當成是物品般對待，或是被視爲某種機器裡的齒輪。有些減少雜訊的策略或許會扼殺人們的創意，最後打擊人心士氣。

雖然我們會盡量本於同理心來回應這些反對主張，但我們絕對不贊成這些想法，至少就減少雜訊的一般目標來說，我們不認爲它們構成拒絕的理由。在此先預告一個會一直出現的論點：反對意見是否有說服力，取決於它所要反對的是哪一項減少雜訊策略。例如，你或許反對僵化的指引，但同時認同將獨立判斷的總合起來是個好主意。你或許反對採用中介評估法，但強力支持採用立基於外部觀點的共同量表。將這些論點牢記在心，我們的整體結論是，即使這些反對意見有其道理，減少雜訊仍然是值得努力、甚至是急迫的目標。在第28章，我們會探討一種大家每天都要面對的兩難困境（即使大家不一定都意識到它的存在），藉此爲這個結論辯護。

26
減少雜訊的成本

每當人們聽到消除雜訊的要求，他們或許會表示反對，理由是那些必要步驟的成本實在過於高昂。在極端的環境下，減少雜訊就是不可能。我們在商業、教育、政府和其他領域都聽過這種反對的聲音。這是正當的顧慮，但很容易過分放大，而且通常只是藉口。

我們把這種反對意見放在最吸引人的位置，在此舉個例子，以在一學年中，每一週要爲25位十年級學生的作文打分數的中學老師爲例。如果這位老師花在每篇作文的時間不超過15分鐘，評分或許會有雜訊，因此既不準確，也不公平。這位老師或許要考慮做一些決策保健措施，或許是請一名同事也爲這些作文打分數，以減少雜訊，因此兩個人要讀過每篇作文。或許這位老師可以在每篇作文花更多時間閱讀、建構相對複雜的評估程序，又或是以不同的順序閱讀這些作文不只一次，藉由這些做法也能達成相同的目的。以一張詳細的評分指引作為檢核表，或許也會有幫助。又或許，這位教師可以確保每天在同一時間閱讀各篇作文，以減少場合雜訊。

但是，如果這位老師自身的判斷相當準確，而且雜訊並不嚴重，那麼完全不採行任何一項措施或許很合理。這樣大費周章可能不值得。這位老師或許會認為，採用檢核表或請同事讀同樣的作文，實在是殺雞用牛刀之舉。為了知道這是否小題大作，或許有必要做個更有紀律的分析：實行這些措施，這位老師能因此增加多少準確度？提升準確度的重要性有多大？而為了減少雜訊所下的功夫，又需要耗費多少時間和金錢？我們很容易就可以為減少雜訊的投資想像一個上限。我們也可以輕易看到，這個上限應該與為九年級學生的作文評分不同，也與為更高年級學生的論文評分時不同，因為對更高年級的學生來說，論文成績可能攸關大學入學許可，其中牽涉的得失更大。

這個基本分析或許可以延伸應用於各類型民間組織和公共機構面臨的更複雜情況，讓他們拒絕執行一些減少雜訊的策略。對於有些疾病來說，醫院和醫師或許要費一番力氣才能找出簡單的指引來減少變異。以分歧的醫療診斷來說，為了減少雜訊而進行的措施有個特別的訴求：它們或許能救人一命。但是，那些作為的可行性和成本也必須納入考量。做個檢測或許能消除診斷裡的雜訊，但是如果那是一項侵入式、具危險性而且成本高昂的檢測，或許就不值得所有醫師要求所有病患都接受檢測。

員工考評很少牽涉生死。但是，雜訊可能導致員工待遇不公平，以及企業的高成本。我們已經看到，減少雜訊的措施應該可行。但是，值得嗎？涉及評估明顯錯誤的案例或許會引起注意，看起來尷尬、丟臉，甚至更糟。然而，一家機構或許會認爲，詳盡的修正步驟不值得投入心力部署。有時候，那是短視、自利而錯誤的結論，甚至會引起災難。有些類型的決策保健或許仍然値得做。但是，相信減少雜訊的成本過於高昂，這種想法並不一定是錯的。

簡言之，我們必須比較減少雜訊的利益與成本。這合乎情理，而這也是雜訊審查如此重要的原因之一。在許多情況下，審查結果都顯示，雜訊會造成極度的不公平、極高的成本，或是兩者兼具。若是如此，減少雜訊的成本就不能拿來作爲拒絕實行減少雜訊措施的充分理由。

雜訊更少，錯誤更多？

另一個反對意見是，有些減少雜訊的措施本身就可能產生程度高到無法接受的錯誤。如果用於減少雜訊的工具過於粗糙，這個反對意見或許很有說服力。事實上，有些減少雜訊的措施甚至會加重偏誤。像是如果臉書或推特等社群媒體平台引進明確的指引，要求移除所有包含某些粗俗字眼的貼文，它的決策雜訊會較少，但是它就要撤除無數應該能夠保留的貼文。這些僞陽的結果是有方向性的錯誤，這是一種偏誤。

生活裡到處都有爲了削減人爲裁量的空間、減少會產生雜訊的實務而做的改革。這類改革有許多都是動機良善，但有些做起來卻是提油救火。經濟學家阿爾伯特・赫緒曼（Albert Hirschman）在《反動的修辭》（*The Rhetoric of Reaction*）中指出反對改革常見的三個主張。第一，改革的做法可能會變調，也就是反而讓它們原本想要解決的問題雪上加霜。第二，它們可能會徒勞無功；它們或許完全無法改變事情。第三，它們會危害其他重要的價值，例如保護工會和保障組成工會的權利等措施，被指爲傷害經濟成長。[1]變調、徒勞無功和危害或許可以用於反對減少雜訊，而在這三個理由當中，變調和危害通常是最有力的主張。有時候，這些反對只是冠冕堂皇的辭令，爲的是推翻一場其實能創造許多好處的改革。但是，有些雜訊減少策略會危及重要的價值，而另外有些策略，或許不能斬釘截鐵的排除變調的風險。

反對量刑基準的法官所指的就是那種風險。他們非常了解法蘭科法官所做的努力，他們沒有否認裁量權會產生雜訊。但是，他們認爲削減裁量權會產生更多錯誤，而不是減少錯誤。引用瓦茨拉夫・哈維爾（Václav Havel）的話，他們堅持：「我們必須放棄無知的信念，不能把這個世界當成只是一道待解的謎、一部等著被發現運作指令的機器，或是一堆等著輸入電腦裡的資訊，因爲這部電腦遲早會吐出一個放諸四海皆準的解答。」[2]人們之所以拒絕一個放諸四海皆準的解答，其中一個原因是他們堅信人類的處境千變萬化，而優秀的法官能因應變化，而這或許意味著要容忍雜訊，或至少拒絕某些減少雜訊的策略。

在開發電腦下棋程式的早期階段，有家大型航空公司爲國際線乘客提供一款西洋棋遊戲程式，邀請乘客與電腦下棋。這個程式有幾個等級。在最低等級，這個程式只用一條簡單的規則：只要可以，就把對手的國王「將軍」。這個程式沒有雜訊，每一次的玩法都一樣，永遠遵守這個簡單規則。但是，這個規則保證會產生許多錯誤。這個下棋程式下得很差，就連沒有經驗的棋手也可以打敗它（這點無疑是重點：贏棋的乘客是感覺很滿意的乘客）。

或是以美國某些州所採用的刑事量刑政策，也就是所謂的「三振出局」[3]爲例。它的概念是如果犯下三次重罪，就會被判無期徒刑，沒有任何商量的餘地。這項政策可以減少由隨機指派量刑法官而帶來的變異。這項政策的支持者，有些特別在意水準雜訊，以及有些法官對慣犯過於寬容的可能性。減少雜訊正是三振出局立法的核心要點。

但是，即使三振出局政策成功達成減少雜訊的目標，我們還是可以因爲這項成就的代價太高而合理的表達反對。有些犯了三次重罪的人不應該終身監禁，或許是因爲犯下的罪行並不暴力，或者是因爲糟糕的生活環境才導致他們犯罪，或許他們顯現改過自新的能力。許多人認爲，不考量特定環境而一律判無期徒刑，不只過於嚴厲，而且僵化到難以忍受。基於這個原因，那項減少雜訊的政策代價太高。

就以「伍德森控告北卡羅萊納州」（*Woodson v. North Carolina*）一案爲例。[4]在這個案件裡，美國最高法院主張絕對死刑違憲，不是因爲它過於野蠻，而是**因為它是一條規定**。絕對死刑全部的重點就是隔絕雜訊，也就是確保在特定情況下，殺人犯必須處以死刑。法院說，之所以訴諸於按個別情況對待的需求，是因爲「每件類型相似的案件都應該處以一模一樣的刑罰，而不考慮罪犯過去的人生和習慣，這種信念已經不再盛行」。根據最高法院的看法，絕對死刑在憲法上有嚴重缺陷，因爲它「在處置所有犯下特定罪行的人時，沒有把他們當成獨一無二的個人，而是沒有臉孔、沒有差異的大眾裡的一個人，受到死刑的盲目侵害」。

當然，死刑牽涉的利害關係特別大，但是法院的分析可以套用在其他許多情況，其中大部分完全與法律無涉。評估學生的教師、評估病患的醫師、評估員工的雇主、評定保險金的核保員、評估運動員的教練，這些人如果採用過度僵化、減少雜訊的規則，全都可能犯錯。如果雇主以簡單的規則評估、晉升員工，或對員工處以停職處分，這些規則或許會在減少雜訊的同時，也忽略員工表現的重要層面。零雜訊的評分制度如果無法把重要變項納入考量，或許比仰賴有雜訊的個人判斷還糟糕。

第27章會思索視個人爲「獨一無二的個人」，而非「沒有臉孔、沒有差異的大眾裡的一個人」這種普遍觀念。現在，我們把焦點放在一個比較乏味的論點。有些減少雜訊的策略會產生太多錯誤。它們或許非常像那個愚蠢的下棋遊戲程式。

不過，這個反對的主張看起來仍然比實際情況還要有說服力。如果一項減少雜訊策略容易引發錯誤，我們要做的不應該是安於存在嚴重雜訊的現狀。我們應該做的是嘗試採用更好的雜訊減少策略，像是採用總合判斷，而不是採用愚蠢的規定；又或是研擬明智的指引或準則，而不是守著愚蠢的指引或準則。舉例來說，一間大學爲了減少雜訊，可以規定依測驗分數的高低錄取學生，別無其他規則。如果那條規則看似太粗糙，學校可以建立公式，把測驗成績、學業等第、年齡、運動表現、家庭背景，以及更多因素納入考量。複雜的規則或許會更準確，更能顧及完整的相關因素。類似的情況是，醫師在診斷某些疾病時有複雜的準則。專業人士使用的指引和準則不一定簡單或粗糙，而其中有許多指引與準則有助於減少雜訊，但不會產生無法忍受的高成本（或偏誤）。如果指引或準則沒有效果，或許我們可以引進其他適合特定情況、有效的決策保健形式；還記得我們提過的總合判斷，或是運用結構化的中介評估法，這些都是可行的做法。

無雜訊、有偏誤的演算法

減少雜訊潛在的高成本，通常會在演算法的環境裡出現，因此對「演算法偏誤」的反對聲浪愈來愈大。我們已經看到，演算法能消除雜訊，因此往往看起來很有吸引力。確實，本書大部分的內容都可以視爲更依賴演算法的主張，只因爲它們沒有雜訊。但是，我們也看到，如果因爲更仰賴演算法而造成種族和性別歧視，或是不利於弱勢群體成員，減少雜訊可能付出無法容忍的代價。

大家普遍恐懼演算法實際上會產生的歧視後果，這無疑是嚴重的風險。在《大數據的傲慢與偏見》（*Weapons of Math Destruction*）裡，數學家凱西．歐尼爾（Cathy O'Neil）極力主張，依賴大數據並用演算法做決策，可能會植入偏見、加劇不平等，並威脅民主。[5]根據另一項有疑慮的說法，「可能存有偏誤的數學模型正在重新塑造我們的生活，而且無論是負責開發它們的公司，還是政府，都沒有興趣化解這個問題。」[6]根據獨立調查新聞組織ProPublica的資料，COMPAS這項廣泛應用於累犯風險評估的演算法，有不利於少數族裔的嚴重偏誤。[7]

應該沒有人會懷疑，我們有可能（甚至可以輕易）創造出一種零雜訊、但帶有種族主義、性別主義，或是存有其他偏誤的演算法。一個明白用被告的膚色決定一個人是否准予交保的演算法，會產生歧視（在許多國家，使用這種演算法是不合法的）。把求職者是否會懷孕這件事納入考量的演算法，會歧視女性。在這些案例與其他案例，演算法能消除判斷裡不想要的變異，但是也埋下不能接受的偏誤。

原則上，我們應該能夠設計一種**不**考慮種族或性別的演算法。確實，演算法的設計可以完全排除種族或性別。一個更具挑戰性、現在也得到更多關注的問題是演算法可能有歧視，也就是有偏誤，即使它不明目張膽的使用種族和性別作爲預測指標。

就像我們所建議的，一項演算法之所以會有偏誤，或許有兩個主要原因。第一，無論是否透過設計，它都可能用到與種族或性別高度相關的預測指標。例如，身高和體重與性別相關，而成長或居住的地方或許也和種族相關。

第二，歧視可能也來自來原始資料。如果演算法是根據有偏誤的數據庫訓練而成，它也會有偏誤。以「預測性警務」（predictive policing）演算法爲例，這套演算法意在預測犯罪，通常是爲了改善警務資源的配置。如果現存與犯罪有關的數據反映某些區域的警力過度部署，或是某些類型罪行的報案量相對高，那麼由此而來的演算法也會持續或加重歧視。[8]只要訓練用的資料有偏誤，就相當有可能設計出把歧視編寫進去的演算法，無論這是出於有心或是無意。確實，以此而言，演算法可能更糟糕：由於它們會消除雜訊，因此會比人類判斷有更**嚴重的**偏誤。[9]

對許多人來說，一個重要的務實考量是演算法是否會對可辨識的群體有差別待遇。究竟要如何測試差別待遇的影響，又要如何決定構成演算法歧視、偏誤或公平的要素，這是一個極其複雜的主題，遠超過本書的範疇。[10]

然而，我們能夠提出這些問題，正好反映演算法明顯優於人類判斷。首先，我們建議仔細評估演算法，以確保它們沒有納入不能採信的資訊，並客觀測試它們是否會有歧視。人類的個人判斷通常無法透視，因此要放在同樣的放大鏡下審視會困難得多；人的歧視有時候是無意識的，而且旁觀者並無法輕易看出來，包括法律制度。因此，在某些方面，演算法比人類更透明。

無疑的，我們需要注意無雜訊、但有偏誤的演算法產生的成本，就像我們需要考慮無雜訊、但有偏誤的規定所產生的成本一樣。關鍵問題是我們能否根據一組重要標準，設計出優於眞實世界人類判斷者的演算法，這些標準包括：準確度與雜訊的減少數量，還有無歧視和公平。許多證據顯示，無論我們挑選的標準組合為何，演算法的表現都能夠比人類更好。（請注意，我們是說「**能夠**」，而不是「**一定**」。）例如，第10章描述過，以保釋裁決而言，演算法能夠比人類判斷者更準確，產生的種族歧視比較少。類似的情況是，履歷表篩選演算法比人類篩選者更能夠挑出素質更好、而且**更多元**的備選人才庫。

我們可以從這些例子和許多其他例子得到一個無法迴避的結論：雖然預測性演算法在一個不確定的世界裡不太可能

完美，但是有雜訊、通常也有偏誤的人類判斷可能更不完美。這種優越性在效度（優良的演算法幾乎總是有更好的預測能力）和辨識度（優良的演算法比人類判斷者有更少的偏誤）上都成立。如果演算法犯的錯比人類專家還少，而我們卻在直覺上偏好人類，那麼我們應該仔細審視我們的直覺偏好。

我們更廣泛的結論很簡單，而且可以延伸到演算法之外的主題。減少雜訊策略確實代價不斐。但是在大多數時候，它們的成本只是藉口，而且不構成容忍雜訊所帶來不公平和代價的充分理由。當然，減少雜訊的作為本身或許會產生錯誤，或許是以偏誤的形式呈現。在那樣的情況下，我們會有很嚴重的問題，但是解決辦法不是拋棄對減少雜訊的努力，而是想出更好的解決辦法。

關於減少雜訊的成本

「如果想要減少教育領域的雜訊，我們必須花很多錢。教師在給學生評分時有雜訊，我們不能讓五個老師改同一份考卷。」

「如果社群網路不依靠人類判斷，而是不管上下文如何，一律禁止所有人使用某些字彙，那麼這項規定雖然能夠消除雜訊，卻也會造成許多錯誤。這種解決辦法反而讓問題雪上加霜。」

「沒錯，規則和演算法存在偏誤。但是，人也有偏誤。我們應該問的是，我們能否設計出零雜訊又低偏誤的演算法？」

「移除雜訊或許成本高昂，但是這個成本通常值得花。雜訊可能極其不公平。如果減少雜訊的措施過於粗糙、如果我們得到的指引或規則僵固到無法接受，或是會在無意間產生偏誤，我們不應該就此放棄。我們必須再試一下。」

27
尊嚴

假設你的房貸申請被駁回，不是因爲任何人研究過你的情況，而是因爲銀行有嚴格的規定，屬於你這種信用評等的人就是無法批准貸款。又或者假設你有輝煌的資歷，有一家公司的面試官也非常欣賞你，但是你的求職被拒絕，原因是你在15年前有毒品前科，而這家公司明令禁止雇用任何有犯罪前科的人。又或者你被控犯罪，保釋遭駁回，但是這個裁決並非是聽過眞人申訴後的結果，而是因爲有一套演算法的結果顯示，具備像你這樣特質的人，潛逃風險比裁定保釋所容許的門檻還高。

在這些情況下，許多人會表示反對。他們想要被當成一個人來對待。他們想要眞人檢視他們特定的處境。他們或許有、也或許沒有意識到「個別化處理會產生雜訊」。但是，如果這是個別化處理的代價，他們會堅持這個代價値得。他們或許會抱怨，套一句最高法院的話，他們沒有被「當成獨一無二的個人，而是沒有臉孔、沒有差異的大眾裡的一個人」，要承受某種刑罰的「盲目侵害」（參閱第26章）。

許多人堅持聽眞人申訴，讓人們感覺自己被當成一個人來對待，因此得到一種尊重，免於承受他們所認爲的「規定的暴政」。正當程序這個已經屬於日常生活一部分的概念，或許看似在要求一個面對面互動的機會，讓有權行使裁量權的人藉此廣泛考量各種因素。

在許多文化裡，這種個案判斷的安排有深層的道德基礎。政治學、法學、神學，甚至文學，都找得到它的蹤影。莎士比亞的《威尼斯商人》（*Merchant of Venice*）很容易就可以解讀爲反對無雜訊的規定，並請求法律以及人類判斷都爲慈悲留一個位置。正如劇中人物波西亞（Portia）的結辯所言：

慈悲不是勉強的，
它像是甘霖自天而降，
灑入塵世。它有雙重的福佑：
它賜福給那施者，和受者。
（……）
它占住國王的心頭，
它是上帝的象徵，
而帝王最近似上帝的時候，

就是以慈悲調劑法律了。*

慈悲不受限於規則，所以有雜訊。然而，波西亞的請求適用於許多情況和無數組織，它通常能引起共鳴。員工或許會尋求升遷，準屋主或許會申請貸款，學生或許會申請大學。在這些案例裡，做決策的人或許會拒絕在所有嚴格規定之外，採用一些減少雜訊的策略。如果沒有拒絕採用這些策略，或許是因爲他們像波西亞一樣，認爲慈悲不是勉強的。他們或許知道自己的方法有雜訊，但是如果這樣能確保人們覺得自己被尊重、有人聽他們說，他們或許不管怎麼樣都會接納雜訊。[1]

有些減少雜訊的策略沒有遇到這種反對意見。如果做決策的人有三個，而不是只有一個，還是會給當事人表達個人意見的機會。各種的指引或許留給決策者很大的裁量空間，但是有些減少雜訊的措施，包括死板的規定，確實會縮減裁量空間，而且可能會遭致大家的反對，認爲由此而形成的流程讓他們感到沒有尊嚴。

他們是對的嗎？當然，人們通常在意自己是否有機會可以申訴。被聽到的機會無疑蘊藏著人類價值。但是如果給予申訴機會會產生更多死亡、更多不公平，以及更高昂的

* 譯注：此段譯文取自梁實秋譯的《莎士比亞全集》。

成本，就不應該得到頌揚。我們曾經強調，在像是雇用、入學許可和醫療等情況，有些減少雜訊的策略或許會流於粗糙；它們或許會排擠掉那些雖然有雜訊、但總的來說產生較少錯誤的個別化對待（indiviudalized treatment）形式。但是，如果減少雜訊的策略粗糙，一如我們所論述的，那麼最好的回應是嘗試想出更好的策略，以涵蓋更多相關的變數。如果這項較好的策略能減少雜訊，產生較少的錯誤，它顯然會比個別化對待更好，即使它減少或消除個人被聽到的機會。

我們的意思並不是指個別化對待不重要。但是，如果這種對待方式會導致各式各樣的嚴重後果，包括明顯的不公平，就會付出高昂的代價。

變遷的價值

假設有個公共機構成功消除雜訊。比如說有一間大學訂定何謂**不當行為**，讓每個教職員和學生都知道它所涵蓋和排除的範圍。又比如有一家大型企業具體界定**貪腐行為**確切的內涵，於是這家公司每個人都知道做什麼事會被允許、做什麼事又會被禁止。再或者想像有一家民間機構大幅減少雜訊，或許是宣布它不會錄取不是主修某些科目的人。如果這家組織的價值改變了，會怎麼樣？有些減少雜訊的政策看似無法為價值的變遷創造出轉寰的空間，而這些政策的缺乏彈性，也可能構成與個別化對待和尊嚴的利益密切相關的問題。

美國憲法有一項以令人費解著稱的裁決，有助於說明這點。[2]這項裁決的時間是1974年，這個案例涉及學校制度裡一條嚴格的規定，那就是要求懷孕的教師在預產期前的5個月起停止付薪。一位名叫喬．卡蘿．拉芙洛（Jo Carol LaFleur）的教師主張，她完全適任教職工作，而這條規定是歧視，而且5個月停止付薪也是過當。

美國最高法院表示認同。不過，最高法院沒有提到性別歧視，也沒有說5個月的期間過度到不必要。它反對的是拉芙洛沒有得到機會證明她自己的情況，特別是她在生理上沒有停止工作的需求。在此引用法院的文字如下：

> 關於任何特定教師是否有能力繼續執行職務，該教師的醫師（或是學校董事會）都沒有個別的決定權（individualized determination）。這些規定含有一種不可反駁的推定，認定「生理上不適任」，而即使有醫學證據顯示，某個女性的生理狀況或許有可能與這項推定背道而馳，這項推定卻仍獲採納。

強制規定休假5個月看起來確實很荒謬。但是，法院沒有強調那點，反而把控訴的矛頭指向「不可反駁的推定」，以及缺乏「個別的決定權」。如此說來，法院顯然和波西亞站在同一陣線，主張慈悲是不勉強的，而應該要求專人檢視拉芙洛特有的情況。

但是，如果沒有一些決策保健措施，這種做法會成爲雜訊製造機。誰來決定拉芙洛的案例？拉芙洛得到的裁定結果，會和許多處境類似的女性當事人一樣嗎？再說，許多規定都形同是不可反駁的推定。明訂速限是無法接受的做法嗎？投票或飲酒的最低年齡門檻呢？一律禁止酒駕呢？考量到這些例子，那些反對「不可反駁的推定」的批評者，似乎是過了頭，特別是因爲他們想要達成的目的和效應是要減少雜訊。

當時有影響力的評論者爲法院的裁決辯護，強調道德價值會隨著時間改變，因此需要避免僵化的規定。他們辯稱，以女性在社會裡的角色而言，社會規範處於高度流動狀態。他們聲稱「個別的決定權」特別適合這樣的背景，因爲它有容納那些變動規範的空間。一個受到規定約束的制度或許能消除雜訊，那很好，但是它或許也會凍結現存的規範和價值，這就沒那麼好。[3]

總之，有些人或許會堅持，有雜訊的系統有一個優點是能夠顧及新出現的價值。舉個例子，當價值變動，如果法官獲得允許行使裁量權，他們或許會開始給毒品犯較輕的刑期，或是給強暴犯較重的刑期。我們強調過，如果有些法官很寬容，有些法官不是，那麼就會有某種程度的不公平，情況類似的人會得到不同的對待。但是，如果新穎或新出現的社會價值能因此受到容納，那麼我們或許可以容忍不公平。

問題很少限縮在刑事司法制度，甚至也不只限縮在法律上。不管有多少項政策，公司或許都會決定容許判斷與決策有一些彈性，即使這麼做會產生雜訊，因爲彈性能確保他們隨著新信念和價值的出現而與時俱進的改變政策。我們在此提供一個自己的例子：我們當中有一個人在多年前加入一家大型的顧問公司時，收到一套已經有一點歷史的迎新資料，載明他可以申請的出差費用（「一通打回家報平安的電話、西裝的熨燙費用、服務生的小費」）。這些規定沒有雜訊，但是顯然已經過時（而且有性別歧視）。它們很快就被跟上時代演進的標準所取代。例如，開銷現在必須「適當而合理」。

關於這項爲雜訊辯護的主張，第一個答案很簡單：有些減少雜訊的策略完全不會遭遇這種反對。如果人們採用以外部觀點爲根據的共同量表，就能隨時間經過因應變動的價值。不管任何情況，雜訊減少措施不一定、也不應該是恆常不變的。如果這些措施以公司規定的形式呈現，那麼制定規章的人應該會願意隨著時間修改。他們或許可以每年重新審視規定。他們或許會決定，由於新價值的出現，新規定有其必要。在刑事司法體系，法規制定者或許會降低某些罪行的刑期，而且會增加其他罪行的刑期。他們或許會把某些活動一併除罪化，並把某項在過去認爲完全可以接受的活動入罪。

但是，現在讓我們退一步看。有雜訊的制度有空間可以容納新出現的道德價值，而那可能是好事一件。但是在許多領域，以這個主張爲高度雜訊辯護是荒謬的。有些最重要的減少雜訊策略，像是總合判斷，確實有容納新出現價值的空間。同樣針對故障筆電提出申訴的不同顧客，如果從電腦公司得到不同的處理，這種不一致不太可能是由於新出現的價值而來。如果不同的人得到不同的醫療診斷，這很少是因爲新的道德價值使然。我們可以爲減少雜訊、甚至消除雜訊做很多努力，同時設計出能允許價值演進的流程。

鑽制度漏洞，迴避規定

在有雜訊的體系裡，各種類型的判斷者都可以隨著情況的需求而調整，並回應意外的發展。有些減少雜訊的策略，因爲消除了調適的力量，而在無意之間給人鑽制度漏洞的誘因。容忍雜訊的一個潛在論點就是，雜訊可能是民間機構和公共機構爲了圍堵投機行爲所採取方法的副產品。

稅法就是一個熟悉的例子。一方面來說，稅制不應該有雜訊。它應該明確而且可以預測；同樣的納稅人不應該得到不同的待遇。但是，如果我們消除稅制裡的雜訊，聰明的納稅人難免會想辦法迴避規定。究竟是要制定明確的規定以消除雜訊，還是要有某個程度的模糊，以容許不可預測性，並降低明確規定將產生投機或自利行爲的風險，稅務專家之間對此有熱烈的辯論。

有些公司和大學禁止人員從事「不當行爲」，但卻沒有具體指出它的意義。這時，雜訊就無可避免，這不是好事，或許甚至是一件很糟糕的事。但是，如果什麼是不當行爲有具體列表，那麼沒有明確涵蓋在列表內的惡劣行爲最後就會被容忍。

由於規定有清楚的界線，人們可以從事在定義上被排除、但會產生同等或類似傷害的行爲，藉以規避規定。（身爲青少年的父母都知道這點！）如果我們無法輕易設計出能禁止所有應該禁止行爲的規定，我們顯然就有容忍雜訊的理由，一如反對的主張所言。

在有些情況下，消除雜訊的明確規定確實會引起規避風險的行爲。這個風險或許是採取其他減少雜訊策略的理由，像是總合法，也或許是容忍一個可容許一些雜訊存在的方法。但是，在這裡，**或許**這個詞是關鍵。我們必須問，會有多少規避行爲，又會有多少雜訊。如果規避行爲很少，但雜訊很多，那麼我們還是採取減少雜訊的措施會比較好。我們會在第28章回頭探討這個問題。

嚇阻與風險規避

假設我們的目標是遏止（員工、學生、一般公民的）不當行爲。有一點不可預測性（甚至很多不可預測性）或許不是最糟糕的。雇主或許會想：「如果某些類型的違規行為是以罰款、停職或解職來處罰，那麼我的員工就不會冒險做出那些違規的事。」刑事司法制度的主事者或許會想：「我們不必太在意，想要犯罪的人是否必須猜測可能會受到怎樣的刑罰。如果刑罰輕重像抽樂透能嚇阻大家越界，或許我們可以容忍其中造成的雜訊。」

抽象而言，我們不能排除這些主張，但是它們的說服力實在不高。乍看之下，重要的是懲罰的期望值，有50%的機會罰款5,000元，等於是肯定會罰款2,500元。當然，有些人或許會聚焦在最糟的情境。風險規避者可能比較害怕有50%的機率會被罰款5,000元，但是追求風險者就比較不怕。為了知道一個有雜訊的制度是否會構成更多的嚇阻力，我們需要知道潛在有不當行為的人是風險規避者，或是追求風險者。如果我們想要增加嚇阻力，增加罰款並消除雜訊不是比較好嗎？那麼做也能消除不公平。

創意、士氣和新穎的構想

有些減少雜訊的努力或許會打擊動機和參與感，不是嗎？它們或許會影響創意，而且防止人們做出重大突破，不是嗎？許多組織這麼認為。在有些情況下，他們或許是對的。為了知道他們是否是對的，我們需要具體指明他們反對的是哪一種減少雜訊策略。

還記得許多法官對量刑基準的強烈負面反應。[4]一如有位法官所說的：「我們必須再次學會在法庭上信任判斷力的行使。」一般來說，位居權威的人不喜歡自己的裁量權被剝奪。他們或許會覺得遭到輕視和受到限制，甚至覺得屈辱。遇到限縮裁量空間的措施實行時，許多人會反抗。他們重視行使判斷的機會；他們甚至會珍惜這種機會。如果他們的裁量權被取消，他們就要做和別人一樣的事，他們或許會覺得自己像機器裡的齒輪。

簡單的說，有雜訊的體系或許有利於士氣，但這不是因爲它有雜訊，而是因爲它能讓人們做自己認爲合適的決策。如果員工能夠以自己的方式回應顧客的申訴、以他們認爲最好的方式評估部屬，或是訂定他們認爲適當的保費，那麼他們或許會更樂在工作。如果公司採取消除雜訊的措施，員工或許會認爲自己的行動力受到損害。這麼一來，他們變成按章行事，而不是運用自己的創意。他們的工作看起來更機械化，甚至機器人化。誰想要在一個壓制自己做獨立決策能力的地方工作？

組織之所以要因應這些感受，或許不只是因爲尊重他們，也是因爲想要給他們醞釀新構想的空間。如果實施規定，它可能會減少原創和發明。

這些論點適用於許多身在組織裡的人，不過當然不是所有的人。不同的職務，評估方法也必須不同；咽喉炎或高血壓的診斷有雜訊，或許不是發揮創意的好地方。但是，如果能夠建立更快樂、靈感更豐富的勞動力，我們或許願意容忍雜訊。士氣低落本身就是一種成本，而且會引發其他成本，例如績效低落。沒錯，我們應該能在減少雜訊的同時接納新構想。有些減少雜訊的策略確實能做到這點，例如將複雜的判斷結構化。如果我們想要在減少雜訊的同時也維持良好的士氣，我們或許要挑選能產生那種結果的決策保健策略。那些主事者或許可以明確表示，即使公司有規定，還是有流程可以挑戰或重新思考規定，但不是依個案行使裁量權，藉此打破規定。

在一系列影響強烈的著作裡，知名的律師和思想家菲利普・霍華德（Philip Howard）提出類似的觀點，贊成允許更有彈性的判斷。霍華德希望政策的呈現不要採用敘述式的規定（減少雜訊），而是採用通則：「合理」、「審慎行動」、「不加諸過多的風險」。[5]

霍華德認爲，現代的政府規範已經發展到瘋狂的地步，原因就是法規如此僵化。教師、農民、開發人員、護理師、醫師，這些人與其他更多的專家，都背負著各種規定，不但指示他們要做什麼事，還指揮他們究竟該怎麼做事。霍華德認爲，一個更好的做法是讓人們運用自己的創意，想出辦法，達成重要的目標，無論那個目標是更優質的教育成果、減少意外事故、更乾淨的水資源，還是更健康的病患。

霍華德提出一些說服力十足的主張，但重要的是探究他偏好的方法所帶來的後果，包括潛在的雜訊和偏誤增加。大部分人不喜歡籠統的僵固性，但是它或許是減少雜訊、消除偏誤和錯誤最好的辦法。如果只有通則，對通則的解讀和強制執行就一定會出現雜訊。那些雜訊或許無法容忍，甚至有失顏面。最起碼，雜訊的成本必須經過仔細考量，而它們通常沒有。一旦我們看到雜訊產生廣泛的不公平，而且自身也帶有高昂的成本時，結論通常是我們不能容忍雜訊，應該找出不會傷害重要價值的雜訊減少策略。

關於尊嚴

「人們重視、甚至也需要面對面的互動。他們想要真人聽他們訴說憂慮和怨言，也想要有改善事物的力量。沒錯，那些互動難免會產生雜訊，但是人類尊嚴無價。」

「道德價值不斷演進。如果我們鎖定一切，就沒有空間容納變遷的價值。有些減少雜訊的措施就是太過僵化，它們會阻擋道德的變遷。」

「如果你想要遏止不當行為，就應該容忍一些雜訊。如果讓學生猜不準抄襲會得到什麼懲處，很好，他們會避免抄襲。以雜訊呈現的些許不確定性可以強化嚇阻力。」

「如果我們消除雜訊，最後可能會得到明確的規定，而為惡作亂的人會想出規避的辦法。如果雜訊可以防止策略性或投機的行為，那麼它可能是值得付出的代價。」

「有創意的人需要空間。人不是機器人。無論做什麼工作，都應該得到一些施展空間。受到限制的你，或許不會有雜訊，卻也感受不到太多樂趣，而你的原創構想也就無法開花結果。」

「到頭來，大部分為雜訊辯護的作為都不具說服力。我們可以尊重人的尊嚴、為道德的演變留下很多空間，並讓人類的創意得以發揮，但卻不必容忍雜訊的不公平和成本。」

28

規定或準則

如果我們的目標是減少雜訊，或是決定怎麼做，以及是否要去做（還有做到什麼程度），區分「規定和準則」這兩種約束行爲的方式會很有幫助。各種組織通常會選擇其中一種約束行爲，或是兩種約束行爲的某個組合。

在商業界，公司或許會載明員工從幾點到幾點必須上班、不得休假超過兩週，還有誰若是向媒體洩露消息，就會被開除。又或者，它或許會說，員工「在合理的工作日」必須上班、休假將「依據個別情況、符合公司需求」而決定，還有洩密「會受到適當的懲處」。

在法律上，一條規定或許會載明不得超過某個明確數字的速限、勞工不能曝露在致癌物中，或是所有處方藥物都必須附上特定警語。對照之下，一條準則或許會說，我們必須「謹慎」駕駛、雇主必須「盡其所能」提供安全的工作場所，或是企業在決定處方藥物是否要添加警語時，必須「合理」行事。

這些例子點出規定和準則的重要區別。規定意在消除採納者的裁量空間；準則則是賦予這種裁量權。只要是有規定，雜訊應該會大幅減少。解讀規定的人必須回答一個與事實有關的問題：駕駛人到底開得多快？勞工是否暴露於致癌物中？藥物是否標示規定的警語？

在規定下，進行事實調查的企業可能也要涉足判斷，因而產生雜訊，或受到偏誤所影響。我們已經看到很多例子。但是，設計規定的人，著眼的是減少那些風險，而如果規定裡有一個數字（「未年滿18歲不得投票」，或是「速限是每小時65英里」），應該就能減少雜訊。規定有一個重要的特質：**它們減少判斷的角色**。以此而言，至少判斷者（即所有使用這項規定的人）能做的工作會變少。他們遵照規定辦事。無論好壞，他們的施展空間會小得多。

準則完全是另外一回事。制定準則後，判斷者必須做很多工作，具體界定開放式條件的意義。他們或許必須做出無數的判斷，才能決定何謂（比方說）「合理」和「盡其所能」。除了進行事實調查，他們還要對於相對模糊的詞彙賦予內容。設立準則的人有效的把決策權輸出給其他人。他們把權力下放。

第22章討論到的判斷指引類型，或許是規定，也可能是準則。如果是規定，它們會大幅限縮判斷。即使是準則，它們或許也還稱不上到完全開放的地步。阿普嘉評分是準則，不是規定。它們沒有禁止行使部分裁量權。若判斷指引變嚴格，以致於消除裁量空間，它們就會變成規定。演算法的運作是規定，而不是準則。

區隔與無知

首先，只要企業、組織、社會或群體能夠明確區隔，準則的研擬或許會比規定的建制容易，這一點應該很清楚。企業領導人或許會同意，主管即使不知道禁止事項的確切內容爲何，也都不該有侮辱他人的行爲。就算沒有判定調情的行爲是否可以接受，經理人或許都會反對工作場所的性騷擾。大學就算沒有具體說明「抄襲」的確切定義，或許還是會禁止學生抄襲。大眾即使不去判定憲法是否保障商業廣告、威脅或猥褻行爲，或許也會同意憲法應該保障言論自由。而就算不去定義嚴謹的內容，大家或許也會同意環境主管機關應該發布審愼的規定，以減少溫室氣體排放。

制定沒有具體陳述細節的準則，可能會產生雜訊，而這些雜訊或許可以透過我們討論過的一些策略來控管，像是總合判斷，以及採用中介評估法。領導人或許想要制定規定，但是就實務而言，卻無法在規定上達成意見一致。憲法本身包含許多準則（例如，保障宗教信仰自由）。世界人權宣言（Universal Declaration of Human Rights）也是同樣的道理（「人人生而自由，在尊嚴和權利上一律平等」）。

要讓各式各樣的人對減少雜訊的規定達成一致的意見，是一項艱鉅的挑戰，這就是實施準則、而不是規定的原因之一。企業領導人或許對於員工必須如何與顧客應對的具體言詞規範有一致的意見。面對這種處境的領導人，採用準則或許是上策。公共部門也可以類推適用。立法者或許可以在準則上達成妥協（並容忍由此而來的雜訊），如果那是立法通過的代價。在醫療領域，醫師或許會同意診斷疾病的準則；另一方面，這時若是想要訂立規定，可能反而引起難以化解的歧見。

但是，社會和政治的區隔不是我們捨棄規定而訴諸準則唯一的原因。有時候，真正的問題在於人們缺乏能夠讓他們建構有意義的規定所需的資訊。一間大學或許無法訂出教職員升遷決策所依循的規定。一位雇主或許費盡心力也很難預見會讓它留任或約束員工的全部狀況。一國的立法或許無法得知空氣汙染（如懸浮微粒、臭氧、二氧化氮、鉛等）的適當水準。它充其量能夠做的就是制定某種準則，並依靠信任的專家，具體指出它的意義，即使後果是造成雜訊。

規定在很多方面都可能有偏誤。可能有條規定是禁止女性擔任警官，有規定可能說愛爾蘭人不適用。即使規定產生嚴重偏誤，仍然可以大幅減少雜訊（如果每個人都遵守的話）。如果有規定說年滿21歲以上的人准予購買酒精飲料，而未滿21歲的人不可以，那樣可能不會產生什麼雜訊，至少只要大家都遵守規定的話。相較之下，準則則會產生雜訊。

老闆，控制部屬

規定與準則之間的差異，對於所有公共和民間機構（包括各種企業）都極爲重要。只要是委託人想要控制代理人，就必須在這兩者之間做選擇。一如第2章所描述，核保人員致力訂出「金髮姑娘」保費（不會太高也不會太低），來使公司受益。他們的老闆給這些核保人員的指引，會是準則、還是規定？任何企業領導人在指示員工時，指令可能非常具體，也可能更爲寬泛（「運用你的常識」，或是「行使你的最佳判斷」）。醫師在給病患指示時，或許會挑一種方法來使用。「每天早晚服用一顆」，這是規定；「視需要服用」，這是準則。

我們提過，像臉書這樣的社群媒體公司，不可避免會關注雜訊，以及思考如何減少雜訊。公司或許會告訴員工，有貼文違反明確規定時（如禁止裸體）要移除內容。或者，它可能會要員工落實一項準則（像是禁止霸凌或公然冒犯的素材）。臉書2018年首度公布的「社群守則」（Community Standards）就是規定與準則的有趣組合，很多條守則都涵蓋兩者。守則發布後，臉書使用者發出無數抱怨，指稱臉書公司的準則產生過多雜訊（因而造成錯誤和不公平）。一個反覆出現的顧慮是，由於有數千名臉書審查員必須做判斷，決策的變異很大。在決定是否要移除他們審查的貼文時，審查員對於什麼貼文可以容許、什麼貼文要被禁止，會做出不同的決定。爲了了解爲什麼這種變異無可避免，請思考以下這段擷取自2020年臉書「社群守則」的文字：[1]

> 我們對仇恨言論的定義，包括針對他人的種族、民族、國籍、宗教信仰、性傾向、種姓、性別、性別認同和重大疾病或身體障礙等所謂受保護的特徵進行直接攻擊。我們也對移民身分提供一些保護。我們對攻擊的定義，包括暴力或非人化的言論、貶抑的陳述方式，以及鼓吹排擠或隔離。

在落實這種定義時，審查員無可避免會有雜訊。究竟什麼算是「暴力或非人化的言論」？臉書意識到這類問題，於是轉向清楚分明的規定作爲因應，目的正是爲了減少雜訊。那些規定經過分門別類，編成一份名爲「執行守則」的非公開文件，內容大約有12,000字，而《紐約客》（*The New Yorker*）雜誌取得了這份文件。[2]在公開的「社群守則」裡，用來規範圖像內容的條文，以準則開始：「我們移除崇尚暴力的內容。」（那究竟是什麼？）對照之下，「執行守則」列出圖像，並明文告訴內容審查人，如何處理這些圖像。其中的例子包括「燒焦的或燃燒的人」，以及「無法再生的身體部位遭到肢解」。這些複雜事情扼要的說，「社群守則」看起來更像準則，而「執行守則」則更像規定。

同理，一家航空公司或許會要求機師遵照規定或準則。要判斷的問題或許是在停機坪上90分鐘之後是否要回到登機閘口，或是打開安全帶警示燈的確切時機爲何。航空公司或許喜歡規定，因爲規定能限縮機師的自由裁量權，因而減少錯誤。但是，它可能也相信，在某些情況下，機師應當採用他們的最佳判斷。在這些情況下，準則或許更優於規定，即使它們會產生一些雜訊。

在這些例子與其他更多案例裡，在規定和準則之間做決定的人，必須著眼於雜訊問題、偏誤問題，或是兩者兼具。企業無論大小，隨時都必須做決策。有時候，它們憑直覺做決策，沒有什麼架構可循。

準則形形色色。有的基本上沒有內容可言：「視情況，採取適當的作爲。」有的可能寫到接近規定的地步，像是具體定義何謂適當，以限制判斷者的裁量權。規定和準則也可以混搭。例如，人事部門可能會先採用一項規定（「所有求職者必須具備大學學位」），然後才應用準則（「在那個限制下，挑選會有出色工作表現的人」）。

我們說過，規定應該減少或甚至可能消除雜訊，而準則通常會產生大量雜訊（除非採用一些減少雜訊的策略）。在公共機構和民間組織裡，雜訊通常是沒能制定規定的產品。當雜訊嚴重到某個程度（也就是每個人都可以看到

「處境類似的人沒有得到類似的對待」時），事情的發展通常就會往規定的方向靠攏。就像刑事量刑的例子，這種轉向或許會變成一種大聲疾呼。而在疾呼之前，通常會先有某種雜訊審查。

受制的雜訊再現

現在考慮一個重要問題：哪種人算是身心障礙人士，可以有資格領取保留給無力工作者的經濟福利？如果是以這種措辭來描述這個問題，判斷者會臨機決斷，而做出有雜訊、因而不公平的決策。在美國，這種有雜訊、不公平的決策曾經是常態，而且結果令人難堪。兩個人都坐輪椅，或是都有嚴重抑鬱症和長期疼痛，看似一模一樣，卻會得到不同的待遇。爲了因應這個問題，公務員把判斷依據改成**身心障礙矩陣**（disability matrix），這更像一條規定。這個矩陣只需要根據教育、地理區域與殘存的身體功能等條件，做相對機械化的判斷。矩陣的目的是減少決策的雜訊。

法學教授傑利．馬蕭（Jerry Mashaw）寫下這個問題最重要的討論，並爲消除有雜訊的判斷而進行的努力取了一個名字：**官僚正義**（bureaucratic justice）。[3]這個名詞值得一記。馬蕭之所以創立這個譽爲根本公義的矩陣，正是因爲它可望消除雜訊。不過，在有些情況下，官僚正義可能沒有實現它的承諾。每當一家機構轉向受規定約束的決策時，就會有雜訊再現的風險。

假設在某些案例中，規定帶來糟糕的結果。在這種情況下，判斷者或許會認爲規定過於嚴苛，乾脆無視規定。他們或許會透過溫和的公民不服從行動來行使裁量權，這些舉動可能很難監管或被看到。在民間企業，員工會漠視看似愚蠢的公司規定。同理，背負保護公共安全和公共衛生的行政機構，可能會在法規過於僵化或像規定時拒絕執法。在刑法上，**陪審團否決權**（jury nullification）指的是陪審團因爲法律僵化、嚴苛得沒有道理，而逕自拒絕遵守法律，

凡是公共或民間機構試圖透過嚴格的規定控制雜訊，就一定要保持警覺，留意規定有可能觸動檯面下的裁量權。當有三振出局政策在眼前，爲了避免對已經被判兩次重罪的人起訴重罪，檢察官會經常採用哪些對策非常難控制，甚至很難看得出來。

只要發生這種事，就會有雜訊，但是沒有人會對此有所聽聞。我們必須監控規定，確保它們的運作符合預期。如果沒有，雜訊的存在或許是線索，而規定應該要修改。

架構

在企業與政府中，規定和準則之間的選擇通常是出於直覺，但是這個選擇可以做得更有原則。八九不離十，這個選擇就取決兩個因素：（1）決策的成本；以及（2）錯誤的成本。

如果有準則，各種判斷的決策成本可能會非常高，只因為判斷者必須努力賦予準則內容。做判斷可能是沉重的負擔，如果醫師被告知要做出最佳判斷，他們或許必須花時間思考每個病例（而這些判斷或許還是有雜訊）。如果醫師有清楚的診斷指引可以判斷病患是否患有咽喉炎，他們的決策可能很迅速，而且相對直截了當。如果速限是時速65英里，警察就不必苦思到底可以讓大家開多快，但是如果準則是大家開車的速度不可以「超乎合理範圍」，警察就必須深思何謂「合理範圍」（而且執法幾乎一定會有雜訊）。如果有規定，決策的成本通常會低得多。

不過，這件事說起來還是很複雜。規定一旦出爐，應用起來或許直截了當，但是在規定訂立之前，**必須有人決定有哪些規定**。產生一項規定可能很困難。有時候，它的成本高不可攀。法律體系和民間企業才會經常使用像是**合理**、**審慎**、**可行**等字眼。這也是為什麼在醫療和工程等領域，諸如此類的名詞也扮演同樣重要的角色。

錯誤的成本指的是錯誤的數量和規模。一個普遍的問題是代理人是否有豐富的知識、夠可靠，以及他們是否實行決策保健措施。如果答案都是肯定的，那麼準則或許能運作良好，或許雜訊會很少。委託人有理由不信任代理人時，就必須訂出規定。如果代理人能力不足或有偏誤，如果他們不能切實執行決策保健措施，那麼他們就應該受到規定的約束。明智的組織非常了解，它們給予的裁量空間大小，與他們對代理人的信任程度有密切的關係。

當然，從完全信任到徹底不信任是一個連續區間。準則或許會導致不那麼值得信任的代理人出很多錯，但是錯誤如果輕微，或許可以容忍。規定可能只會出幾個錯，但如果會釀成災難，那麼或許還是需要準則。我們應該能明白，我們沒有**一體適用**的理由，可以認定錯誤的成本是否比規定還高，或是比準則還高。當然，如果規定完美，就不會產生錯誤。但規定很少是完美的。

假設法律說滿21歲的人才可以買酒，目的是在保護年輕人不受與飲酒相關的風險所害。從這個角度來看，這條法律會產生大量錯誤。有些20歲、19歲、18歲，甚至是17歲的人，喝酒不會出問題。而有些22歲、42歲或62歲的人卻不能喝酒。準則或許會產生較少的錯誤，前提是如果我們可以找到適合的說法，而且如果人們可以準確運用這些說法的話。當然，那非常難做到，那就是爲什麼我們在酒類銷售上，看到的幾乎一定是根據年齡而訂出的簡單規定。

這個例子點出更重要的一點。只要是做大量決策，就可能出現很多雜訊，也就會有人強烈主張要有明確的規定。如果皮膚科醫師要看很多有癢疹和痣的病患，而他們的判斷受制於明智的規定，那麼犯的錯可能會較少。如果沒有這樣的規定，而且只有開放式的準則，決策的成本通常就會高得難以想像。對於重複的決策來說，相較於臨機判斷，朝向制式規定有實質的優勢。行使裁量權的負擔沉重，而雜訊的成本，或是雜訊所帶來的不公平，或許也不能容忍。

聰明的組織非常明白兩種行爲規範方法的缺點。他們把規定（或是接近規定的準則）列爲減少雜訊（以及偏誤）的方法。而且爲了把錯誤的成本降到最低，他們願意在事前投入相當的時間和注意力，以確保規定（足夠）精準。

驅逐雜訊？

在許多情況下，雜訊應該是不光彩的事。雜訊是生活中的一部分，但我們沒有非得活在雜訊裡。一個簡單的因應方法就是把開放式的裁量權或模糊的準則，改成規定或是接近規定的東西。我們現在已經了解，簡單的因應方式就是正確的因應方式。但是，即使在規定不可行或並非好主意時，我們也已經找出各種可以減少雜訊的策略。

這些事情都引出一個重要問題：法律制度應該驅逐雜訊嗎？只回答「是」太過簡單，但是法律在控制雜訊上，應該要比現在有更多作爲。以下是思考這個問題的一種方式。德國社會學家馬克斯・韋伯（Max Weber）曾對「卡迪審判」（Kadi justice）*有微詞，在他的理解裡，這是非正式、臨機的判斷，沒有通則的約束。在韋伯看來，卡迪審判是不可容忍的個案判斷；它違反了法治。一如韋伯所言，法官「做裁決的方式不按照正式規定與『不考慮個人』。裁決多半是反其道而行所得的結果；[4]他對人的審判，根據的是當事人具體的特質以及具體的處境，或是根據平等以及具體結果的適當性。」。

韋伯主張，這個方法「與決策的理性規則無涉」。我們可以輕易看出，韋伯不滿的是卡迪審判產生不能容忍的雜訊。韋伯肯定事前訂定規範的官僚體系判斷。（還記得那個官僚正義的概念。）他認爲，專精化、專業而受規定約束的方法，是法律演進的最後一個階段。但是，在韋伯寫下這些話很久之後，卡迪審判或類似的制度顯然還是很普遍。問題是該怎麼辦。

我們還不至於主張減少雜訊應該要納入「全球人權宣言」之中，但是在某些情況下，雜訊可能可以算是侵犯權利，而且一般來說，全球的法律體系都應該投入更多心力於控制雜訊。像是刑事量刑；還有民事罰款；以及庇護、教育機會、簽證、建築許可和職業執照的核准和駁回等等。或是假設有一家大型政府機構要雇用好幾百人、甚至好幾千個人，而它的決策沒有規律或理由；這其中有刺耳的雜訊。或是假設有一家孩童監護機構處置幼兒的方式有很大的差異，而這樣的差異取決於案件分派給哪一名人員。把一個孩子的人生和未來交託給機運，這怎麼能讓人接受？

在許多情況下，這類決策的變異顯然是由偏誤造成，包

* 編注：卡迪是伊斯蘭教的法官，韋伯定義的卡迪審判是指依據具體的道德評估或實際評估做出的非正式（法律）審判。

括可辨識的認知偏誤，以及某些形式的歧視。若是如此，人們通常會認爲這種情況忍無可忍，而且會援引法律作爲修正手段，要求不同的新做法。全世界的各種組織都認爲偏誤十惡不赦。他們是對的。但他們卻不這麼看雜訊。而他們應該如此。

在許多領域，雜訊目前的水準高得離譜。雜訊引發高昂的成本，也造成嚴重的不公平。我們在此列出的雜訊只是冰山一角。法律應該要有更多作爲，以減少那些成本。法律應該打擊這種不公平的情況。

關於規定與準則

「規定會使生活簡化，而且減少雜訊。但是準則讓人可以視處境的情節而調整。」

「要訂出規定還是準則？首先，先問哪一個產生較多的錯誤。接著，再問哪一個的訂定和實行比較容易，或是負擔較重。」

「我們通常在應該採納規定的時候採用準則，這單純只是因為我們沒有注意到雜訊。」

「減少雜訊不應該納入世界人權宣言，至少還不到那個時候。不過，雜訊還是有可能極為不公平。在全世界，法律體系都應該考慮採取有力的措施以減少雜訊。」

综述與結論

正視雜訊問題

雜訊是我們不樂見的判斷差異，然而有太多這樣的差異。我們的中心目標是解釋爲什麼會如此，並探討如何解決這個問題。本書涵蓋大量的材料。在此，我們將透過結論回顧一下主要觀點，並提供一個更廣闊的視角。

判斷

我們筆下的**判斷**和「思考」不同，兩者不可混淆。我們所謂的判斷是一種很狹義的概念，指的是一種測量，而測量工具就是一個人的頭腦。判斷和其他形式的測量一樣，會給予測量對象一個分數。分數不一定是數字。「瑪麗・強生（Mary Johnson）的腫瘤也許是良性的」這種陳述就是判斷，又如「國家經濟很不穩定」、「我們要聘請新的經理，弗瑞德·威廉斯（Fred Williams）就是最佳人選」、「要承保這樣的風險，應該收取12,000美元的保費。」判斷把零碎、不同的訊息納入整體評估之中。判斷不是計算，也沒有確切的規則可以依循。老師運用判斷給報告打分數。但選擇題測驗的給分不需要運用判斷。

很多人的職業涉及專業判斷，而每一個人都會以重要的方式受到這種判斷的影響。我們在此稱他們為專業**判斷者**，包括足球教練、心臟科醫師、律師、工程師、好萊塢影業公司主管、保險公司核保人員等，不勝枚舉。專業判斷一直是本書的重點，一個原因是這方面已經有相當多廣泛且深入的研究，另一個原因則是判斷品質對所有人都有重大影響。我們相信，我們的心得也有助於人們在其他生活方面做出判斷。

有些判斷是**預測性的**。這種判斷有些可以驗證，我們最終會知道這些判斷是否準確，像是一些情況的短期預測，如某種藥物的效果、一場全球大流行病症的進程、選舉結果等。但是很多判斷，包括長期預測及回答虛構的問題，都是無法驗證的。這種判斷的品質只能透過產生這些判斷的思維過程來評估。此外，很多判斷不是預測性的，而是**評估性的**：如法官量刑或是一幅畫作在繪畫比賽得到的名次，都很難與客觀的眞實價值相比。

然而，我們不得不注意的一點是，做判斷的人表現得就像有眞實價值可以比較似的。從他們的思維和行為來看，他們就像對著看不見的靶心射擊。**主觀判斷**一詞意味著判斷有分歧的可能，而人們希望分歧是有限的。判斷的特點就是期望**分歧在一定的限度之內**。判斷介於計算和品味之間，計算容不下分歧，至於品味則見人見智，除了極端的例子，我們幾乎不會期望人人一致。

誤差：偏誤與雜訊

在一組判斷中，如果大多數的誤差都偏向同一個方向，就有**偏誤**存在。偏誤是**平均誤差**。例如有一群人去打靶，每一個人的彈著點都落在靶心的左下方；主管群年復一年高估銷售量；或是有一家公司不斷把資金挹注在失敗的計畫上，不願放棄這個計畫。

消除一組判斷中的偏誤並無法消除所有的誤差。去除偏誤之後，留下的誤差並不是共有的。這些誤差就是我們不樂見的判斷變異，顯示我們運用在現實的測量工具並不可靠。這種變異就是**雜訊**。雜訊是原本應該相同的判斷出現的變異。一個組織雇用可互相取代的專業人員來做決策，如急診醫師、爲罪犯量刑的法官或是保險公司核保人員。在這個組織內出現的雜訊，我們稱爲**系統雜訊**。本書大部分都在討論系統雜訊的問題。

偏誤與雜訊的測量

兩百多年來，**均方差**一直是科學測量準確性的標準。均方差的主要特點是，它將樣本平均值作爲母體平均值的不偏估計量，對正負誤差一視同仁，對大誤差給予不成比例的懲罰。均方差不能反映出判斷誤差的眞實代價，而且判斷誤差通常是不對稱的。然而，專業決策總是需要準確的預測。對一個面臨颶風威脅的城市來說，低估和高估威脅的代價顯然是不同的，然而你可不希望代價的差異會影響氣象學家對颶風風速和路徑的預測。均方差就是做這種預測性判斷的適當標準。這種判斷的目標就是客觀的準確性。

偏誤和雜訊都可以用均方差來獨立衡量，而偏誤和雜訊都是誤差的來源。顯然，偏誤總是不好的，而且減少偏誤總是可以提高準確性。然而，我們比較難直覺的察覺雜訊一樣是不好的，而且減少雜訊也有幫助。即使判斷明顯有偏誤，最佳分散量會是零。當然，我們的目標是把偏誤和雜訊都減少到最小。

在一組可驗證的判斷裡的偏誤，指的是一個案例的平均判斷與相應的實際數值之間的差異。對於不可證驗的判斷，這種比較是不可能的。例如，我們永遠無法得知核保人員爲某一種風險設定保費的眞實數值。我們也無法輕易得知某個案件公正判決的眞實數值。有鑑於此，人們經常會假設法官的判斷沒有偏誤，多位法官的平均值應該最接近眞實數值，但是這種假設不一定正確。

系統雜訊可透過**雜訊審查**來評估，這是一項實驗，由幾位專業人員就相同的個案（真實或虛構的個案）進行獨立判斷。儘管不知道真實數值，也可以衡量雜訊，正如我們可以從靶子背面察看彈著點分散的情況。雜訊審查可以測量很多系統中的判斷變異，包括醫院的放射診斷科和刑事司法系統。系統雜訊有時可能會使人注意到技術或訓練方面的缺失。而且系統雜訊可以量化，例如，同個團隊的核保人員風險評估的結果會有所不同。

就偏誤和雜訊而言，哪個問題比較大？答案是視情況而定。答案有可能是雜訊。如果誤差的平均值（偏誤）和誤差的標準差（雜訊）相等，偏誤和雜訊對整體誤差（MSE）的影響是一樣的。如果判斷的分布呈常態分布（標準鐘型曲線），84% 的判斷比真實數值高（或低），則偏誤和雜訊的影響是相等的。如果有很大的偏誤，通常逃不過專業人員的法眼。然而，如果偏誤小於一個標準差，雜訊則是更大的錯誤來源。

雜訊是不可忽視的問題

就某些判斷而言，意見分歧非但不成問題，甚至是件好事。意見的多樣性對想法的生成和選擇非常重要。對立的想法是創新的關鍵。影評家各有各的觀點是他們的特點，而非錯誤。交易員之間的看法不同，才會產生市場。相互競爭的新創公司間有策略差異，讓市場選擇出最適合生存的公司。然而，在我們所說的判斷之中，系統雜訊始終是個問題。如果兩個醫師給你不同的診斷，至少有一個人的診斷是錯的。

系統雜訊多得令人驚訝，帶來的損害更是難以計數，這樣的震撼促成我們寫出這本書。系統雜訊及其造成的傷害遠超過一般人的預期。我們舉了很多領域的例子，包括商業、醫學、刑事司法、指紋分析、預測、人事考核和政治等。我們得到的結論是：只要有判斷，就有雜訊，而且雜訊比你想像的要來得多。

雜訊在誤差扮演的重要角色與一個普遍的信念相矛盾，也就是誤差是不重要的，因爲誤差可以「抵消」。這種信念是錯誤的。如果多發子彈的彈著點分散在靶心周圍，如果有人說，平均來說，這些子彈正中靶心，這種說法是無益的。若是一個求職者得到的評價比他應得的評價要來得高，另一個求職者得到的評價則比應得的評價來得低，就可能會雇用錯誤的人選。如果保險公司有一份保單的保費訂得太高，另一份保單的保費則訂得太低，這兩個錯誤都會讓保險公司損失慘重；保費訂得太高，客戶就跑了，訂得太低，公司就會賠錢。

總之，我們可以肯定，如果沒有好理由讓判斷有差異，就會出現誤差。即使判斷無法驗證、誤差無法測量，雜訊還是會帶來壞處。情況相同的人受到差別待遇是不公平的。在一個系統中，如果專業判斷不一致，就會失去可信度。

雜訊的種類

系統雜訊可以拆解成**水準雜訊**和**型態雜訊**。有些法官通常要比其他法官來得嚴厲，還有一些法官則比較寬容；有些預測者通常看好市場前景，有些則看壞；有些醫師開立的抗生素比其他醫師來得多。**水準雜訊**是指不同個體平均判斷的變異。判斷尺度的模糊性就是水準雜訊的一個來源。像**有可能**這樣的文字描述或是數字（如「0到6分當中的4分」），每一個人的感受並不相同。水準雜訊是判斷系統裡誤差的重要來源，而且是採取干預措施來減少雜訊的重要瞄準目標。

系統雜訊還包括另一個占比通常更大的雜訊。無論兩個法官的平均判斷爲何，他們對哪些罪行該判處較重的刑罰可能有不同的看法。他們的判刑決定在所有案件會產生不同的**排序**。我們稱這種變異爲**型態雜訊**（用統計學術語來說，就是**統計交互作用**〔statistical interaction〕）。

型態雜訊的主要來源是穩定的：這是不同法官因爲個人特質而對同個案件有判決差異。有些差異反映個人遵循的原則或價值觀，不管在做判斷時是否有覺察到這一點。例如，有一個法官可能對在店內行竊的扒手特別嚴厲，對違反交通規則的人則比較寬容，另一個法官則剛好相反。有些潛藏人心的原則或價值觀可能相當複雜，法官本人也許不會覺察。例如法官對於店內行竊的年長扒手會無意識的採取相對寬容的態度。最後，對某一個案件的高度個人化反應也是穩定的。如果法官發現被告和自己的女兒很像，可能會生出同情心，而對被告比較寬容。

這種**穩定的型態雜訊**反映出法官個人的獨特性：他們對每一個案件的反應就像個性一樣因人而異。人與人之間的微妙差異通常沒什麼不好，而且很有趣，然而如果是在一個假定應有一致性的系統當中，專業人士的個人差異就會變成問題。在我們調查的研究當中，個人差異產生的穩定型態雜訊通常是系統雜訊最大的來源。

不過，法官對特定案件的獨特態度仍不是完全穩定的。型態雜訊含有一種暫時的成分，稱爲**場合雜訊**。如果一位放射科醫師在不同的日子對同一張醫學影像做出不同的診斷，或是指紋鑑定人員在某一個場合下鑑定指紋辨識的結果是吻合，在另一個場合下卻認爲不吻合，我們就會偵測到這種雜訊。就像這些例子一樣，當法官不記得之前承辦過某一個案子時，很容易就可以測量出場合雜訊。另一個顯現場合雜訊的方法是，某一個不相干的特點對判斷所產生的影響，如法官支持的球隊獲勝，法官在量刑時就會變得寬容，或是醫師在一天門診快結束時，比較可能會開鴉片類止痛藥。

判斷與雜訊的心理學

判斷者的認知缺陷不是造成預測性判斷錯誤的唯一原因。**客觀的無知**往往扮演更重要的角色。有些事實是不可能得知的，例如昨天出生的嬰兒在70年後會有多少孫子女，或是明年樂透彩的中獎號碼。其他事實或許可能得知，判斷者卻不知道。人總是對自己的預測性判斷有著過度自信，低估自己的客觀無知及其他偏誤。

預測的準確度是有限度的，而且這樣的限度往往相當低。儘管如此，我們通常對自己的判斷感到滿意。這種滿意和自信來自於**內在訊號**（internal signal）。內在訊號是一種自我獎勵，如果我們把事實和判斷相連，湊成一個連貫的故事，就會獲得這樣的獎勵。我們對判斷的主觀信心與判斷的客觀準確性，不一定是相關的。

大多數的人都很驚訝，自己的預測性判斷準確度不只低，甚至不如公式。即使是建立在有限數據的簡單線性模型，或是利用簡單規則粗略計算，也都要比人類判斷來得準確。規則和模型的關鍵優勢就是無雜訊。就我們的主觀經驗而言，判斷是個微妙而複雜的過程，不過並沒有跡象顯示這種微妙的東西可能是雜訊。我們很難想像，盲目遵守簡單的規則會勝過自己認真的判斷，然而，這已經是明確的事實。

當然，**心理偏誤**是系統性偏誤或統計偏誤的一個來源。其實，心理偏誤也是雜訊的來源，只是不是那麼明顯。並非所有的判斷者都有同樣的偏誤，在偏誤程度不一、而且偏誤的影響取決於外部的環境之下，心理偏誤就會產生雜訊。例如，做雇用決策的一群經理人當中，有半數的人對女性有偏見，還有半數的人則偏好雇用女性，整體偏誤爲零，但系統雜訊仍會造成很多錯誤的雇用決策。另一個例子則是第一印象的效應往往不成比例。這是一種心理偏誤。在隨機呈現證據的順序之下，這種心理偏誤會帶來場合雜訊。

我們已經把判斷過程描述爲「非正式的整合一組線索，以產生某種程度的判斷」。要消除系統雜訊，判斷者必須用相同的方式來運用線索，分配給線索的權重及量表的使用也必須一致。即使把場合雜訊的隨機影響放在一邊，也很難滿足上述條件。

單一面向的判斷，一致性往往很高。如果是問哪個求職者比較有魅力或比較勤奮，不同召募者的評估通常能達成一致。就不同面向強度的**匹配**而言，共同的直覺通常也會產生類似的判斷。例如，人們常把學業平均成績優秀與閱讀語文能力的早慧相匹配。基於少量線索的判斷也是如此，這些線索會指向同一個大方向。

如果在判斷時需要**對多個、互相衝突的線索進行加權**時，就會出現很大的個別差異。在評估同一個求職者時，有些召募者比較重視才華或魅力，還有一些召募者側重的特質爲勤勉，或是在壓力下依然能保持冷靜。如果線索不一致，無法湊成一個連貫的故事，不同的判斷者就會無可避免的給某些線索更多的權重，而忽略其他線索。型態雜訊就是這麼來的。

雜訊的隱晦

雜訊不是一個顯眼的問題，很少有人討論這個問題，當然不像偏誤那麼明顯。你也許沒想過這個問題。有鑑於雜訊的重要性，其隱晦性本身就是一個有趣的現象。

認知偏誤及其他被情緒或動機扭曲的思維，常常被用來解釋判斷不好的原因。學者常用過度自信、錨定效應、損失規避、現成偏誤（availability bias）與其他偏誤來解釋爲什麼決策會荒腔走板。由於人類心靈渴望以因果故事來解釋狀況，這種基於偏誤的解釋是令人滿意的。每次事情出錯，我們就會尋找原因，而且往往能找到原因。在很多情況之下，原因看起來就是某種偏誤。

偏誤具有一種解釋的魅力，雜訊則沒有。如果我們試圖在事後解釋爲什麼某個決定是錯的，我們很容易找出偏誤，卻永遠找不到雜訊。只有從**統計學的角度**來看，我們才看得到雜訊。但這種觀點不是自然產生的，因爲我們偏好的是因果故事。由於我們的直覺裡沒有統計學的思考，這也是雜訊遠不如偏誤受到大家關注的原因。

另一個原因是，專業人士很少認爲自己或同事的判斷需要面對雜訊的問題。經過一段時間的訓練後，專業人士往往會自己做出判斷。指紋鑑識專家、經驗豐富的核保人員、資深專利審查人員很少想像同事跟自己的意見相左，甚至更少花時間去質疑自己。

專業人士大抵對自己的判斷有信心，期待同事也同意自己的看法，而且他們未曾探究同事是否眞的跟自己意見一致。在大多數的領域，一個判斷可能永遠不會根據眞實數值來評估，最多是由另一位**榮譽專家**來審核。專業人士偶爾才會發現有人與自己意見不同，並大表驚訝。這時候，他們通常會找理由，視之爲單一個案。組織往往會忽略或壓制專家意見分歧的證據，這是可以理解的。從組織的角度來看，雜訊令人尷尬。

如何減少雜訊（還有偏誤）

我們有理由相信有些人能做出比較好的判斷。特定工作所需的技能、才智和某種認知風格（最好的描述是**主動開放心態**），這些都是最佳判斷者的特點。好的判斷者很少會犯大錯並不令人意外。由於個別差異有多種來源，我們不該期望最好的判斷者對於複雜的判斷問題有完全一致的看法。背景、個性和經驗的無窮變化，致使每一個人都是獨一無二的個體，因此雜訊是無可避免的。

減少誤差的一個策略就是去偏誤。一般而言，人們會試圖去除自己判斷中的偏誤，要不是在事後修正判斷，就是在偏誤影響判斷之前，設法讓偏誤的衝擊變小。我們提出第三種方案，特別適用於群體決策：指定一個人擔任**決策觀察者**，辨識偏誤的跡象，以即時偵測偏誤（見附錄B）。

要減少判斷中的雜訊，我們的主要建議是**決策保健**。我們之所以利用這個術語，是因爲減少雜訊就像健康照護，是爲了預防不明的敵人。例如，洗手可預防未知的病原進入體內。同理，決策保健也可以在錯誤未明之下預防這些錯誤。決策保健正如其名，似乎單調乏味，當然也不像克服可預測的偏誤那樣振奮人心。預防不明傷害也許沒有什麼榮耀可言，但其實是非常值得去做的事。

一個組織要減少雜訊總是應該從雜訊審查開始（見附錄A）。雜訊審查的一個重要功能就是組織表明將正視這個問題，還有一個重要的好處是可以評估不同種類的雜訊。

我們描述各個領域減少雜訊的成效及其限制。現在，我們將重新說明決策保健的六個原則，描述這些原則如何因應造成雜訊的心理機制，並說明這些原則與前述決策保健技巧的關聯性。

判斷的目標是準確，而非個人特質的表現。我們認爲這句話可作爲決策保健的第一原則。這句話反映我們在本書對判斷的定義是採用一種狹隘、特定的方式。我們已經表明，穩定的型態雜訊是系統雜訊的重要成分，也是個別差異與判斷特質的直接結果，致使不同的人對同一個問題形成不同的看法。由此得到的結論是不受歡迎的，也是無可避免的：判斷不是要讓你表現你的個人特質。

我們必須先說明一點，在思考與決策的很多階段，包括目標的選擇、用新奇的方式切入問題，以及方案的生成，個人價值、個人特質和創造力都是必須，甚至不可或缺的。但是要對各種選擇進行判斷時，個人特質的表現則是雜訊的來源。如果目標是準確，你希望別人能同意你的觀點，你也該考慮其他有能力的判斷者站在你的立場會怎麼思考。

就這個原則的應用，最激進的做法就是用規則或演算法來代替判斷。用演算法來評估保證可以消除雜訊，其實，這也是唯一可以完全消除雜訊的方法。演算法已經運用在很多重要領域，可以發揮作用的地方愈來愈多。但在重要決策的最後階段，演算法不大可能取代人類判斷，我們認爲這是好消息。然而，人類判斷還是可以改善，除了適當的利用演算法，也可以採用一些方式，使決策比較不會受到個人好惡的影響。例如，我們已經看到量刑基準能限制法官的自由裁量權，臨床診斷指引也有助於促成醫師判斷的統一，以減少雜訊、改善決策品質。

要有統計思維，並用外部觀點來看待案件。法官看待案件時，要把案件看成是某一類相似案件中的其中一個案件，而不是把那個案子當成一個獨特的問題，我們說這就是採用外部觀點。這種做法與預設的思維模式不同。預設的思維模式是把焦點完全放在手頭的案子上，然後把案件嵌入因果故事中。如果我們利用自己的獨特經驗，形成對案子的獨特看法，結果就是型態雜訊。外部觀點是解決這個問題的一劑良方：如果專業人士都能參考同一類的相似案件，就能減少雜訊，外部觀點常常能帶來很有價值的見解。

外部觀點的原則也有利於將預測錨定在類似案件的統計中。它也會導向「預測應該適度」的建議（統計學術語是**迴歸**，見附錄C）。注意過往大範圍的結果，以及可預測性有其局限，應該有助於決策者校準判斷的信度。要一個人預測不可預測的事，實在是強人所難，不該因爲預測不準就責怪他們，然而如果一個人在做預測時缺乏謙遜之心，則應該受到指責。

將判斷結構化，拆解成幾個部分。這種分而治之的原則有助於破解前述**過度追求連貫性**的心理機制，這會使我們扭曲或忽略一些不符合現有故事或正在形成故事的資訊。如果一個案件不同層面的印象會互相影響，整體準確性就會大打折扣。比方說，如果有一組證人可以互相連絡、溝通，證人的證詞或供述恐怕難免受到影響。

我們可以把判斷問題拆解成若干部分，以減少過度追求連貫性。這種做法與結構化的訪談類似，在這種訪談中，訪談者每次評估一個特質，在進行下一步之前，就先針對剛評估完的特質給分。這種結構化的原則也啟發臨床診斷指引，如產科的阿普嘉新生兒評分。這個原則也是我們稱爲**中介評估法**的核心。中介評估法把一個複雜的判斷分解爲多個基於事實的評估，旨在確保每一個評估都是獨立的，不受其他評估影響。儘可能把評估項目分別指派給不同的團隊，並盡量減少他們之間的溝通，以保持其獨立性。

抗拒太早出現的直覺。我們已經描述過判斷完成的內在訊號，這種訊號會讓決策者對自己的判斷充滿信心。決策者抗拒指引和演算法等規則的關鍵原因，就是不願放棄這種訊號，不想受到規則的束縛。決策者顯然需要對自己的最終選擇感到滿意，並獲得直覺有自信帶來的獎勵感受。但他們不該過早給自己這種獎勵。在周全、謹慎的考量證據之後，如此所做的直覺選擇遠優於倉促判斷。我們不需要禁止直覺，直覺應該有所根據、有紀律，而且最好能延緩使用。

這個原則啟發我們提出將**訊息排序**的建議：不該給做判斷的專業人員不需要的訊息，即使這些訊息是正確的，也可能會使他們產生偏誤。以法醫鑑定而言，最好別讓鑑定人員得知與嫌犯有關的其他訊息。此外，討論議程的掌控也是中介評估的關鍵要素。有效的議程能觸及問題的各個面向，並把整體判斷的形成，延遲至評估完成之後。

從多位判斷者取得獨立判斷，然後考慮將這些判斷總合起來。然而，組織的程序常會違反獨立判斷的要求，特別是與會者的意見常會受到其他人的影響。由於資訊瀑布效應與群體的極化，群體討論通常會增加雜訊。在討論**之前**先蒐集與會者的判斷，這個簡單的流程既可以顯示雜訊多寡，也能用有建設性的方式來解決意見分歧的問題。

將獨立的判斷加以平均，可以保證系統雜訊會減少（但不保證能減少偏誤）。單一判斷是一個樣本，屬於所有可能判斷之一；增加樣本數量可以提高估計的準確性。由於判斷者具有不同的技能和互補的判斷模型，將判斷結果平均起來就能更具優勢。一個有雜訊問題的群體，將他們的判斷結果平均之後，可能要比一致的判斷更準確。

偏向相對判斷與相對尺度。相對判斷的雜訊要比絕對判斷來得小，因為我們在尺度上為物體分類的能力是有限的，而我們進行成對比較的能力要好得多。要求比較的判斷量表，其中的雜訊要比要求絕對判斷的量表來得小。例如，**案例量表**要求判斷者在尺度上為案例定位，而這個尺度是由大家熟悉的實例定義的。

前面列舉的決策保健原則不只適用於重複判斷，也可用於僅只一次的重大決策，也就是所謂的**單一決策**。單一決策中存在雜訊似乎是反直覺的：從定義來看，如果只做一次決定，應該衡量不到任何變異。然而，雜訊就在那裡，而且會造成誤差。例如幾個人去射擊，如果我們只看第一個人射擊，看不出任何雜訊，要等到其他人都射擊之後，彈著點散布的情況才會變得明顯。同樣的，思考單一判斷的問題，最好視為**只發生一次的重複決策**。這就是為什麼我們也該利用決策保健來改善單一判斷。

強制執行決策保健可能吃力不討好。雜訊像是看不見的敵人，而且就算戰勝看不見的敵人，終究也只是看不見的勝利。然而，就像身體保健，決策保健也非常重要。手術成功後，你相信因爲醫師技術高明，你才能保住一條命，當然，確實如此。但是如果醫師及所有開刀房的人員沒有洗手，你或許已經一命嗚呼。實行決策保健或許沒有什麼榮耀可言，但產生的結果可能大不相同。

雜訊有多少？

當然，對抗雜訊不是決策者和組織唯一的考量。也許減少雜訊的代價太大：例如一所中學爲了減少評分雜訊，學生繳交的每一份報告都要求五個老師細讀、評分，對老師而言，這種負擔似乎是不合理的。事實上，有些雜訊在實務上是不可避免的。一個依照正當程序的系統，如果要給每一個案件個別化的考量，不把人視爲機器中的小齒輪，賦予決策者自主感，都會有這種必然的副作用。如果雜訊產生的變異會使一個系統在一段時間之後更具有適應力，這種雜訊甚至是我們樂見的。例如雜訊反映出不斷變化的價值觀和目標，並引發辯論，最後促成做法或法律的改變。

或許，最重要的是，減少雜訊的策略也許有令人無法接受的缺點。有很多對演算法的憂慮被誇大了，有些顧慮則是合理的。儘管演算法成功讓人類得以避免很多錯誤，也可能產生人類永遠不會犯下的愚蠢錯誤，因而失去可信度。演算法也可能因爲設計不當或用以訓練的數據不足而出現偏誤。演算法就像沒有臉孔的機器，可能讓人不信任。決策保健的實踐也有缺點：如果管理不善，決策可能官僚化，專業人員感覺自己的自主權被侵犯，因而士氣低落。

這些風險和限制都值得我們細思。不管如何，反對減少雜訊是否有意義，取決於討論中的減少雜訊策略。也許有人以成本太高爲由反對總合判斷，但就判斷指引的使用而言，也許不成理由。當然，如果減少雜訊的成本超過能帶來的效益，就不該這麼做。一旦計算成本效益，也許會發現最佳水準的雜訊並不是零。問題是，如果沒有雜訊審查，人們在判斷時就不知道自己的判斷中有多少雜訊。在這種情況之下，強調減少雜訊很困難，但不過是不測量雜訊的藉口罷了。

偏誤會導致誤差和不公平，雜訊也是。然而，我們對這點做的很少。判斷錯誤是隨機的時候，我們似乎比較願意容忍，比較不會去找尋原因。儘管如此，損害並不會減少。碰到重要的事情時，如果我們想做出更好的決定，就該正視雜訊的問題，致力於減少雜訊。

結語

一個雜訊很少的世界

想像一下，如果組織爲了減少雜訊而重新設計，會是什麼樣子。醫院、召募委員會、經濟預測機構、政府機關、保險公司、公共衛生當局、刑事司法體系、律師事務所、大學等都將對雜訊的問題提高警覺，致力於減少雜訊。雜訊審查已成例行事項，也許每年都得進行。

組織領導人將利用演算法來取代人類判斷，或是在更多領域補足人類判斷的不足。人類把複雜的判斷分解成簡單的中介評估。他們知道決策保健，並按照方法執行。產生更多的獨立判斷，並將這些判斷總合起來。會議的面貌也大不相同：討論將更有條理。外部觀點將會更有系統的融入決策過程。明顯的意見分歧更頻繁出現，並以更有建設性的方式獲得解決。

如此，我們將活在一個雜訊很少的世界，我們可以省下很多錢，改善公共安全與健康，增加公平性，預防很多可以避免的錯誤。我們寫這本書的目的就是想要引起大家注意這個機會。希望各位能好好抓住這個機會。

附錄A

如何進行雜訊審查

附錄A是進行雜訊審查的實用指引。你應該從顧問的觀點來閱讀這個附錄：這位顧問接受組織的延請，在組織的某個單位進行雜訊審查，以檢驗員工進行專業判斷的品質。

正如其名，審查的焦點是雜訊的普遍程度。然而，妥善執行的審查能夠針對偏誤、盲點，還有員工訓練以及工作監督的具體瑕疵提供寶貴的資訊。成功的審查應該能刺激工作單位在營運上的改變，包括專業人員在做判斷時所遵循的規定、他們所接受的訓練、他們用來支持判斷所使用的工具，以及對工作的例行監督。如果這些作爲被認爲是成功的，或許可以推廣到組織的其他單位。

雜訊審查需要大量的工作，並對細節有諸多的關注，因爲如果審查的發現顯露出重大缺陷，它的可信度一定會被質疑。因此，在考量案例與程序的每個細節時，都應該抱著找碴的心態仔細審視。我們所描述的流程，網羅了許多可能嚴格批判審查的專業人士，讓他們成爲審查的主事者，藉以減少反對的聲音。

除了顧問（可能是外部顧問或內部顧問），其他相關的角色還包括：

- **專案團隊**。負責研究的各個階段。如果是內部顧問，他們會是專案團隊的核心成員。如果是外部顧問，就會有一個內部專案團隊與他們密切合作。這樣的安排能確保公司裡的人把審查看成是**自己的**專案，並視顧問爲輔助者。除了負責蒐集資料、分析結果和準備定案報告的顧問，專案團隊也應該納入能夠建構案例以供判斷者評估的領域專家。專案團隊的所有成員都應該在專業上具備高度信譽。
- **客戶**。雜訊審查唯有帶來重大改變才算有用，而這點就需要組織領導人的早期參與，他們就是專案的「客戶」。你可以預期客戶普遍一開始也對雜訊抱持懷疑的態度。這種一開始的質疑，如果伴隨著開放的心態、對審查結果的好奇，以及在顧問的悲觀預期得到確認後致力於修補情況的決心，其實反而會是一項優勢。
- **判斷者**。客戶會指派一個或多個單位接受雜訊審查。入選的單位應該要有人數相當多的「判斷者」，也就是代表公司做類似判斷和決策的專業人士。判斷者應該可以有效的相互擔任代理人，也就是說如果某個人無法處理某個案件，會有另一個人接受指派去負責這個案件，而且我們可以預期他們會做出類似的判斷。本書介紹的例子是聯邦法官的量刑判決，以及保險公司的保費和理賠準備金的訂定。雜訊審查所挑選的判斷工作，最理想的情況是（1）能夠根據書面資訊完成；以及（2）以數字表達意見（例如金額、機率或評等）。

- **專案經理**。組織應該指派一名行政管理幕僚的高階主管擔任專案經理。這項職務不需要特殊專業。不過，組織內部的高階職位，在克服行政管理障礙有實務上的重要性，也能展現公司對這項專案的重視。專案經理的任務是提供行政管理的支援，以促進專案各個階段的推動，包括準備定案報告，以及向公司的領導階層傳達專案的結論。

案例資料的建構

參與專案團隊的領域專家，在任職單位的職責上應該具備受到肯定的專業（例如承保保費的訂定，或是評估可能投資案的潛力）。他們要負責研擬用於審查的案例。根據專業人士在職務上所做的判斷工作，設計出可信的模擬判斷，這是一項精細的任務，尤其是這項研究在揭露嚴重的問題之後要接受詳細審視。專案團隊必須考慮以下這個問題：如果我們模擬的結果顯示有嚴重的雜訊，公司的人會接受「單位的實際判斷有雜訊」的看法嗎？只有這個問題的答案是肯定的，雜訊審查才值得進行。

達成正向回應的方式不只有一種。第1章描述的量刑雜訊審查，以一張重要特質列表，提綱挈領的總結每一個案例，並在90分鐘內取得16個案例的評估。第2章描述的保險公司雜訊審查，採用的是複雜案例詳細而寫實的總結資料。如果在簡化的案例裡都能找到這麼多歧異，那麼在真實的案例裡，雜訊只會更嚴重，而基於這個主張，在這兩種情境裡所發現的嚴重雜訊，都能成爲可獲採信的呈堂證據。

每個案例都應該準備問卷，以更深入了解導致每個判斷者對該案例做成某種判斷的推論爲何。問卷應該只有在完成所有案例之後才進行。問卷的內容應該包括：

- 與引導參與者回答的重要因素有關的開放式問題。
- 案件的事實列表，讓參與者可以評鑑它們的重要性。
- 尋求該案例所屬類別的「外部觀點」問題。例如，如果案例要求判斷者評估金額，那麼參與者應該要提供一個估計值，而估計值的表示方式爲：這個案例和同類別案例的所有估計值相比，高出或低於平均值多少。

與經營管理階層召開專案啟動前會議

用於審查的案例資料準備好時，應該安排一場會議，讓專案團隊向公司的領導階層提報審查計畫。會議的討論應該考量研究可能的結果，包括發現無法接受的系統雜訊。會議的目的是聽取與會者對已規畫研究的反對意見，並取得領導階層的承諾，無論研究的結論如何，他們都願意接受研究的成果；如果沒有這樣的承諾，進行下個階段的雜訊審查就沒有意義。如果有人提出強烈反對，專案團隊或許必須改進案例資料，然後再試一次。

一旦經營管理階層接受雜訊審查的設計，專案團隊應該請他們陳述對研究結果的預期。他們應該討論諸如以下的問題：

- 在每個案例中隨機挑選的兩個回答，你們預期意見不合的程度有多大？
- 從商業角度來看，可接受的意見不合程度最大是多少？
- 評估出現某個方向（過高或過低）、某個程度（例如15%）的錯誤時，預估會花多少成本？

這些問題的答案應該要記錄下來，確保在審查的實際結果出爐後，這些答案會被想起，而且能取信於人。

研究的執行

一開始，公司就應該大概告知接受審查的單位主管，他們的單位入選參與一項特別的研究。然而，不要用**雜訊審查**這個詞描述這個專案，這點很重要。**雜訊**和**有雜訊**等詞彙應該要避免，尤其是用來描述人。應該改用像**決策研究**等中性名詞。

單位主管要立刻著手蒐集資料，並在專案經理與專案團隊成員的參與下，負責對參與者做任務簡報。在對參與者描述演練目的時，應該用概括的說法，像是**「組織想要知道（決策者）如何做出結論」**。

務必要讓參與研究的專業人員安心，組織裡不會有任何人知道他們的答案，包括專案團隊也不會知道，如果必要，可以聘請一家外部公司來讓資料匿名。此外，務必強調，入選單位只是爲組織執行判斷任務的代表單位，不會承擔任何後果。爲了確保結果的可信度，入選單位裡所有符合資格的專業工作者都應該參與研究。分配半個工作日給這項演練，有助於說服參與者相信研究的重要性。

所有參與者都應該同時完成演練，但是他們應該要保持物理上的區隔，而且在研究進行期間不得交流。在研究進行期間，專案團隊會隨時待命，回答問題。

分析與結論

專案團隊要負責對每個參與者評估的多個案例進行統計分析，包括整體雜訊量與雜訊組成（水準雜訊與型態雜訊）的衡量指標。如果案例資料允許，也要辨識回答裡的統計偏誤。專案團隊還有一項同等重要的工作，那就是檢視參與者在回答問卷時對他們推論的解釋，以及他們指出對決策影響最大的事實，試圖以此理解判斷的變異來源。團隊的主要焦點是落在統計分布中兩個極端的答案，在資料裡尋找型態。團隊要尋找可能對員工訓練、組織程序，以及它提供給員工的資訊等方面有哪些不足的跡象。

顧問與內部專案團隊要合作開發工具和流程，應用決策保健和去偏誤的原則，以提升單位所做的判斷和決策。這個步驟可能會長達幾個月。與此同時，顧問和專業團隊也要準備專案報告，提報給組織裡的領導階層。

到了這個時候，組織已經在一個單位裡完成一項樣本雜訊審查。如果大家認爲這項專案很成功，經營管理團隊可以決定採取更大的行動，評估並改善組織內部所產生的判斷與決策的品質。

附錄B

決策觀察者的檢核表

附錄B是一份供決策觀察者使用的檢核表通用範例（參閱第19章）。這張檢核表大略遵循完成重大決策時，進行討論的時間順序。

檢核表裡每個項目下的建議問題，都能讓事情變得更加清晰。決策觀察者應該在觀察決策流程時自問這些問題。

這張檢核表並非要讀者照章全盤採用。相反的，我們希望它能成爲決策觀察者的靈感來源及起點，由此設計自己專屬的偏誤觀察檢核表。

偏誤觀察檢核表

1. 判斷方法

1a. 替代

______小組對證據的選擇，以及他們討論的焦點，是否顯示他們以一個較為簡單的問題替代他們被分派到、較為困難的問題？

______小組忽略了重要因素（或是把不相關的因素納入考量了）嗎？

1b. 內部觀點

______小組在部分審議裡採用了外部觀點，並極力嘗試運用比較判斷、而非絕對判斷嗎？

1c. 觀點的多元性

______有任何理由懷疑小組成員有共同的偏誤，而導致他們的錯誤彼此有關聯嗎？反過來說，你能想到這個小組缺乏的任何一種適當的觀點或專業嗎？

2. 未審先判與過早下定論

2a. 最初的未審先判

______是否有（任何）決策者會從某個結論得到更多的利益？

______是否有任何人堅持某個結論？是否有任何理由懷疑有偏見存在？

______抱持不同意見的人表達出看法了嗎？

______對失敗的行動方案，是否有加碼下注的風險？

2b. 過早下定論；過度連貫

______之前討論的考量條件，在選擇上是否有無意間出現的偏誤？

______是否已經充分考慮各種選項，是否已經積極尋找能支持它們的證據？

______讓人不舒服的資料或意見是否遭到壓抑或忽略？

3. 資訊處理

3a. 可得性與顯著性

______ 參與者是否因為事件發生時點的遠近、戲劇化的特質或個人的切身感而誇大事件的相關性，即使那個事件沒有判斷價值？

3b. 不注意資訊品質

______ 判斷十分仰賴傳聞、故事或類比嗎？它們有數據可以驗證嗎？

3c. 錨定效應

______ 在最後的判斷裡，有不確定是否準確或相關的數字扮演重要角色嗎？

3d. 非迴歸性的預測

______ 參與者做了非迴歸性的推測、估計或預測嗎？

4. 決策

4a. 計畫謬誤

______ 運用預測資料時，大家是否曾質疑預測的來源和效度？所採用的外部觀點是否與預測資料有衝突？

______ 不確定的數字是否有信賴區間？區間範圍夠寬嗎？

4b. 損失規避

______ 決策者的風險容忍程度與組織一致嗎？決策團隊是否過度謹慎？

4c. 現時偏誤

______ 這些計算（包括所採用的折現率）是否反映組織長期與短期優先事項的權衡？

附錄C

修正預測

配對預測是我們依賴直覺式的配對運作過程而產生的錯誤（參閱第14章）。當我們仰賴我們得到的資訊做預測，而且在做預測時彷彿這項資訊對結果具有完全（或極高）的預測力，這就是在做配對預測。

回想一下茱莉的例子，她「在4歲時有流暢的閱讀能力」。那個問題是，她的學業成績平均點數（GPA）是多少？如果你預測茱莉的大學GPA分數是3.8，你是憑直覺判斷，4歲的茱莉以閱讀能力來說，在她的年齡層位於前10%（雖然不是前3%到5%）。於是，你隱然假設，以GPA分數來說，茱莉在班上也會位於90百分位左右。與這個排名相對應的GPA分數是3.7分或3.8分，因此會有這樣的答案很常見。

這個推論在統計上之所以是錯的，原因在於它大幅高估與茱莉相關的資訊的診斷價值。一個早慧的四歲孩子，不一定會成爲學術上的高成就者（而且幸好，一開始閱讀能力有障礙的孩子，也不會永遠在班級裡排名墊底）。

事實上，出色的表現通常會褪色。反過來說，糟糕透頂的表現也會有起色。我們很容易就可以爲這個現象想出社會、心理、甚至政治原因，不過這裡不需要找原因。這個現象純粹是統計現象。位於兩個極端的觀察值通常會變得比較不極端，單純是因爲過去的表現與未來的表現之間不是完全相關。這個傾向稱爲**迴歸平均值**（因此有**非迴歸性**這個術語，用來描述沒有考慮到這個傾向的配對預測）。

以量化方式來說，如果閱讀年齡是GPA分數的完全預測指標，也就是說這兩個因子之間的相關係數是1，那麼你對茱莉做的預測就會是正確的。但事情顯然不是如此。

統計上有方法可以做出有機會更準確的判斷。這個方法不是本於直覺，即使有受過一些統計學訓練的人也會覺得很困難。以下就是這套方法的流程。圖19以茱莉的例子說明這個方法。

1. 憑直覺猜測

你對茱莉的直覺，或是對任何握有資訊的案例的直覺，並不是毫無價值。你運用迅速的系統一思考，輕而易舉的把你手裡的資訊放在你的預測量表上，比對出一個茱莉的

圖19：以迴歸平均值調整直覺預測

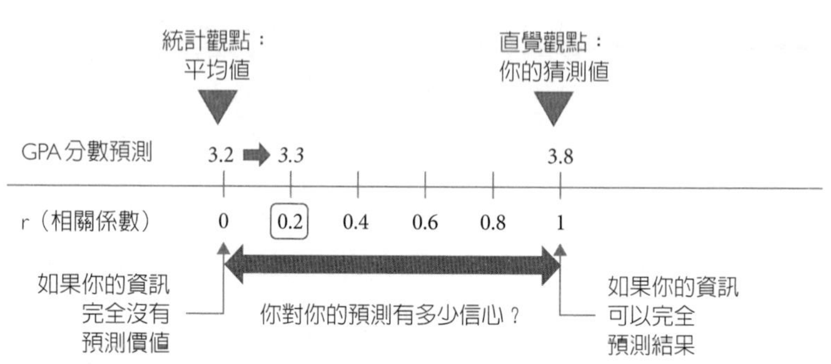

GPA分數。這個猜測值就是手中資訊具備完全預測力時所做的預測值。請把它寫下來。

2. 尋找平均值

現在，退一步，暫時忘記你對茱莉的了解。**如果你對茱莉完全一無所知**，你會怎麼說茱莉的GPA分數？當然，答案很直接。在缺乏任何資訊的情況下，你對茱莉的GPA分數最佳的猜測值就是她畢業時班級的平均GPA分數，大概是在3.2分左右。

以這種方式看茱莉是一個更廣泛原則的應用，也就是我們之前曾經討論過的**外部觀點**。當我們採取外部觀點時，我們會把考量的案例視爲某個類別裡的一個例子，我們會以統計角度來思考那個類別。例如，還記得在判斷那個甘巴迪問題時，採取外部觀點如何引領我們詢問新任執行長成功留任的基本率（參見第4章）。

3. 估計手中資訊的診斷價值

這是個有難度的步驟，你必須問自己：「我現在掌握的資訊，具有多少預測價值？」現在，這個問題之所以重要的原因應該已經很清楚。如果你只知道茱莉穿幾號鞋，你可以理直氣壯的完全不給這項資訊任何權重，維持以平均GPA分數作為預測值。另一方面，如果你有茱莉各科的成績單，這項資訊就對她的GPA分數有完全的預測力（她的GPA分數就是這些成績的平均值）。這兩個極端之間有許多不同的灰色地帶。如果你有茱莉中學時期學業成績優異的資料，這項資訊的診斷價值遠比她的閱讀年齡的診斷價值還高，但是比她的大學成績的診斷價值還低。

你在這裡的任務就是要將手中資料的診斷價值量化，以這項資訊與你所預測結果之間的相關性來表達。除了少數罕見的情況，這個數字必然是概略的估計值。

為了決定一個有意義的估計值，請回想我們在第12章列出的一些例子。在社會科學領域，相關係數高於0.5已經非常罕見。我們認為有意義的相關係數許多都在0.2左右。以茱莉的例子來說，相關係數0.2大概是上限。

4. 從外部觀點朝你的直覺預測值調整，一直到估計值能反映手中資訊的診斷價值。

最後一個步驟是將現在產生的三個數字做簡單算術組合：你必須按照估計值的相關性大小，把估計值從平均值往你的直覺猜測值的方向調整。

這一步只是剛才觀察的延伸：如果相關性為0，你就維持平均值；如果相關性為1，你就捨棄平均值，儘管去做一個配對預測。所以，以茱莉這個例子而言，你從班級的平均值朝向她的閱讀年齡給你的直覺估計值移動，在不超過這個總距離20%的區間，就是你對她的GPA分數最佳預測值的落點範圍。你從這樣的計算可以得到一個預測值，大約是3.3分。

我們用的是茱莉的例子，但是這個方法可以輕易應用於許多我們在本書討論的判斷問題。比方說，假設有位銷售副總要雇用新進業務人員，剛剛面試一名極度出色的求職者。根據這個強烈的印象，這位主管估計，這名求職者任職的第一年應該可以有100萬元的業績進帳，這個數字是新進人員第一年平均業績的兩倍。這位副總要如何讓這個估計值具有迴歸性？這道計算題取決於面試的診斷價值。在這個案例裡，召募面試對於任職後的成功表現有多好的預測力？根據我們檢視的證據，相關係數0.4已經是非常寬鬆的估計值。因此，新進人員第一年業績的迴歸估計值，最多是：

$$\$500,000+（\$1,000,000-\$500,000）\times 0.40=\$700,000$$

還是一樣，這個過程完全不是出於直覺。值得注意的是，一如這個例子所顯示的，修正後的預測一定會比直覺預測保守：它們絕對不會像直覺預測值那麼極端，而是更接近（而且通常**更**為接近）平均值。如果你修正你的預測，你絕對不會打賭已經贏得十座大滿貫的網球冠軍選手會再拿下十座。你也不會預料到一家價值10億美元、極度成功的新創事業會翻漲為市值數百倍的巨頭企業。修正的預測不會押注在離群值上。

這表示，從後見之明來看，修正的預測難免會造成極為明顯的失誤。然而，千金難買早知道。你應該記得，按照定義，離群值就是因為極度罕見才叫做離群值。與此相對的錯誤更常見：當我們預測離群值仍然會保持為離群值時，由於迴歸均值使然，它們通常不會如我們所預測。那就是為什麼當目標是追求準確度極大化時（也就是均方差最小化），修正的預測值優於直覺、配對運作下的預測值。

致謝

我們必須感謝很多人。琳妮雅．甘地（Linnea Gandhi）有如我們的參謀長，給我們重要指引和協助，讓我們有條不紊，讓我們歡笑，說來她就是掌管一切的一把手。除此之外，她還對我們的原稿提出很多寶貴的建議。沒有她，這本書就不可能完成。丹．羅瓦洛（Dan Lovallo）也扮演重要角色，他與我們共同發表的文章，就是本書得以萌芽的種子。我們的經紀人約翰．布洛克曼（John Brockman）不管在哪一個階段都充滿熱情與希望，既敏銳又睿智。我們非常感謝他。我們的主要編輯和嚮導崔西．貝哈爾（Tracy Behar）在大大小小的方面，都努力使本書變得更好。阿拉貝拉．派克（Arabella Pike）和伊恩．史特洛斯（Ian Straus）也提供絕佳的編輯建議。

我們還要特別感謝歐倫．巴吉爾（Oren Bar-Gill）、瑪雅·巴吉爾（Maya Bar-Hillel）、麥斯·貝澤曼（Max Bazerman）、湯姆·布雷瑟（Tom Blaser）、大衛·布德斯庫（David Budescu）、傑若米·克利夫頓（Jeremy Clifton）、安瑟·丹聶克（Anselm Dannecker）、薇拉·狄蘭尼（Vera Delaney）、艾提爾·卓爾（Itiel Dror）、安琪拉·達克沃斯（Angela Duckworth）、安妮·杜克（Annie Duke）、丹·吉爾伯特（Dan Gilbert）、亞當·格蘭特（Adam Grant）、阿努潘·耶拿（Anupam Jena）、路易斯·卡普洛（Louis Kaplow）、葛瑞·克萊恩（Gary Klein）、瓊恩·克連柏格（Jon Kleinberg）、納森·康塞爾（Nathan Kuncel）、凱莉·李奧納德（Kelly Leonard）、丹尼爾·雷文（Daniel Levin）、莎拉·麥蘭納含（Sara McLanahan）、芭芭拉·梅勒思（Barbara Mellers）、喬許·米勒（Josh Miller）、山迪爾·穆蘭納森（Sendhil Mullainathan）、史考特·佩古（Scott Page）、艾瑞克、波斯納（Eric Posner）、露西亞·雷西（Lucia Reisch）、馬修·薩根尼克（Matthew Salganik）、艾爾德·沙菲爾（Eldar Shafir）、塔利·夏洛特（Tali Sharot）、菲利普·泰特洛克（Philip Tetlock）、理查·塞勒（Richard Thaler）、芭芭拉·特維斯基（Barbara Tversky）、彼得·伍貝爾（Peter Ubel）、克麗絲朵·楊（Crystal Yang，音譯）、鄧肯·沃茲（Duncan Watts）和凱洛琳·魏柏（Caroline Webb）。他們閱讀了各章節的原稿，並惠賜寶貴意見。有幾位甚至看完整本書稿。我們感謝他們的

慷慨和大力襄助。

我們有幸從許多偉大的研究人員的建議受益。朱利恩・帕里斯（Julian Parris）協助我們解決很多統計問題。如果沒有山迪爾・穆蘭納森、瓊恩・克連柏格、簡斯・路德維格（Jens Ludwig）、葛雷哥利・史托達德（Gregory Stoddard）和張慧（Hye Chang，音譯）之助，關於機器學習的章節是不可能寫成的。我們對判斷一致性的討論也得益於亞歷山大・托多羅夫（Alexander Todorov）及他在普林斯頓的同事喬爾・馬丁尼茲（Joel Martinez）、布蘭登・拉布里（Brandon Labbree）、史蒂芬・烏登伯格（Stefan Uddenberg）、史考特・海豪斯（Scott Highhouse）及艾莉森・布羅德福特（Alison Broadfoot）。這群了不起的研究者不只慷慨分享他們的見解，甚至為我們進行特別分析。當然，如果有任何誤解和錯誤，都是我們的責任。此外，我們也很感謝拉茲洛・博克（Laszlo Bock）、波・考戈爾（Bo Cowgill）、傑森・達納（Jason Dana）、丹・高斯坦（Dan Goldstein）、哈洛德・高斯坦（Harold Goldstein）、布萊恩・霍夫曼（Brian Hoffman）、艾倫・克魯格（Alan Krueger）、邁克・莫博新（Michael Mauboussin）、愛蜜麗・帕特南－霍爾斯坦（Emily Putnam-Horstein）、查爾斯・薛本（Charles Scherbaum）、安一洛爾・塞利爾（Anne- Laure Sellier）及正田佑一等專家分享他們的意見。

我們也感謝下列研究人員，他們可說是一支研究尖兵，包括雪亞・柏德瓦吉（Shreya Bhardwaj）、喬西・費雪（Josie Fisher）、羅西特・戈亞爾（Rohit Goyal）、妮可・葛拉貝爾（Nicole Grabel）、安德魯・海恩立希（Andrew Heinrich）、梅根・強生（Meghann Johnson）、蘇菲・梅塔（Sophie Mehta）、艾莉・納梅尼（Eli Nachmany）、威廉・萊恩（William Ryan）、艾芙琳・許（Evelyn Shu，音譯）、麥特・桑默斯（Matt Summers）和諾姆・齊夫－克利斯培（Noam Ziv-Crispel）。本書有很多地方牽涉到我們不熟悉的領域，由於他們出色的表現，我們得以減少偏誤和雜訊。

最後，本書有三個作者、研究團隊的成員分布在兩大洲，要通力合作實在是一大考驗，更何況2020年是極其艱困的一年。要不是有Dropbox和Zoom這樣神奇的工具，本書恐怕無法完成。感謝這些科技產品背後的無名英雄。

各章注釋

序言　人類判斷的兩種錯誤

1. 瑞士數學家白努利（Daniel Bernoulli）在1778年發表一篇論文探討預估所產生的問題，其中也提出類似的比喻，只是他舉的例子是射箭，而非射擊。參見 Bernoulli, "The Most Probable Choice Between Several Discrepant Observations and the Formation Therefrom of the Most Likely Induction," *Biometrika* 48, no. 1–2 (June 1961): 3–18, https://doi.org/10.1093/biomet/48.1-2.3.
2. Joseph J. Doyle Jr., "Child Protection and Child Outcomes: Measuring the Effects of Foster Care," *American Economic Review* 95, no. 5 (December 2007): 1583–1610.
3. Stein Grimstad and Magne Jørgensen, "Inconsistency of Expert Judgment-Based Estimates of Software Development Effort," *Journal of Systems and Software* 80, no. 11 (2007): 1770–1777.
4. Andrew I. Schoenholtz, Jaya Ramji-Nogales, and Philip G. Schrag, "Refugee Roulette: Disparities in Asylum Adjudication," *Stanford Law Review* 60, no. 2 (2007).
5. Mark A. Lemley and Bhaven Sampat, "Examiner Characteristics and Patent Office Outcomes," *Review of Economics and Statistics* 94, no. 3 (2012): 817–827. 也可見Iain Cockburn, Samuel Kortum, and Scott Stern, "Are All Patent Examiners Equal? The Impact of Examiner Characteristics," working paper 8980, June 2002, www.nber.org/papers/w8980; 以及Michael D. Frakes and Melissa F. Wasserman, "Is the Time Allocated to Review Patent Applications Inducing Examiners to Grant Invalid Patents? Evidence from Microlevel Application Data," *Review of Economics and Statistics* 99, no. 3 (July 2017): 550–563.

第1章　犯罪與量刑雜訊

1. Marvin Frankel, *Criminal Sentences: Law Without Order,* 25 Inst. for Sci. Info. Current Contents / Soc. & Behavioral Scis.: This Week's Citation Classic 14, 2A-6 (June 23, 1986), available at http://www.garfield.library.upenn.edu/classics1986/A1986C697400001.pdf.
2. Marvin Frankel, *Criminal Sentences: Law Without Order* (New York: Hill and Wang, 1973), 5.
3. Frankel, *Criminal Sentences,* 103.
4. Frankel, 5.
5. Frankel, 11.
6. Frankel, 114.
7. Frankel, 115.
8. Frankel, 119.
9. Anthony Partridge and William B. Eldridge, *The Second Circuit Sentence Study: A Report to the Judges of the Second Circuit August 1974* (Washington, DC: Federal Judicial Center, August 1974), 9.
10. US Senate, "Comprehensive Crime Control Act of 1983: Report of the Committee on the Judiciary, United States Senate, on S. 1762, Together with Additional and Minority Views" (Washington, DC: US Government Printing Office, 1983). Report No. 98-225.
11. Anthony Partridge and Eldridge, *Second Circuit Sentence Study*, A-11.
12. Partridge and Eldridge, *Second Circuit Sentence Study,* A-9.
13. Partridge and Eldridge, A-5–A-7
14. William Austin and Thomas A. Williams III, "A Survey of Judges' Responses to Simulated Legal Cases: Research Note on Sentencing Disparity," *Journal of Criminal Law & Criminology* 68 (1977): 306.
15. John Bartolomeo et al., "Sentence Decisionmaking: The Logic of Sentence Decisions and the Extent and Sources of Sentence Disparity," *Journal of Criminal Law and Criminology* 72, no. 2 (1981).（更詳細的討論，請參閱第6章）。也可參閱Senate Report, 44.
16. Shai Danziger, Jonathan Levav, and Liora Avnaim-Pesso, "Extraneous Factors in Judicial Decisions," *Proceedings of the National Academy of Sciences of the United States of America* 108, no. 17 (2011): 6889-92.
17. Ozkan Eren and Naci Mocan, "Emotional Judges and Unlucky Juveniles," *American Economic Journal: Applied Economics* 10, no. 3 (2018): 171–205.
18. Daniel L. Chen and Markus Loecher, "Mood and the Malleability of Moral Reasoning: The Impact of Irrelevant Factors on Judicial Decisions," *SSRN Electronic Journal* (September 21, 2019): 1–70, http://users.nber.org/dlchen/papers/Mood_and_the_Malleability_of_Moral_Reasoning.pdf.
19. Daniel L. Chen and Arnaud Philippe, "Clash of Norms: Judicial Leniency on Defendant

Birthdays," (2020) available at SSRN: https://ssrn.com/abstract=3203624.

20. Anthony Heyes and Soodeh Saberian, "Temperature and Decisions: Evidence from 207,000 Court Cases," *American Economic Journal: Applied Economics* 11, no. 2 (2018): 238–265.
21. Senate Report, 38.
22. Senate Report, 38.
23. 布雷耶法官的話，參閱Jeffrey Rosen, "Breyer Restraint," *New Republic*, July 11, 1994, at 19, 25.
24. United States Sentencing Commission, Guidelines Manual (2018), www.ussc.gov/sites/default/files/pdf/guidelines-manual/2018/GLMFull.pdf.
25. James M. Anderson, Jeffrey R. Kling, and Kate Stith, "Measuring Interjudge Sentencing Disparity: Before and After the Federal Sentencing Guidelines," *Journal of Law and Economics* 42, no. S1 (April 1999): 271–308.
26. US Sentencing Commission, *The Federal Sentencing Guidelines: A Report on the Operation of the Guidelines System and Short-Term Impacts on Disparity in Sentencing, Use of Incarceration, and Prosecutorial Discretion and Plea Bargaining,* vols. 1 & 2 (Washington, DC: US Sentencing Commission, 1991).
27. Anderson, Kling, and Stith, "Interjudge Sentencing Disparity."
28. Paul J. Hofer, Kevin R. Blackwell, and R. Barry Ruback, "The Effect of the Federal Sentencing Guidelines on Inter-Judge Sentencing Disparity," *Journal of Criminal Law and Criminology* 90 (1999): 239, 241.
29. Kate Stith and Jose Cabranes, *Fear of Judging: Sentencing Guidelines in the Federal Courts* (Chicago: University of Chicago Press, 1998), 79.
30. 543 U.S. 220 (2005).
31. US Sentencing Commission, "Results of Survey of United States District Judges, January 2010 through March 2010" (June 2010) (question 19, table 19), www.ussc.gov/sites/default/files/pdf/research-and-publications/research-projects-and-surveys/surveys/20100608_Judge_Survey.pdf.
32. Crystal Yang, "Have Interjudge Sentencing Disparities Increased in an Advisory Guidelines Regime? Evidence from Booker," *New York University Law Review* 89 (2014): 1268–1342; pp. 1278, 1334.

第2章　系統雜訊

1. 保險公司的主管仔細建構幾個具有代表性的案件描述，這些案件跟公司員工每天處理的案子類似。他們把六個案件交給財產保險與意外保險理賠部門，把四個案件交給專門處理金融風險的核保人員。每一個人在上班時抽出半天的時間，在完全不知這項研究的目的之下，獨立評估兩、三個案件，以檢測他們的判斷變異。我們總共從48名核保人員那裡取得86份報價單，從68名理賠人員那裡獲得113份理賠報告書。
2. Dale W. Griffin and Lee Ross, "Subjective Construal, Social Inference, and Human Misunderstanding," *Advances in Experimental Social Psychology* 24 (1991): 319–

359; Robert J. Robinson, Dacher Keltner, Andrew Ward, and Lee Ross, "Actual Versus Assumed Differences in Construal: 'Naive Realism' in Intergroup Perception and Conflict," *Journal of Personality and Social Psychology* 68, no. 3 (1995): 404; 以及 Lee Ross and Andrew Ward, "Naive Realism in Everyday Life: Implications for Social Conflict and Misunderstanding," *Values and Knowledge* (1997).

第二部　你的頭腦也是一把尺

1. 一組數字的標準差是由變異數（variance）推導而來，這是另一個統計數字。要得到變異數，我們要先計算那組數字的離均差（deviation from the mean）分布，然後把每個離均差平方之後取平均數就是變異數，而標準差是變異數的平方根。

第4章　什麼是判斷

1. R. T. Hodgson, "An Examination of Judge Reliability at a Major U.S. Wine Competition," *Journal of Wine Economics* 3, no. 2 (2008): 105–113.
2. 一些研究決策的學生將決策定義爲各種選項之間的選擇，並且將定量判斷視爲決策的一種特殊情況，其中含有連續的可能選擇。但我們的看法不同：我們認爲，如果要在各種選項當中做出選擇，這樣的決策源於對每一個選項的評估性判斷。也就是說，我們認爲決策就是判斷的特殊情況。

第5章　誤差的測量

1. 最小平方法首先是由法國數學家阿德里安・馬里・樂強德（Adrien-Marie Legendre）在1805年發表。高斯聲稱早在十年前就已經開始利用最小平方法，後來還指出最小平方法與誤差理論，以及以他命名的誤差常態曲線的發展是有關係的。有關最小平方法是由誰創立的爭議已經有很多人討論，歷史學家傾向相信高斯的說法，參閱：Stephen M. Stigler, "Gauss and the Invention of Least Squares," *Annals of Statistics* 9 [1981]: 465–474; and Stephen M. Stigler, *The History of Statistics: The Measurement of Uncertainty Before 1900* [Cambridge, MA: Belknap Press of Harvard University Press, 1986]。
2. 我們把雜訊定義爲誤差的標準差，因此雜訊的平方就是誤差的變異數。變異數的定義爲：平方和的平均－平均數的平方。由於平均誤差是偏誤，所以「平均數的平方」就是偏誤的平方。因此：雜訊^2＝均方差－偏誤^2。
3. Berkeley J. Dietvorst and Soaham Bharti, "People Reject Algorithms in Uncertain Decision Domains Because They Have Diminishing Sensitivity to Forecasting Error," *Psychological Science* 31, no. 10 (2020): 1302–1314.

第6章　雜訊分析

1. Kevin Clancy, John Bartolomeo, David Richardson, and Charles Wellford, "Sentence Decisionmaking: The Logic of Sentence Decisions and the Extent and Sources of Sentence Disparity," *Journal of Criminal Law and Criminology* 72, no. 2 (1981): 524–554; 以及 INSLAW, Inc. et al., "Federal Sentencing: Towards a More Explicit Policy of Criminal Sanctions III-, 4" (1981).

2. 量刑可能包括監禁時間、監管時間和罰鍰。為了簡單起見，在此我們把焦點放在刑罰最主要的部分，也就是監禁時間，而不討論其他兩部分。
3. 在多案件、多法官的情況下，第5章介紹的誤差方程式擴充版包括一個反映這種變異量的術語。具體來說，如果我們把總偏誤定義為所有案件的平均誤差，而且如果這個誤差在不同案件中不盡相同，就會出現案件偏誤的變異量。因此這個方程式變成：均方差＝總偏誤^2＋案件偏誤的變異量＋系統雜訊^2。
4. 本章提到的數字來自下面的原始研究。

 首先，作者說，罪行與罪犯的主要影響占所有變異量的45% (John Bartolomeo et al., "Sentence Decisionmaking: The Logic of Sentence Decisions and the Extent and Sources of Sentence Disparity," *Journal of Criminal Law and Criminology* 72, no. 2 [1981], table 6). 然而，我們在此更廣泛的關注每一個案件的影響，包括呈現在法官面前的所有案件特徵，例如被告是否有前科、在犯罪的過程中是否使用武器等。根據我們的定義，這些特徵都是眞實案件變異量的一部分，而不是雜訊。因此，我們在案件變異中重新整合案件特徵之間的交互作用（這些占總變異量的11%，請參閱Bartolomeo et al., table 10）。因此，我們重新定義案件的變異量占比是56%，法官的主要效應（水準雜訊）為21%，而總變異量中的交互作用為23%。系統雜訊占總變異量的44%。

 我們可以參考Bartolomeo et al., 89來計算量刑的變異量。表中列出每一個案件的平均刑期：變異量為15。如果這占總變異量的56%，則總變異量為26.79，系統雜訊的變異量為11.79。這個變異量的平方根就是一個代表性案件的標準差，也就是3.4年。

 法官的主要效應，即水準雜訊，是總變異量的21%。這個變異量的平方根可歸因於法官水準雜訊的標準差，也就是2.4年。
5. 這個數字是16個案件刑期變異數平均值的平方根。請參閱前一個注解的解釋。
6. 這是假設嚴厲的法官在量刑時總是會增加一定的監禁時間。這個假設不一定是對的：嚴厲的法官更有可能增加與平均刑期成比例的監禁時間。然而，這個問題在原來的報告中被忽略了，沒有提供評估其重要性的方法。
7. Bartolomeo et al., "Sentence Decisionmaking," 23.
8. 以下的方程式：系統雜訊^2＝水準雜訊^2+型態雜訊^{2}是成立的。表中顯示系統雜訊是3.4年，而水準雜訊是2.4年。型態雜訊也是2.4年。計算結果如圖所示，由於四捨五入的誤差，實際數值略有不同。

第7章　場合雜訊

1. 請參考http://www.iweblists.com/sports/basketball/FreeThrowPercent_c.html，於2020年12月27日查閱。
2. 請參考https://www.basketball-reference.com/players/o/onealsh01.html，於2020年12月27日查閱。
3. R. T. Hodgson, "An Examination of Judge Reliability at a Major U.S. Wine Competition," *Journal of Wine Economics* 3, no. 2 (2008): 105–113.
4. Stein Grimstad and Magne Jørgensen, "Inconsistency of Expert Judgment-Based Estimates of Software Development Effort," *Journal of Systems and*

Software 80, no. 11 (2007): 1770–1777.

5. Robert H. Ashton, "A Review and Analysis of Research on the Test–Retest Reliability of Professional Judgment," *Journal of Behavioral Decision Making* 294, no. 3 (2000): 277–294. 附帶一提，作者隨後指出，在他回顧的41項研究當中，沒有一個是爲了評估場合雜訊而設計的：「在所有的情況下，再測信度的測量是其他研究目標的副產品（Ashton, 279）。」這種評論意味著對場合雜訊的研究有興趣是相對近期的事情。
6. Central Intelligence Agency, *The World Factbook* (Washington, DC: Central Intelligence Agency, 2020). 這裡引用的數字包括可從空中識別的所有機場，機場跑道可能有鋪面或無鋪面，其中也許還包括已關閉或廢棄的機場。
7. Edward Vul and Harold Pashler,"Measuring the crowd within: Probabilistic representations within individuals," *Psychological Science* 19 (7), 645-647, 2008.
8. James Surowiecki, *The Wisdom of Crowds: Why the Many Are Smarter Than the Few and How Collective Wisdom Shapes Business, Economies, Societies, and Nations* (New York: Doubleday, 2004).
9. 平均判斷的標準差（雜訊的測量）與判斷數量的平方根等比例減少。
10. Vul and Pashler, "Measuring the Crowd Within," 646.
11. Stefan M. Herzog and Ralph Hertwig, "Think Twice and Then: Combining or Choosing in Dialectical Bootstrapping?," *Journal of Experimental Psychology: Learning, Memory, and Cognition* 40, no. 1 (2014): 218–232.
12. Vul and Pashler, "Measuring the Crowd Within," 647.
13. Joseph P. Forgas, "Affective Influences on Interpersonal Behavior," *Psychological Inquiry* 13, no. 1 (2002): 1–28.
14. Forgas, "Affective Influences," 10.
15. A. Filipowicz, S. Barsade, and S. Melwani, "Understanding Emotional Transitions: The Interpersonal Consequences of Changing Emotions in Negotiations," *Journal of Personality and Social Psychology* 101, no. 3 (2011): 541–556.
16. Joseph P. Forgas, "She Just Doesn't Look like a Philosopher... ? Affective Influences on the Halo Effect in Impression Formation," *European Journal of Social Psychology* 41, no. 7 (2011): 812–817.
17. Gordon Pennycook, James Allan Cheyne, Nathaniel Barr, Derek J. Koehler, and Jonathan A. Fugelsang, "On the Reception and Detection of Pseudo-Profound Bullshit," *Judgment and Decision Making* 10, no. 6 (2015): 549–563.
18. Harry Frankfurt, *On Bullshit* (Princeton, NJ: Princeton University Press, 2005).
19. Pennycook et al., "Pseudo-Profound Bullshit," 549.
20. Joseph P. Forgas, "Happy Believers and Sad Skeptics? Affective Influences on Gullibility," *Current Directions in Psychological Science* 28, no. 3 (2019): 306–313.
21. Joseph P. Forgas, "Mood Effects on Eyewitness Memory: Affective Influences on Susceptibility to Misinformation," *Journal of Experimental Social Psychology* 41, no. 6 (2005): 574–588.
22. Piercarlo Valdesolo and David Desteno, "Manipulations of Emotional Context Shape

Moral Judgment," *Psychological Science* 17, no. 6 (2006): 476–477.

23. Hannah T. Neprash and Michael L. Barnett, "Association of Primary Care Clinic Appointment Time with Opioid Prescribing," *JAMA Network Open* 2, no. 8 (2019); Lindsey M. Philpot, Bushra A. Khokhar, Daniel L. Roellinger, Priya Ramar, and Jon O. Ebbert, "Time of Day Is Associated with Opioid Prescribing for Low Back Pain in Primary Care," *Journal of General Internal Medicine* 33 (2018): 1828.
24. Jeffrey A. Linder, Jason N. Doctor, Mark W. Friedberg, Harry Reyes Nieva, Caroline Birks, Daniella Meeker, and Craig R. Fox, "Time of Day and the Decision to Prescribe Antibiotics," *JAMA Internal Medicine* 174, no. 12 (2014): 2029–2031.
25. Rebecca H. Kim, Susan C. Day, Dylan S. Small, Christopher K. Snider, Charles A. L. Rareshide, and Mitesh S. Patel, "Variations in Influenza Vaccination by Clinic Appointment Time and an Active Choice Intervention in the Electronic Health Record to Increase Influenza Vaccination," *JAMA Network Open* 1, no. 5 (2018): 1–10.
26. 關於壞天氣對增進記憶力的影響，參閱Joseph P. Forgas, Liz Goldenberg, and Christian Unkelbach, "Can Bad Weather Improve Your Memory? An Unobtrusive Field Study of Natural Mood Effects on Real-Life Memory," *Journal of Experimental Social Psychology* 45, no. 1 (2008): 254–257. 關於好天氣的影響，見David Hirshleifer and Tyler Shumway, "Good Day Sunshine: Stock Returns and the Weather," *Journal of Finance* 58, no. 3 (2003): 1009–1032.
27. Uri Simonsohn, "Clouds Make Nerds Look Good: Field Evidence of the Impact of Incidental Factors on Decision Making," *Journal of Behavioral Decision Making* 20, no. 2 (2007): 143–152.
28. Daniel Chen et al., "Decision Making Under the Gambler's Fallacy: Evidence from Asylum Judges, Loan Officers, and Baseball Umpires," *Quarterly Journal of Economics* 131, no. 3 (2016): 1181–1242.
29. Jaya Ramji-Nogales, Andrew I. Schoenholtz, and Philip Schrag, "Refugee Roulette: Disparities in Asylum Adjudication," *Stanford Law Review* 60, no. 2 (2007).
30. Michael J. Kahana et al., "The Variability Puzzle in Human Memory," *Journal of Experimental Psychology: Learning, Memory, and Cognition* 44, no. 12 (2018): 1857–1863.

第8章　群體如何擴大雜訊

1. Matthew J. Salganik, Peter Sheridan Dodds, and Duncan J. Watts, "Experimental Study of Inequality and Unpredictability in an Artificial Cultural Market," *Science* 311 (2006): 854–856. 也請參閱Matthew Salganik and Duncan Watts, "Leading the Herd Astray: An Experimental Study of Self-Fulfilling Prophecies in an Artificial Cultural Market," *Social Psychology Quarterly* 71 (2008): 338–355; 以及 Matthew Salganik and Duncan Watts, "Web-Based Experiments for the Study of Collective Social Dynamics in Cultural Markets," *Topics in Cognitive Science* 1 (2009): 439–468.
2. Salganik and Watts, "Leading the Herd Astray."
3. Michael Macy et al., "Opinion Cascades and the Unpredictability of Partisan

Polarization," *Science Advances* (2019): 1–8. 也請參閱Helen Margetts et al., *Political Turbulence* (Princeton: Princeton University Press, 2015).

4. Michael Macy et al., "Opinion Cascades."
5. Lev Muchnik et al., "Social Influence Bias: A Randomized Experiment," *Science* 341, no. 6146 (2013): 647–651.
6. Jan Lorenz et al., "How Social Influence Can Undermine the Wisdom of Crowd Effect," *Proceedings of the National Academy of Sciences* 108, no. 22 (2011): 9020–9025.
7. Daniel Kahneman, David Schkade, and Cass Sunstein, "Shared Outrage and Erratic Awards: The Psychology of Punitive Damages," *Journal of Risk and Uncertainty* 16 (1998): 49–86.
8. David Schkade, Cass R. Sunstein, and Daniel Kahneman, "Deliberating about Dollars: The Severity Shift," *Columbia Law Review* 100 (2000): 1139–1175.

第三部　預測性判斷中的雜訊

1. 和諧率與肯德爾和諧係數（Kendall's W，又稱coefficient of concordance）有密切的關聯。
2. Kanwal Kamboj et al., "A Study on the Correlation Between Foot Length and Height of an Individual and to Derive Regression Formulae to Estimate the Height from Foot Length of an Individual," *International Journal of Research in Medical Sciences* 6, no. 2 (2018): 528.
3. 和諧率的計算是奠基在二變量常態分布的假設下。表中顯示的數值就是基於該假設的近似值。感謝朱利恩・帕里斯（Julian Parris）製作這個表。

第9章　判斷與模型

1. Martin C. Yu and Nathan R. Kuncel, "Pushing the Limits for Judgmental Consistency: Comparing Random Weighting Schemes with Expert Judgments," *Personnel Assessment and Decisions* 6, no. 2 (2020): 1–10. 專家是研究三個樣本共847個案例的未加權平均值，得到相關係數0.15。真正的研究與我們在幾個方面簡化描述的例子不同。
2. 構建加權平均值的一個先決條件是，所有的預測因子都必須用可以比較的單位來衡量。在本章開頭提到的例子的確符合這樣的條件，因爲所有的評分都介於0到10之間，但情況並非總是如此。例如，績效表現的預測因子可能包括面試官的評分（0到10分）、相關工作經驗有多少年，以及能力測驗的分數。多元迴歸程式則把所有的預測因子轉化爲**標準分數**，再把這些分數結合起來。標準分數衡量的是一個觀察值與人群平均值的距離，以標準差爲單位。例如，能力測驗的平均數爲55，標準差是8，那麼標準分數+1.5個標準差，對應的測驗結果是67。值得注意的是，對每一個人的數據進行標準化處理，會消除個人判斷的平均或變異數的誤差。
3. 多元迴歸的一個重要特徵是，每個預測因子的最佳權重取決於其他預測因子。如果一個預測因子與另一個預測因子相關性很高，就不該獲得同樣大的權重，因爲這會形成「重複計算」。
4. Robin M. Hogarth and Natalia Karelaia, "Heuristic and Linear Models of Judgment:

Matching Rules and Environments," *Psychological Review* 114, no. 3 (2007): 734.

5. 有一個廣泛利用的研究架構就是**判斷的透鏡模型**（lens model of judgment，譯注：所謂的透鏡模型是指人類的知覺歷程就像眼睛或攝影機前的透鏡，將環境訊息經過過濾與重新組合而成爲有規則而且統合的知覺。個人由經驗中了解哪些刺激最能正確的反應眞實環境，在組織時給予較大的比重。因此，世界並非由觀察而得，而是由許多可信度不同的線索推論、構築而來），這裡的討論就是根據這樣的模型。參閱Kenneth R. Hammond, "Probabilistic Functioning and the Clinical Method," *Psychological Review* 62, no. 4 (1955): 255–262; Natalia Karelaia and Robin M. Hogarth, "Determinants of Linear Judgment: A Meta-Analysis of Lens Model Studies," *Psychological Bulletin* 134, no. 3 (2008): 404–426.
6. Paul E. Meehl, *Clinical Versus Statistical Prediction: A Theoretical Analysis and a Review of the Evidence* (Minneapolis: University of Minnesota Press, 1954).
7. Paul E. Meehl, *Clinical Versus Statistical Prediction: A Theoretical Analysis and a Review of the Evidence* (Northvale, NJ: Aronson, 1996), preface.
8. "Paul E. Meehl," in Ed Lindzey (ed.), *A History of Psychology in Autobiography*, 1989.
9. "Paul E. Meehl," in *A History of Psychology in Autobiography*, ed. Ed Lindzey (Washington, DC: American Psychological Association, 1989), 362.
10. William M. Grove et al., "Clinical Versus Mechanical Prediction: A Meta-Analysis," *Psychological Assessment* 12, no. 1 (2000): 19–30.
11. William M. Grove and Paul E. Meehl, "Comparative Efficiency of Informal (Subjective, Impressionistic) and Formal (Mechanical, Algorithmic) Prediction Procedures: The Clinical-Statistical Controversy," *Psychology, Public Policy, and Law* 2, no. 2 (1996): 293–323.
12. Lewis Goldberg, "Man Versus Model of Man: A Rationale, plus Some Evidence, for a Method of Improving on Clinical Inferences," *Psychological Bulletin* 73, no. 6 (1970): 422–432.
13. Milton Friedman and Leonard J. Savage, "The Utility Analysis of Choices Involving Risk," *Journal of Political Economy* 56, no. 4 (1948): 279–304.
14. Karelaia and Hogarth, "Determinants of Linear Judgment," 411, table 1.
15. Nancy Wiggins and Eileen S. Kohen, "Man Versus Model of Man Revisited: The Forecasting of Graduate School Success," *Journal of Personality and Social Psychology* 19, no. 1 (1971): 100–106.
16. Karelaia and Hogarth, "Determinants of Linear Judgment."
17. 爲了信度不完美的預測因子而對相關係數進行的修正稱爲**相關係數修正**（correction for attenuation）。公式爲：修正後的$r_{xy} = r_{xy}/\sqrt{r_{xx}}$，其中$r_{xx}$就是信度係數（總變異數占觀察到預測因子變異數的比例）。
18. Yu and Kuncel, "Judgmental Consistency."
19. 我們會在下一章更詳細討論相等權重模型及隨機權重模型。權重被限制在小數目的範圍內，而且正負號必須正確。

第10章 無雜訊的規則

1. Robyn M. Dawes and Bernard Corrigan, "Linear Models in Decision Making," *Psychological Bulletin* 81, no. 2 (1974): 95–106. 道斯和柯里根也提出利用隨機權重的做法。第9章描述的經理人績效預測研究就是運用這種構想。
2. Jason Dana, "What Makes Improper Linear Models Tick?," in *Rationality and Social Responsibility: Essays in Honor of Robyn M. Dawes*, ed. Joachim I. Krueger, 71–89 (New York: Psychology Press, 2008), 73.
3. Jason Dana and Robyn M. Dawes, "The Superiority of Simple Alternatives to Regression for Social Sciences Prediction," *Journal of Educational and Behavior Statistics* 29 (2004): 317–331; Dana, "What Makes Improper Linear Models Tick?"
4. Howard Wainer, "Estimating Coefficients in Linear Models: It Don't Make No Nevermind," *Psychological Bulletin* 83, no. 2 (1976): 213–217.
5. Dana, "What Makes Improper Linear Models Tick?," 72.
6. Martin C. Yu and Nathan R. Kuncel, "Pushing the Limits for Judgmental Consistency: Comparing Random Weighting Schemes with Expert Judgments," *Personnel Assessment and Decisions* 6, no. 2 (2020): 1–10. 如前一章所述，報告中的相關係數是三個樣本的未加權平均值。三個樣本的比較如下：臨床專家判斷的效度分別是0.17、0.16和0.13，而相等權重模型的效度分別爲0.19、0.33和0.22。
7. Robyn M. Dawes, "The Robust Beauty of Improper Linear Models in Decision Making," *American Psychologist* 34, no. 7 (1979): 571–582.
8. Dawes and Corrigan, "Linear Models in Decision Making," 105.
9. Jongbin Jung, Conner Concannon, Ravi Shroff, Sharad Goel, and Daniel G. Goldstein, "Simple Rules to Guide Expert Classifications," *Journal of the Royal Statistical Society, Statistics in Society,* no. 183 (2020): 771–800.
10. Julia Dressel and Hany Farid, "The Accuracy, Fairness, and Limits of Predicting Recidivism," Science Advances 4, no. 1 (2018): 1–6.
11. 這兩個例子的線性模型利用的變數極少（而且以保釋模型的例子而言，是透過四捨五入法把模型轉化成粗略的計算，得到線性權重的近似值。）另一種「非最適模型」是**單一變數規則**，只考量一個預測因子，忽略其他因子。參閱 Peter M. Todd and Gerd Gigerenzer, "Précis of Simple Heuristics That Make Us Smart," *Behavioral and Brain Sciences* 23, no. 5 (2000): 727–741.
12. P. Gendreau, T. Little, and C. Goggin, "A Meta-Analysis of the Predictors of Adult Offender Recidivism: What Works!," *Criminology* 34 (1996).
13. 這裡的數據庫大小要用觀測值占預測因子的比例來理解。道斯在〈Robust Beauty〉指出，最好達到15或20比1，在交叉驗證上的最適權重才能比單一權重做得更好。傑森·達納（Jason Dana）與道斯則是在〈Superiority of Simple Alternatives〉中使用很多個案研究，將這個比例調整到100比1。
14. J. Kleinberg, H. Lakkaraju, J. Leskovec, J. Ludwig, and S. Mullainathan, "Human Decisions and Machine Predictions," *Quarterly Journal of Economics* 133 (2018): 237–293.

15. 這個演算法是利用一個子數據庫訓練出來的，然後在另一個隨機選取的子數據庫評估其預測結果的能力。
16. Kleinberg et al., "Human Decisions," 16.
17. 2020年6-7月間與研究人員格雷戈里・斯托達德（Gregory Stoddard）、詹斯・路德維希（Jens Ludwig）及穆蘭納森以電子郵件通信得知的結果。
18. B. Cowgill, "Bias and Productivity in Humans and Algorithms: Theory and Evidence from Résumé Screening," paper presented at Smith Entrepreneurship Research Conference, College Park, MD, April 21, 2018.
19. William M. Grove and Paul E. Meehl, "Comparative Efficiency of Informal (Subjective, Impressionistic) and Formal (Mechanical, Algorithmic) Prediction Procedures: The Clinical-Statistical Controversy," *Psychology, Public Policy, and Law* 2, no. 2 (1996): 293–323.
20. Jennifer M. Logg, Julia A. Minson, and Don A. Moore, "Algorithm Appreciation: People Prefer Algorithmic to Human Judgment," *Organizational Behavior and Human Decision Processes* 151 (April 2018): 90–103.
21. B. J. Dietvorst, J. P. Simmons, and C. Massey, "Algorithm Aversion: People Erroneously Avoid Algorithms After Seeing Them Err," *Journal of Experimental Psychology General* 144 (2015): 114–126. 也請參閱A. Prahl and L. Van Swol, "Understanding Algorithm Aversion: When Is Advice from Automation Discounted?," *Journal of Forecasting* 36 (2017): 691–702.
22. M. T. Dzindolet, L. G. Pierce, H. P. Beck, and L. A. Dawe, "The Perceived Utility of Human and Automated Aids in a Visual Detection Task," *Human Factors: The Journal of the Human Factors and Ergonomics Society* 44, no. 1 (2002): 79–94; K. A. Hoff and M. Bashir, "Trust in Automation: Integrating Empirical Evidence on Factors That Influence Trust," *Human Factors: The Journal of the Human Factors and Ergonomics Society* 57, no. 3 (2015): 407–434以及P. Madhavan and D. A. Wiegmann, "Similarities and Differences Between Human–Human and Human–Automation Trust: An Integrative Review," *Theoretical Issues in Ergonomics Science* 8, no. 4 (2007): 277–301.

第11章　客觀的無知

1. E. Dane and M. G. Pratt, "Exploring Intuition and Its Role in Managerial Decision Making," *Academy of Management Review* 32, no. 1 (2007): 33–54; Cinla Akinci and Eugene Sadler-Smith, "Intuition in Management Research: A Historical Review," *International Journal of Management Reviews* 14 (2012): 104–122此外請見Gerard P. Hodgkinson et al., "Intuition in Organizations: Implications for Strategic Management," *Long Range Planning* 42 (2009): 277–297.
2. Hodgkinson et al., "Intuition in Organizations," 279.
3. Nathan Kuncel et al., "Mechanical Versus Clinical Data Combination in Selection and Admissions Decisions: A Meta-Analysis," *Journal of Applied Psychology* 98, no. 6 (2013): 1060–1072. 也請參閱第24章對人事決策更進一步的討論。
4. Don A. Moore, Perfectly Confident: How to Calibrate Your Decisions Wisely (New York:

HarperCollins, 2020).

5. Philip E. Tetlock, *Expert Political Judgment: How Good Is It? How Can We Know?* (Princeton, NJ: Princeton University Press, 2005), 239 and 233.
6. William M. Grove et al., "Clinical Versus Mechanical Prediction: A Meta-Analysis," *Psychological Assessment* 12, no. 1 (2000): 19–30.
7. Sendhil Mullainathan and Ziad Obermeyer, "Who Is Tested for Heart Attack and Who Should Be: Predicting Patient Risk and Physician Error," 2019. NBER Working Paper 26168, National Bureau of Economic Research.
8. Weston Agor, "The Logic of Intuition: How Top Executives Make Important Decisions," *Organizational Dynamics* 14, no. 3 (1986): 5–18; Lisa A. Burke and Monica K. Miller, "Taking the Mystery Out of Intuitive Decision Making," *Academy of Management Perspectives* 13, no. 4 (1999): 91–99.
9. Poornima Madhavan and Douglas A. Wiegmann, "Effects of Information Source, Pedigree, and Reliability on Operator Interaction with Decision Support Systems," *Human Factors: The Journal of the Human Factors and Ergonomics Society* 49, no. 5 (2007).

第12章　常態之谷

1. Matthew J. Salganik et al., "Measuring the Predictability of Life Outcomes with a Scientific Mass Collaboration," *Proceedings of the National Academy of Sciences* 117, no. 15 (2020): 8398–8403.
2. 這裡的樣本數爲4,242個家庭。由於隱私因素，〈脆弱家庭研究〉中的一些家庭被排除，不在分析之列。
3. 爲了對預測準確度打分數，研究召集人使用我們在第一部介紹的指標，也就是均方差。爲了方便比較，他們用一個「沒有用」的預測策略作爲每個模型均方差的測量基準，這是一種通用的預測，每個個案與訓練數據的平均值沒有差別。爲了方便起見，我們把他們的預測結果轉換爲相關係數。均方差與相關性則是用下列公式來表達：$r^2 = (Var(Y) - MSE) / Var(Y)$，其中Var (Y)是結果數字的變異數，而(Var (Y) − MSE)則是預測結果的變異數。
4. F. D. Richard et al., "One Hundred Years of Social Psychology Quantitatively Described," *Review of General Psychology* 7, no. 4 (2003): 331–363.
5. Gilles E. Gignac and Eva T. Szodorai, "Effect Size Guidelines for Individual Differences Researchers," *Personality and Individual Differences* 102 (2016): 74–78.
6. 有一點需要注意：這項研究在設計上使用現有的描述性數據庫，這個數據庫極其龐大，並不是特別用來預測特定結果。這項研究和泰特洛克研究中的專家有一個重要差異：泰特洛克研究中的專家可以自由取用任何訊息。例如，被房東驅趕的預測因子可能不在參賽團隊取得的樣本中，但應該是蒐集得到的數據。因此，這個研究無法證明被房東驅趕等結果**在本質上**如何不可預測，只能證明以參賽團隊取得的**數據庫為基礎**的預測結果是不準確的。
7. Jake M. Hofman et al., "Prediction and Explanation in Social Systems," *Science* 355 (2017): 486–488; Duncan J. Watts et al., "Explanation, Prediction, and Causality: Three

Sides of the Same Coin?," October 2018, 1–14, available through Center for Open Science, https://osf.io/bgwjc.

8. 一個密切相關的區分是分為**外延性思維**（extensional thinking）和**非外延性思維**（non-extensional thinking）或**意向性思維**（intensional thinking）。參閱 Amos Tversky and Daniel Kahneman, "Extensional Versus Intuitive Reasoning: The Conjunction Fallacy in Probability Judgment," *Psychological Review* 4 (1983): 293–315.
9. Daniel Kahneman and Dale T. Miller, "Norm Theory: Comparing Reality to Its Alternatives," *Psychological Review* 93, no. 2 (1986): 136–153.
10. Baruch Fischhoff, "An Early History of Hindsight Research," *Social Cognition* 25, no. 1 (2007): 10–13, doi:10.1521/soco.2007.25.1.10; Baruch Fischhoff, "Hindsight Is Not Equal to Foresight: The Effect of Outcome Knowledge on Judgment Under Uncertainty," *Journal of Experimental Psychology: Human Perception and Performance* 1, no. 3 (1975): 288.
11. Daniel Kahneman, *Thinking, Fast and Slow*. New York: Farrar, Straus and Giroux, 2011.

第13章　捷思法、偏誤與雜訊

1. Daniel Kahneman, *Thinking, Fast and Slow* (New York: Farrar, Straus and Giroux, 2011).
2. 在這裡有一點請注意。研究判斷偏誤的心理學家對於每隊只有五個參與者（如圖12所示）並不滿意，而其中有很好的理由：由於判斷有雜訊，每個實驗群組的射擊結果分布，很少會像圖12顯示的那麼密集。每個人在各項偏誤所受到的影響程度都不同，也不會**完全**忽略相關的變數。例如，如果參與者的人數眾多，你幾乎可以確認不會完全反映出對範疇的不敏感：參與者給甘巴迪在三年內離職的機率平均值，會略微高於兩年內離職的機率平均值。不過，「對範疇的不敏感」這個描述仍屬適當，因為和應該產生的差距比起來，這個差異占比還算微小。
3. Daniel Kahneman et al., eds., *Judgment Under Uncertainty: Heuristics and Biases* (New York: Cambridge University Press, 1982), chap. 6; Daniel Kahneman and Amos Tversky, "On the Psychology of Prediction," *Psychological Review* 80, no. 4 (1973): 237–251.
4. 舉例來說，可參閱Steven N. Kaplan and Bernadette A. Minton, "How Has CEO Turnover Changed?," *International Review of Finance* 12, no. 1 (2012): 57–87. 也可參閱Dirk Jenter and Katharina Lewellen, "Performance-Induced CEO Turnover," Harvard Law School Forum on Corporate Governance, September 2, 2020, https://corpgov.law.harvard.edu/2020/09/02/performance-induced-ceo-turnover.
5. Cass Sunstein, *The World According to Star Wars* (New York: HarperCollins, 2016).
6. J. W. Rinzler, *The Making of Star Wars: Return of the Jedi: The Definitive Story* (New York: Del Rey, 2013), 64.
7. 我們這裡點出的是在判斷展開之前就存在未審先判的簡單案例。事實上，即使沒有未審先判，隨著證據的累積，由於追求簡化與一致性的傾向使然，也會形成往特定結論靠攏的偏誤。當暫時的結論出現時，確認偏誤就會讓新證據的蒐集和解讀朝有利這個結論的方向前進。
8. 這個現象稱為**信念偏誤**（belief bias）。參閱J. St. B. T. Evans, Julie L. Barson, and

Paul Pollard, "On the Conflict between Logic and Belief in Syllogistic Reasoning," *Memory & Cognition* 11, no. 3 (1983): 295–306.

9. Dan Ariely, George Loewenstein, and Drazen Prelec, " 'Coherent Arbitrariness': Stable Demand Curves Without Stable Preferences," *Quarterly Journal of Economics* 118, no. 1 (2003): 73–105.
10. Adam D. Galinsky and T. Mussweiler, "First Offers as Anchors: The Role of Perspective-Taking and Negotiator Focus," *Journal of Personality and Social Psychology* 81, no. 4 (2001): 657–669.
11. Solomon E. Asch, "Forming Impressions of Personality," *Journal of Abnormal and Social Psychology* 41, no. 3 (1946): 258–290；這篇論文最早使用一系列排列順序不同的形容詞來說明這個現象。
12. Steven K. Dallas et al., "Don't Count Calorie Labeling Out: Calorie Counts on the Left Side of Menu Items Lead to Lower Calorie Food Choices," *Journal of Consumer Psychology* 29, no. 1 (2019): 60–69.

第14章　配對

1. S. S. Stevens, "On the Operation Known as Judgment," *American Scientist* 54, no. 4 (December 1966): 385–401. 我們應用**配對**這個詞的範圍，比本文作者史蒂文斯只用於比例量表的範圍還廣泛，我們會在第15章回頭討論這個主題。
2. 這個例子最初是在Daniel Kahneman, *Thinking, Fast and Slow* (New York: Farrar, Straus and Giroux, 2011)中介紹。
3. Daniel Kahneman and Amos Tversky, "On the Psychology of Prediction," *Psychological Review* 80 (1973): 237–251.
4. G. A. Miller, "The Magical Number Seven, Plus or Minus Two: Some Limits on Our Capacity for Processing Information," *Psychological Review* (1956): 63–97.
5. R. D. Goffin and J. M. Olson, "Is It All Relative? Comparative Judgments and the Possible Improvement of Self-Ratings and Ratings of Others," *Perspectives on Psychological Science* 6 (2011): 48–60.

第15章　量表

1. Daniel Kahneman, David Schkade, and Cass Sunstein, "Shared Outrage and Erratic Awards: The Psychology of Punitive Damages," *Journal of Risk and Uncertainty* 16 (1998): 49–86, https://link.springer.com/article/10.1023/A:1007710408413； 另請參考Cass Sunstein, Daniel Kahneman, and David Schkade, "Assessing Punitive Damages (with Notes on Cognition and Valuation in Law)," *Yale Law Journal* 107, no. 7 (May 1998): 2071–2153. 研究費用由埃克森石油（Exxon）根據一次性的協議負擔，不過該公司沒有付錢給研究人員，對資料也沒有控制權，在研究發表到學術期刊前也對結果不知情。
2. A. Keane and P. McKeown, *The Modern Law of Evidence* (New York: Oxford University Press, 2014).
3. Andrew Mauboussin and Michael J. Mauboussin, "If You Say Something Is 'Likely,'

How Likely Do People Think It Is?," *Harvard Business Review,* July 3, 2018.

4. *BMW v. Gore*, 517 U.S. 559 (1996), https://supreme.justia.com/cases/federal/us/517/559.
5. 關於情感在道德判斷裡的作用，相關討論可參閱：J. Haidt, "The Emotional Dog and Its Rational Tail: A Social Intuitionist Approach to Moral Judgment," *Psychological Review* 108, no. 4 (2001): 814–834; Joshua Greene, *Moral Tribes: Emotion, Reason, and the Gap Between Us and Them* (New York: Penguin Press, 2014).
6. 有鑑於這些評等的大量雜訊，你可能會感到不解，爲何憤怒程度與懲罰意向判斷間有非常高的相關性（0.98），進而支持憤怒假設。但是如果你想到這是計算判斷**平均值**之間的相關性，疑問就會消失了。以100個判斷的平均值來說，雜訊（判斷值的標準差）會減至原來的十分之一。許多判斷值經過總合後，雜訊就不再是影響因素。請參閱第21章。
7. S. S. Stevens, *Psychophysics: Introduction to Its Perceptual, Neural and Social Prospects* (New York: John Wiley & Sons, 1975).
8. Dan Ariely, George Loewenstein, and Drazen Prelec, " 'Coherent Arbitrariness': Stable Demand Curves Without Stable Preferences," *Quarterly Journal of Economics* 118, no. 1 (2003): 73–106.
9. 轉換爲排序會導致資訊流失，因爲無法保留判斷的差距。比方說，假設現在只有三個案件，而一名陪審員建議的損害賠償額分別是1000萬、200萬與100萬美元。顯然，這名陪審員想要傳達的懲罰意向，在第一案與第二案的差距，大於第二案與第三案的差距。可是，一旦轉換爲排序，差距就會一樣，也就是都只差一個位階。這個問題可以藉由把判斷轉換成標準分數來解決。

第16章　型態

1. R. Blake and N. K. Logothetis, "Visual competition," *Nature Reviews Neuroscience* 3 (2002) 13–21; M. A. Gernsbacher and M. E. Faust, "The Mechanism of Suppression: A Component of General Comprehension Skill," *Journal of Experimental Psychology: Learning, Memory, and Cognition* 17 (March 1991): 245–262；另請參考M. C. Stites and K. D. Federmeier, "Subsequent to Suppression: Downstream Comprehension Consequences of Noun/Verb Ambiguity in Natural Reading," *Journal of Experimental Psychology: Learning, Memory, and Cognition* 41 (September 2015): 1497–1515.
2. D. A. Moore and D. Schatz, "The three faces of overconfidence," *Social and Personality Psychology Compass* 11, no. 8 (2017), article e12331.
3. P. J. Lamberson and Scott Page, "Optimal forecasting groups," *Management Science* 58, no. 4 (2012): 805–10.感謝史考特・佩吉（Scott Page）提醒我們注意這種型態雜訊的來源。
4. 高登・歐波特（Gordon Allport）和亨利・歐伯特（Henry Odbert）在1936年對英語中與性格有關的詞彙研究引用自Oliver P. John and Sanjay Srivastava, "The Big-Five Trait Taxonomy: History, Measurement, and Theoretical Perspectives," in *Handbook of Personality: Theory and Research,* 2nd ed., ed. L. Pervin and Oliver P. John (New York: Guilford, 1999).
5. Ian W. Eisenberg, Patrick G. Bissett, A. Zeynep Enkavi et al., "Uncovering the structure

of self-regulation through data-driven ontology discovery," *Nature Communications* 10 (2019): 2319.

6. Walter Mischel, "Toward an integrative science of the person," *Annual Review of Psychology* 55 (2004): 1–22.

第17章 雜訊的來源

1. 偏誤與雜訊的拆解雖然沒有通則，不過這張圖的比例大致能代表我們檢視過的一些例子，無論是眞實的例子，還是虛構的例子。具體來說，在這張圖裡，偏誤和雜訊是對等的（一如大利市的銷售預測）。（水準雜訊）^{2}占（系統雜訊）^{2}的37%（一如懲罰性賠償研究的結論）。如圖所示，（場合雜訊）^{2}大約是（型態雜訊）^{2}的35%。
2. 參閱本書〈序言〉的參考資料。Mark A. Lemley and Bhaven Sampat, "Examiner Characteristics and Patent Office Outcomes," *Review of Economics and Statistics* 94, no. 3 (2012): 817–827. 另請參閱Iain Cockburn, Samuel Kortum, and Scott Stern, "Are All Patent Examiners Equal? The Impact of Examiner Characteristics," working paper 8980, June 2002, www.nber.org /papers/w8980; 以及Michael D. Frakes and Melissa F. Wasserman, "Is the Time Allocated to Review Patent Applications Inducing Examiners to Grant Invalid Patents? Evidence from Microlevel Application Data," *Review of Economics and Statistics* 99, no. 3 (July 2017): 550–563.
3. Joseph J. Doyle Jr., "Child Protection and Child Outcomes: Measuring the Effects of Foster Care," *American Economic Review* 95, no. 5 (December 2007): 1583–1610.
4. Andrew I. Schoenholtz, Jaya Ramji-Nogales, and Philip G. Schrag, "Refugee Roulette: Disparities in Asylum Adjudication," *Stanford Law Review* 60, no. 2 (2007).
5. 這個值是從第6章所列出的計算式子（即交互作用的變異占總變異的23%）估計而來。根據刑期爲常態分布的假設，兩個隨機挑選的觀察值之間的平均差是1.128個標準差。
6. J. E. Martinez, B. Labbree, S. Uddenberg, and A. Todorov, "Meaningful 'noise': Comparative judgments contain stable idiosyncratic contributions" (unpublished ms.).
7. J. Kleinberg, H. Lakkaraju, J. Leskovec, J. Ludwig, and S. Mullainathan, "Human Decisions and Machine Predictions," *Quarterly Journal of Economics* 133 (2018): 237–293.
8. 這個模型爲每個法官產生141,833個案件的排序，以及保釋核准的門檻。水準雜訊反映門檻的變異性，而型態雜訊反映的是案件排序的變異性。
9. Gregory Stoddard, Jens Ludwig, and Sendhil Mullainathan, email exchanges with authors, June–July 2020.
10. Phil Rosenzweig. *Left Brain, Right Stuff: How Leaders Make Winning Decisions* (New York: PublicAffairs, 2014).

第18章 優越的判斷者，卓越的判斷力

1. Albert E. Mannes et al., "The Wisdom of Select Crowds," *Journal of Personality and Social Psychology* 107, no. 2 (2014): 276–299; Jason Dana et al., "The Composition of

Optimally Wise Crowds," *Decision Analysis* 12, no. 3 (2015): 130–143.

2. Briony D. Pulford, Andrew M. Colmna, Eike K. Buabang, and Eva M. Krockow, "The Persuasive Power of Knowledge: Testing the Confidence Heuristic," *Journal of Experimental Psychology: General* 147, no. 10 (2018): 1431–1444.
3. Nathan R. Kuncel and Sarah A. Hezlett, "Fact and Fiction in Cognitive Ability Testing for Admissions and Hiring Decisions," *Current Directions in Psychological Science* 19, no. 6 (2010): 339–345.
4. Kuncel and Hezlett, "Fact and Fiction."
5. Frank L. Schmidt and John Hunter, "General Mental Ability in the World of Work: Occupational Attainment and Job Performance," *Journal of Personality and Social Psychology* 86, no. 1 (2004): 162.
6. Angela L. Duckworth, David Weir, Eli Tsukayama, and David Kwok, "Who Does Well in Life? Conscientious Adults Excel in Both Objective and Subjective Success," *Frontiers in Psychology* 3 (September 2012)；關於恆毅力，請參閱：Angela L. Duckworth, Christopher Peterson, Michael D. Matthews, and Dennis Kelly, "Grit: Perseverance and Passion for Long-Term Goals," *Journal of Personality and Social Psychology* 92, no. 6 (2007): 1087–1101。
7. Richard E. Nisbett et al., "Intelligence: New Findings and Theoretical Developments," *American Psychologist* 67, no. 2 (2012): 130–159.
8. Schmidt and Hunter, "Occupational Attainment," 162.
9. Kuncel and Hezlett, "Fact and Fiction."
10. 這些相關性是從統合分析（meta-analyses）推導出來，這些分析已經針對測量標準和範圍限制的測量誤差，修正觀察到的相關性。這些修正是否誇大了一般心智能力的預測價值，研究人員對此有一些辯論。然而，既然這些方法論上的論辯也適用於其他預測指標，因此專家一般都同意，一般心智能力（加上工作樣本測驗；請參閱第24章）是預測工作成就最好的指標。請參閱：Kuncel and Hezlett, "Fact and Fiction"。
11. Schmidt and Hunter, "Occupational Attainment," 162.
12. David Lubinski, "Exceptional Cognitive Ability: The Phenotype," *Behavior Genetics* 39, no. 4 (2009): 350–358.
13. Jonathan Wai, "Investigating America's Elite: Cognitive Ability, Education, and Sex Differences," *Intelligence* 41, no. 4 (2013): 203–211.
14. Keela S. Thomson and Daniel M. Oppenheimer, "Investigating an Alternate Form of the Cognitive Reflection Test," *Judgment and Decision Making* 11, no. 1 (2016): 99–113.
15. Gordon Pennycook et al., "Everyday Consequences of Analytic Thinking," *Current Directions in Psychological Science* 24, no. 6 (2015): 425–432.
16. Gordon Pennycook and David G. Rand, "Lazy, Not Biased: Susceptibility to Partisan Fake News Is Better Explained by Lack of Reasoning than by Motivated Reasoning," *Cognition* 188 (June 2018): 39–50.
17. Nathaniel Barr et al., "The Brain in Your Pocket: Evidence That Smartphones Are Used to Supplant Thinking," *Computers in Human Behavior* 48 (2015): 473–480.

18. Niraj Patel, S. Glenn Baker, and Laura D. Scherer, "Evaluating the Cognitive Reflection Test as a Measure of Intuition/Reflection, Numeracy, and Insight Problem Solving, and the Implications for Understanding Real-World Judgments and Beliefs," *Journal of Experimental Psychology: General* 148, no. 12 (2019): 2129–2153.
19. John T. Cacioppo and Richard E. Petty, "The Need for Cognition," *Journal of Personality and Social Psychology* 42, no. 1 (1982): 116–131.
20. Stephen M. Smith and Irwin P. Levin, "Need for Cognition and Choice Framing Effects," *Journal of Behavioral Decision Making* 9, no. 4 (1996): 283–290.
21. Judith E. Rosenbaum and Benjamin K. Johnson, "Who's Afraid of Spoilers? Need for Cognition, Need for Affect, and Narrative Selection and Enjoyment," *Psychology of Popular Media Culture* 5, no. 3 (2016): 273–289.
22. Wandi Bruine De Bruin et al., "Individual Differences in Adult Decision-Making Competence," *Journal of Personality and Social Psychology* 92, no. 5 (2007): 938–956.
23. Heather A. Butler, "Halpern Critical Thinking Assessment Predicts Real-World Outcomes of Critical Thinking," *Applied Cognitive Psychology* 26, no. 5 (2012): 721–729.
24. Uriel Haran, Ilana Ritov, and Barbara Mellers, "The Role of Actively Open-Minded Thinking in Information Acquisition, Accuracy, and Calibration," *Judgment and Decision Making* 8, no. 3 (2013): 188–201.
25. Haran, Ritov, and Mellers, "Role of Actively Open-Minded Thinking."
26. J. Baron, "Why Teach Thinking? An Essay," *Applied Psychology: An International Review* 42 (1993): 191–214; J. Baron, *The Teaching of Thinking: Thinking and Deciding,* 2nd ed. (New York: Cambridge University Press, 1994), 127–148.

第19章　移除偏誤與決策保健

1. 以下是一篇很好的評論，請參閱：Jack B. Soll et al., "A User's Guide to Debiasing," in *The Wiley Blackwell Handbook of Judgment and Decision Making,* ed. Gideon Keren and George Wu, vol. 2 (New York: John Wiley & Sons, 2015), 684.
2. HM Treasury, *The Green Book: Central Government Guidance on Appraisal and Evaluation* (London: UK Crown, 2018), https://assets.publishing.service.gov.uk/government/uploads/system/uploads/attachment_data/file/685903/The_Green_Book.pdf.
3. Richard H. Thaler and Cass R. Sunstein, *Nudge: Improving Decisions about Health, Wealth, and Happiness* (New Haven, CT: Yale University Press, 2008).
4. Ralph Hertwig and Till Grüne-Yanoff, "Nudging and Boosting: Steering or Empowering Good Decisions," *Perspectives on Psychological Science* 12, no. 6 (2017).
5. Geoffrey T. Fong et al., "The Effects of Statistical Training on Thinking About Everyday Problems," *Cognitive Psychology* 18, no. 3 (1986): 253–292.
6. Willem A. Wagenaar and Gideon B. Keren, "Does the Expert Know? The Reliability of Predictions and Confidence Ratings of Experts," *Intelligent Decision Support in Process Environments* (1986): 87–103.
7. Carey K. Morewedge et al., "Debiasing Decisions: Improved Decision Making with a

Single Training Intervention," *Policy Insights from the Behavioral and Brain Sciences* 2, no. 1 (2015): 129–140.

8. Anne-Laure Sellier et al., "Debiasing Training Transfers to Improve Decision Making in the Field," *Psychological Science* 30, no. 9 (2019): 1371–1379.
9. Emily Pronin et al., "The Bias Blind Spot: Perceptions of Bias in Self Versus Others," *Personality and Social Psychology Bulletin* 28, no. 3 (2002): 369–381.
10. Daniel Kahneman, Dan Lovallo, and Olivier Sibony, "Before You Make That Big Decision…," *Harvard Business Review* 89, no. 6 (June 2011): 50–60.
11. Atul Gawande, *Checklist Manifesto: How to Get Things Right* (New York: Metropolitan Books, 2010).
12. Office of Information and Regulatory Affairs, "Agency Checklist: Regulatory Impact Analysis," no date, www.whitehouse.gov/sites/whitehouse.gov/files/omb/inforeg/inforeg/regpol/RIA_Checklist.pdf.
13. 這張檢核表部分改寫自以下這篇文章：Daniel Kahneman et al., "Before You Make That Big Decision," *Harvard Business Review*.
14. 參閱 Gawande, *Checklist Manifesto*.

第20章　鑑識科學的資訊排序

1. R. Stacey, "A Report on the Erroneous Fingerprint Individualisation in the Madrid Train Bombing Case," *Journal of Forensic Identification* 54 (2004): 707–718.
2. Michael Specter, "Do Fingerprints Lie?," *The New Yorker,* May 27, 2002. 句中粗體字是作者的註記。
3. I. E. Dror and R. Rosenthal, "Meta-analytically Quantifying the Reliability and Biasability of Forensic Experts," *Journal of Forensic Science* 53 (2008): 900–903.
4. I. E. Dror, D. Charlton, and A. E. Péron, "Contextual Information Renders Experts Vulnerable to Making Erroneous Identifications," *Forensic Science International* 156 (2006): 74–78.
5. I. E. Dror amd D. Charlton, "Why Experts Make Errors," *Journal of Forensic Identification* 56 (2006): 600–616.
6. I. E. Dror and S. A. Cole, "The Vision in 'Blind' Justice: Expert Perception, Judgment, and Visual Cognition in Forensic Pattern Recognition," *Psychonomic Bulletin and Review* 17 (2010): 161–167, 165；另參閱：I. E. Dror, "A Hierarchy of Expert Performance (HEP)," *Journal of Applied Research in Memory and Cognition* (2016): 1–6。
7. I. E. Dror et al., "Cognitive Issues in Fingerprint Analysis: Inter-and Intra-Expert Consistency and the Effect of a 'Target' Comparison," *Forensic Science International* 208 (2011): 10–17.
8. B. T. Ulery, R. A. Hicklin, M. A. Roberts, and J. A. Buscaglia, "Changes in Latent Fingerprint Examiners' Markup Between Analysis and Comparison," *Forensic Science International* 247 (2015): 54–61.
9. I. E. Dror and G. Hampikian, "Subjectivity and Bias in Forensic DNA Mixture Interpretation," *Science and Justice* 51 (2011): 204–208.

10. M. J. Saks, D. M. Risinger, R. Rosenthal, and W. C. Thompson, "Context Effects in Forensic Science: A Review and Application of the Science of Science to Crime Laboratory Practice in the United States," *Science Justice Journal of Forensic Science Society* 43 (2003): 77–90.
11. President's Council of Advisors on Science and Technology (PCAST), *Report to the President: Forensic Science in Criminal Courts: Ensuring Scientific Validity of Feature-Comparison Methods* (Washington, DC: Executive Office of the President, PCAST, 2016).
12. Stacey, "Erroneous Fingerprint."
13. Dror and Cole, "Vision in 'Blind' Justice."
14. I. E. Dror, "Biases in Forensic Experts," *Science* 360 (2018): 243.
15. Dror and Charlton, "Why Experts Make Errors."
16. B. T. Ulery, R. A. Hicklin, J. A. Buscaglia, and M. A. Roberts, "Repeatability and Reproducibility of Decisions by Latent Fingerprint Examiners," *PLoS One* 7 (2012).
17. Innocence Project, "Overturning Wrongful Convictions Involving Misapplied Forensics," *Misapplication of Forensic Science* (2018): 1–7, www.innocenceproject.org/causes/misapplication-forensic-science；另參閱：S. M. Kassin, I. E. Dror, J. Kukucka, and L. Butt, "The Forensic Confirmation Bias: Problems, Perspectives, and Proposed Solutions," *Journal of Applied Research in Memory and Cognition* 2 (2013): 42–52.
18. PCAST, *Report to the President*.
19. B. T. Ulery, R. A. Hicklin, J. Buscaglia, and M. A. Roberts, "Accuracy and Reliability of Forensic Latent Fingerprint Decisions," *Proceedings of the National Academy of Sciences* 108 (2011): 7733–7738.
20. (PCAST), *Report to the President*, p. 95. 此處粗體在原文是以斜體字標示強調語氣。
21. Igor Pacheco, Brian Cerchiai, and Stephanie Stoiloff, "Miami-Dade Research Study for the Reliability of the ACEV Process: Accuracy & Precision in Latent Fingerprint Examinations," final report, Miami-Dade Police Department Forensic Services Bureau, 2014, www.ncjrs.gov/pdffiles1/nij/grants/248534.pdf.
22. B. T. Ulery, R. A. Hicklin, M. A. Roberts, and J. A. Buscaglia, "Factors Associated with Latent Fingerprint Exclusion Determinations," *Forensic Science International* 275 (2017): 65–75.
23. R. N. Haber and I. Haber, "Experimental Results of Fingerprint Comparison Validity and Reliability: A Review and Critical Analysis," *Science & Justice* 54 (2014): 375–389.
24. Dror, "Hierarchy of Expert Performance," 3.
25. M. Leadbetter, letter to the editor, *Fingerprint World* 33 (2007): 231.
26. L. Butt, "The Forensic Confirmation Bias: Problems, Perspectives and Proposed Solutions — Commentary by a Forensic Examiner," *Journal of Applied Research in Memory and Cognition* 2 (2013): 59–60. 句中粗體字是作者的註記。
27. Stacey, "Erroneous Fingerprint," 713. 句中粗體字是作者的註記。
28. J. Kukucka, S. M. Kassin, P. A. Zapf, and I. E. Dror, "Cognitive Bias and Blindness: A Global Survey of Forensic Science Examiners," *Journal of Applied Research in Memory*

and Cognition 6 (2017).

29. I. E. Dror et al., letter to the editor: "Context Management Toolbox: A Linear Sequential Unmasking (LSU) Approach for Minimizing Cognitive Bias in Forensic Decision Making," *Journal of Forensic Science* 60 (2015): 1111–1112.

第21章　預測的挑選與總合

1. Jeffrey A. Frankel, "Over-optimism in Forecasts by Official Budget Agencies and Its Implications," working paper 17239, National Bureau of Economic Research, December 2011, www.nber.org/papers/w17239.
2. H. R. Arkes, "Overconfidence in Judgmental Forecasting," in *Principles of Forecasting: A Handbook for Researchers and Practitioners,* ed. Jon Scott Armstrong, vol. 30, International Series in Operations Research & Management Science (Boston: Springer, 2001).
3. Itzhak Ben-David, John Graham, and Campell Harvey, "Managerial Miscalibration," *The Quarterly Journal of Economics* 128, no. 4 (November 2013): 1547–1584.
4. T. R. Stewart, "Improving Reliability of Judgmental Forecasts," in *Principles of Forecasting: A Handbook for Researchers and Practitioners,* ed. Jon Scott Armstrong, vol. 30, International Series in Operations Research & Management Science (Boston: Springer, 2001) (後文以*Principles of Forecasting*標示), 82.
5. Theodore W. Ruger, Pauline T. Kim, Andrew D. Martin, and Kevin M. Quinn, "The Supreme Court Forecasting Project: Legal and Political Science Approaches to Predicting Supreme Court Decision-Making," *Columbia Law Review* 104 (2004): 1150–1209.
6. Cass Sunstein, "Maximin," *Yale Journal of Regulation* (draft; May 3, 2020), https://papers.ssrn.com/sol3/papers.cfm?abstract_id=3476250.
7. 更多例子請參閱：Armstrong, *Principles of Forecasting*。
8. Jon Scott Armstrong, "Combining Forecasts," in *Principles of Forecasting,* 417–439.
9. T. R. Stewart, "Improving Reliability of Judgmental Forecasts," in *Principles of Forecasting,* 95.
10. Armstrong, "Combining Forecasts."
11. Albert E. Mannes et al., "The Wisdom of Select Crowds," *Journal of Personality and Social Psychology* 107, no. 2 (2014): 276–299.
12. Justin Wolfers and Eric Zitzewitz, "Prediction Markets," *Journal of Economic Perspectives* 18 (2004): 107–126.
13. Cass R. Sunstein and Reid Hastie, *Wiser: Getting Beyond Groupthink to Make Groups Smarter* (Boston: Harvard Business Review Press, 2014).
14. Gene Rowe and George Wright, "The Delphi Technique as a Forecasting Tool: Issues and Analysis," *International Journal of Forecasting* 15 (1999): 353–375；也請參閱 Dan Bang and Chris D. Frith, "Making Better Decisions in Groups," *Royal Society Open Science* 4, no. 8 (2017)。
15. R. Hastie, "Review Essay: Experimental Evidence on Group Accuracy," in B. Grofman and G. Guillermo, eds., *Information Pooling and Group Decision Making* (Greenwich,

CT: JAI Press, 1986), 129–157.

16. Andrew H. Van De Ven and Andre L. Delbecq, "The Effectiveness of Nominal, Delphi, and Interacting Group Decision Making Processes," *Academy of Management Journal* 17, no. 4 (2017).
17. *Superforecasting,* 95.
18. *Superforecasting,* 231.
19. *Superforecasting,* 273.
20. Ville A. Satopää, Marat Salikhov, Philip E. Tetlock, and Barb Mellers, "Bias, Information, Noise: The BIN Model of Forecasting," February 19, 2020, 23, https://dx.doi.org/10.2139/ssrn.3540864.
21. Satopää et al., "Bias, Information, Noise," 23.
22. Satopää et al., 22.
23. Satopää et al., 24.
24. Clintin P. Davis-Stober, David V. Budescu, Stephen B. Broomell, and Jason Dana. "The composition of optimally wise crowds." *Decision Analysis* 12, no. 3 (2015): 130–143.

第22章　醫療診斷指引

1. Laura Horton et al., "Development and Assessment of Inter-and Intra-Rater Reliability of a Novel Ultrasound Tool for Scoring Tendon and Sheath Disease: A Pilot Study," *Ultrasound* 24, no. 3 (2016): 134, www.ncbi.nlm.nih.gov/pmc/articles/PMC5105362.
2. Laura C. Collins et al., "Diagnostic Agreement in the Evaluation of Image-guided Breast Core Needle Biopsies," *American Journal of Surgical Pathology* 28 (2004): 126, https://journals.lww.com/ajsp/Abstract/2004/01000/Diagnostic_Agreement_in_the_Evaluation_of.15.aspx.
3. Julie L. Fierro et al., "Variability in the Diagnosis and Treatment of Group A Streptococcal Pharyngitis by Primary Care Pediatricians," *Infection Control and Hospital Epidemiology* 35, no. S3 (2014): S79, www.jstor.org/stable/10.1086/677820.
4. Diabetes Tests, Centers for Disease Control and Prevention, https://www.cdc.gov/diabetes/basics/getting-tested.html (last accessed January 15, 2020).
5. Joseph D. Kronz et al., "Mandatory Second Opinion Surgical Pathology at a Large Referral Hospital," Cancer 86 (1999): 2426, https://onlinelibrary.wiley.com/doi/full/10.1002/(SICI)1097-0142(19991201) 86:11%3C2426::AID-CNCR34%3E3.0.CO;23.
6. 大部分資料都可以在網路上找到；篇幅成書的概論文獻，請參閱：Dartmouth Medical School, *The Quality of Medical Care in the United States: A Report on the Medicare Program; the Dartmouth Atlas of Health Care 1999* (American Hospital Publishers, 1999).
7. 案例請參閱：OECD, *Geographic Variations in Health Care: What Do We Know and What Can Be Done to Improve Health System Performance?* (Paris: OECD Publishing, 2014), 137–169; Michael P. Hurley et al., "Geographic Variation in Surgical Outcomes and Cost Between the United States and Japan," *American Journal of Managed*

Care 22 (2016): 600, www.ajmc.com/journals/issue/2016/2016-vol22n9/geographic-variationinsurgical-outcomes-and-cost-between-the-united-states-and-japan; and John Appleby, Veena Raleigh, Francesca Frosini, Gwyn Bevan, Haiyan Gao, and Tom Lyscom, *Variations in Health Care: The Good, the Bad and the Inexplicable* (London: The King's Fund, 2011), www.kingsfund.org.uk/sites/default/files/Variationsinhealth-care-good-bad-inexplicable-report-The-Kings-Fund-April-2011.pdf.

8. David C. Chan Jr. et al., "Selection with Variation in Diagnostic Skill: Evidence from Radiologists," National Bureau of Economic Research, NBER Working Paper No. 26467, November 2019, www.nber.org/papers/w26467.
9. P. J. Robinson, "Radiology's Achilles' Heel: Error and Variation in the Interpretation of the Röntgen Image," *British Journal of Radiology* 70 (1997): 1085, www.ncbi.nlm.nih.gov/pubmed/9536897；相關研究請見：Yusuke Tsugawa et al., "Physician Age and Outcomes in Elderly Patients in Hospital in the US: Observational Study," *BMJ* 357 (2017), www.bmj.com/content/357/bmj.j1797，這項研究發現，醫師脫離訓練時期愈久，成效愈差。因此，多年執業帶來的經驗累積，以及對最近實證醫學和指引的熟悉程度之間有取捨關係。這項研究發現，結束住院醫師訓練後頭幾年的醫師表現最好，因爲他們這時還記得實證知識。
10. Robinson, "Radiology's Achilles' Heel."
11. 就像相關係數，卡帕值也可能是負數，雖然在實務上很罕見。以下是各項卡帕統計量的意義表述：輕度吻合（$\kappa = 0.00$至0.20），一般吻合（$\kappa = 0.21$ 至 0.40），中度吻合（$\kappa = 0.41$至0.60），高度吻合（$\kappa = 0.61$至0.80），以及接近完全吻合（$\kappa > 0.80$）。請參考：Ron Wald, Chaim M. Bell, Rosane Nisenbaum, Samuel Perrone, Orfeas Liangos, Andreas Laupacis, and Bertrand L. Jaber, "Interobserver Reliability of Urine Sediment Interpretation," *Clinical Journal of the American Society of Nephrology* 4, no. 3 [March 2009]: 567–571, https://cjasn.asnjournals.org/content/4/3/567。
12. Howard R. Strasberg et al., "Inter-Rater Agreement Among Physicians on the Clinical Significance of Drug-Drug Interactions," *AMIA Annual Symposium Proceedings* (2013): 1325, www.ncbi.nlm.nih.gov/pmc/articles/PMC3900147.
13. Wald et al., "Interobserver Reliability of Urine Sediment Interpretation," https://cjasn.asnjournals.org/content/4/3/567.
14. Juan P. Palazzo et al., "Hyperplastic Ductal and Lobular Lesions and Carcinomas in Situ of the Breast: Reproducibility of Current Diagnostic Criteria Among Community-and Academic-Based Pathologists," *Breast Journal* 4 (2003): 230, www.ncbi.nlm.nih.gov/pubmed/21223441.
15. Rohit K. Jain et al., "Atypical Ductal Hyperplasia: Interobserver and Intraobserver Variability," *Modern Pathology* 24 (2011): 917, www.nature.com/articles/modpathol201166.
16. Alex C. Speciale et al., "Observer Variability in Assessing Lumbar Spinal Stenosis Severity on Magnetic Resonance Imaging and Its Relation to Cross-Sectional Spinal Canal Area," *Spine* 27 (2002): 1082, www.ncbi.nlm.nih.gov/pubmed/12004176.

17. Centers for Disease Control and Prevention, "Heart Disease Facts," accessed June 16, 2020, www.cdc.gov/heartdisease/facts.htm.
18. Timothy A. DeRouen et al., "Variability in the Analysis of Coronary Arteriograms," *Circulation* 55 (1977): 324, www.ncbi.nlm.nih.gov/pubmed/832349.
19. Olaf Buchweltz et al., "Interobserver Variability in the Diagnosis of Minimal and Mild Endometriosis," *European Journal of Obstetrics & Gynecology and Reproductive Biology* 122 (2005): 213, www.ejog.org/article/S0301-2115(05)00059X/pdf.
20. 研究內容請參閱：Jean-Pierre Zellweger et al., "Intra-observer and Overall Agreement in the Radiological Assessment of Tuberculosis," *International Journal of Tuberculosis & Lung Disease* 10 (2006): 1123, www.ncbi.nlm.nih.gov/pubmed/17044205。關於評分者間的一致程度只有「一般」，請參閱：Yanina Balabanova et al., "Variability in Interpretation of Chest Radiographs Among Russian Clinicians and Implications for Screening Programmes: Observational Study," *BMJ* 331 (2005): 379, www.bmj.com/content/331/7513/379.short.
21. Shinsaku Sakurada et al., "Inter-Rater Agreement in the Assessment of Abnormal Chest XRay Findings for Tuberculosis Between Two Asian Countries," *BMC Infectious Diseases* 12, article 31 (2012), https://bmcinfectdis.biomedcentral.com/articles/10.1186/1471-23341231.
22. Evan R. Farmer et al., "Discordance in the Histopathologic Diagnosis of Melanoma and Melanocytic Nevi Between Expert Pathologists," *Human Pathology* 27 (1996): 528, www.ncbi.nlm.nih.gov/pubmed/8666360.
23. Alfred W. Kopf, M. Mintzis, and R. S. Bart, "Diagnostic Accuracy in Malignant Melanoma," *Archives of Dermatology* 111 (1975): 1291, www.ncbi.nlm.nih.gov/pubmed/1190800.
24. Maria Miller and A. Bernard Ackerman, "How Accurate Are Dermatologists in the Diagnosis of Melanoma? Degree of Accuracy and Implications," *Archives of Dermatology* 128 (1992): 559, https://jamanetwork.com/journals/jamadermatology/fullarticle/554024.
25. Craig A. Beam et al., "Variability in the Interpretation of Screening Mammograms by US Radiologists," *Archives of Internal Medicine* 156 (1996): 209, www.ncbi.nlm.nih.gov/pubmed/8546556.
26. P. J. Robinson et al., "Variation Between Experienced Observers in the Interpretation of Accident and Emergency Radiographs," *British Journal of Radiology* 72 (1999): 323, www.birpublications.org/doi/pdf/10.1259/bjr.72.856.10474490.
27. Katherine M. Detre et al., "Observer Agreement in Evaluating Coronary Angiograms," *Circulation* 52 (1975): 979, www.ncbi.nlm.nih.gov/pubmed/1102142.
28. Horton et al., "Inter-and Intra-Rater Reliability"; and Megan Banky et al., "Inter-and Intra-Rater Variability of Testing Velocity When Assessing Lower Limb Spasticity," *Journal of Rehabilitation Medicine* 51 (2019), www.medicaljournals.se/jrm/content/abstract/10.2340/16501977-2496.
29. Esther Y. Hsiang et al., "Association of Primary Care Clinic Appointment Time with

Clinician Ordering and Patient Completion of Breast and Colorectal Cancer Screening," *JAMA Network Open* 51 (2019), https://jamanetwork.com/journals/jamanetworkopen/fullarticle/2733171.

30. Hengchen Dai et al., "The Impact of Time at Work and Time Off from Work on Rule Compliance: The Case of Hand Hygiene in Health Care," *Journal of Applied Psychology* 100 (2015): 846, www.ncbi.nlm .nih.gov/pubmed/25365728.
31. Ali S. Raja, "The HEART Score Has Substantial Interrater Reliability," *NEJM J Watch,* December 5, 2018, www.jwatch.org/na47998/2018/12/05/heart-score-has-substantial-interrater-reliability (reviewing Colin A. Gershon et al., "Inter-rater Reliability of the HEART Score," *Academic Emergency Medicine* 26 [2019]: 552).
32. Jean-Pierre Zellweger et al., "Intra-observer and Overall Agreement in the Radiological Assessment of Tuberculosis," *International Journal of Tuberculosis & Lung Disease* 10 (2006): 1123, www.ncbi.nlm.nih.gov/pubmed/17044205; Ibrahim Abubakar et al., "Diagnostic Accuracy of Digital Chest Radiography for Pulmonary Tuberculosis in a UK Urban Population," *European Respiratory Journal* 35 (2010): 689, https://erj.ersjournals.com/content/35/3/689.short.
33. Michael L. Barnett et al., "Comparative Accuracy of Diagnosis by Collective Intelligence of Multiple Physicians vs Individual Physicians," *JAMA Network Open* 2 (2019): e19009, https://jamanetwork.com/journals/jamanetworkopen/fullarticle/2726709; Kimberly H. Allison et al., "Understanding Diagnostic Variability in Breast Pathology: Lessons Learned from an Expert Consensus Review Panel," *Histopathology* 65 (2014): 240, https://onlinelibrary.wiley.com/doi/abs/10.1111/his.12387.
34. Babak Ehteshami Bejnordi et al., "Diagnostic Assessment of Deep Learning Algorithms for Detection of Lymph Node Metastases in Women with Breast Cancer," *JAMA* 318 (2017): 2199, https://jamanetwork.com/journals/jama/fullarticle/2665774.
35. Varun Gulshan et al., "Development and Validation of a Deep Learning Algorithm for Detection of Diabetic Retinopathy in Retinal Fundus Photographs," *JAMA* 316 (2016): 2402, https://jamanetwork.com/journals/jama/fullarticle/2588763.
36. Mary Beth Massat, "A Promising Future for AI in Breast Cancer Screening," *Applied Radiology* 47 (2018): 22, www.appliedradiology.com/articles/apromising-future-foraiinbreast-cancer-screening; Alejandro Rodriguez-Ruiz et al., "Stand-Alone Artificial Intelligence for Breast Cancer Detection in Mammography: Comparison with 101 Radiologists," *Journal of the National Cancer Institute* 111 (2019): 916, https://academic.oup.com/jnci/advance-article-abstract/doi/10.1093/jnci/djy222/5307077.
37. Apgar Score, Medline Plus, https://medlineplus.gov/ency/article/003402.htm (last accessed February 4, 2020).
38. L. R. Foster et al., "The Interrater Reliability of Apgar Scores at 1 and 5 Minutes," *Journal of Investigative Medicine* 54, no. 1 (2006): 293, https://jim.bmj.com/content/54/1/S308.4.
39. Warren J. McIsaac et al., "Empirical Validation of Guidelines for the Management of

Pharyngitis in Children and Adults," *JAMA* 291 (2004): 1587, www.ncbi.nlm.nih.gov/pubmed/15069046.

40. Emilie A. Ooms et al., "Mammography: Interobserver Variability in Breast Density Assessment," *Breast* 16 (2007): 568, www.sciencedirect.com/science/article/abs/pii/S0960977607000793.
41. Frances P. O'Malley et al., "Interobserver Reproducibility in the Diagnosis of Flat Epithelial Atypia of the Breast," *Modern Pathology* 19 (2006): 172, www.nature.com/articles/3800514.
42. 請參閱：Ahmed Aboraya et al., "The Reliability of Psychiatric Diagnosis Revisited," *Psychiatry (Edgmont)* 3 (2006): 41, www.ncbi.nlm.nih.gov/pmc/articles/PMC2990547。概覽請參閱：N. Kreitman, "The Reliability of Psychiatric Diagnosis," *Journal of Mental Science* 107 (1961): 876–886, www.cambridge.org/core/journals/journalofmental-science/article/reliabilityofpsychiatric-diagnosis/92832FFA170F4FF41189428C6A3E6394。
43. Aboraya et al., "Reliability of Psychiatric Diagnosis Revisited," 43.
44. C. H. Ward et al., "The Psychiatric Nomenclature: Reasons for Diagnostic Disagreement," *Archives of General Psychiatry* 7 (1962): 198.
45. Aboraya et al., "Reliability of Psychiatric Diagnosis Revisited."
46. Samuel M. Lieblich, David J. Castle, Christos Pantelis, Malcolm Hopwood, Allan Hunter Young, and Ian P. Everall, "High Heterogeneity and Low Reliability in the Diagnosis of Major Depression Will Impair the Development of New Drugs," *British Journal of Psychiatry Open* 1 (2015): e5–e7, www.ncbi.nlm.nih.gov/pmc/articles/PMC5000492/pdf/bjporcpsych1_2_e5.pdf.
47. Lieblich et al., "High Heterogeneity."
48. 參閱：Elie Cheniaux et al., "The Diagnoses of Schizophrenia, Schizoaffective Disorder, Bipolar Disorder and Unipolar Depression: Interrater Reliability and Congruence Between DSMIV and ICD10," *Psychopathology* 42 (2009): 296–298, especially 293；並請參閱：Michael Chmielewski et al., "Method Matters: Understanding Diagnostic Reliability in DSMIV and DSM5," *Journal of Abnormal Psychology* 124 (2015): 764, 768–769。
49. Aboraya et al., "Reliability of Psychiatric Diagnosis Revisited," 47.
50. Aboraya et al., 47.
51. 請參閱：Chmielewski et al., "Method Matters"。
52. 舉例來說，請參閱：Helena Chmura Kraemer et al., "DSM5: How Reliable Is Reliable Enough?," *American Journal of Psychiatry* 169 (2012): 13–15。
53. Lieblich et al., "High Heterogeneity."
54. Lieblich et al., "High Heterogeneity," e5.
55. Lieblich et al., e5.
56. Lieblich et al., e6.
57. Aboraya et al., "Reliability of Psychiatric Diagnosis Revisited," 47.
58. Aboraya et al.
59. Aboraya et al.

60. 有些寶貴的警示說明可以在以下文獻找到：Christopher Worsham and Anupam B. Jena, "The Art of Evidence-Based Medicine," *Harvard Business Review,* January 30, 2019, https://hbr.org/2019/01/the-artofevidence-based-medicine。

第23章　績效評鑑量表的制定

1. Jena McGregor, "Study Finds That Basically Every Single Person Hates Performance Reviews," *Washington Post,* January 27, 2014.
2. 可能可以在許多組織實行的數位轉型中創造新機會。理論上，公司現在可以針對每個工作者的績效，蒐集大量精細而即時的相關資訊。這項數據能讓某些職務完全根據演算法進行績效評估。不過，無法從績效評鑑中完全排除判斷的職位，才是我們討論的重點。參閱：E. D. Pulakos, R. Mueller-Hanson, and S. Arad, "The Evolution of Performance Management: Searching for Value," *Annual Review of Organizational Psychology and Organizational Behavior* 6 (2018): 249–271。
3. S. E. Scullen, M. K. Mount, and M. Goff, "Understanding the Latent Structure of Job Performance Ratings," *Journal of Applied Psychology* 85 (2000): 956–970.
4. 有一小部分（在有些研究裡占總變異的10%）是來自研究人員所說的**評估者觀點**（rater perspcctive），也就是**層級效應**（level effect），指的是組織的層級，而不是本書談到水準雜訊時對「水準」的定義。評估者觀點反映出同一個受評者得到的評估，主管的意見普遍與同儕的意見不同，同儕的意見普遍與部屬的意見不同。從善意來解讀360度績效評核，有人可能會主張這並不是雜訊。如果位於組織不同層級的人在看同一個人的績效表現時，普遍會看到不同的面向，他們對那個人的判斷就應該普遍出現差異，而他們的評鑑也會反映這點。
5. Scullen, Mount, and Goff, "Latent Structure"; C. Viswesvaran, D. S. Ones, and F. L. Schmidt, "Comparative Analysis of the Reliability of Job Performance Ratings," *Journal of Applied Psychology* 81 (1996): 557–574. G. J. Greguras and C. Robie, "A New Look at Within-Source Interrater Reliability of 360-Degree Feedback Ratings," *Journal of Applied Psychology* 83 (1998): 960–968; G. J. Greguras, C. Robie, D. J. Schleicher, and M. A. Goff, "A Field Study of the Effects of Rating Purpose on the Quality of Multisource Ratings," *Personnel Psychology* 56 (2003): 1–21; C. Viswesvaran, F. L. Schmidt, and D. S. Ones, "Is There a General Factor in Ratings of Job Performance? A Meta-Analytic Framework for Disentangling Substantive and Error Influences," *Journal of Applied Psychology* 90 (2005): 108–131; and B. Hoffman, C. E. Lance, B. Bynum, and W. A. Gentry, "Rater Source Effects Are Alive and Well After All," *Personnel Psychology* 63 (2010): 119–151.
6. K. R. Murphy, "Explaining the Weak Relationship Between Job Performance and Ratings of Job Performance," *Industrial and Organizational Psychology* 1 (2008): 148–160, especially 151.
7. 關於評鑑某些員工或某些類別員工時來自系統偏誤的案例雜訊（case noise），我們討論雜訊的來源時，不考慮這個可能性。我們所能找到關於績效評鑑變異的研究裡，沒有一項是與外部評鑑的「眞正」績效做比較。
8. E. D. Pulakos and R. S. O'Leary, "Why Is Performance Management Broken?,"

Industrial and Organizational Psychology 4 (2011): 146–164; M. M. Harris, "Rater Motivation in the Performance Appraisal Context: A Theoretical Framework," *Journal of Management* 20 (1994): 737–756；另請參閱：K. R. Murphy and J. N. Cleveland, *Understanding Performance Appraisal: Social, Organizational, and Goal-Based Perspectives* (Thousand Oaks, CA: Sage, 1995)。

9. Greguras et al., "Field Study."
10. P. W. Atkins and R. E. Wood, "Self-Versus Others' Ratings as Predictors of Assessment Center Ratings: Validation Evidence for 360-Degree Feedback Programs," *Personnel Psychology* (2002).
11. Atkins and Wood, "Self-Versus Others' Ratings."
12. 源於歐爾森（Olson）與戴維斯（Davis）的研究，此處資料引用自：Peter G. Dominick, "Forced Ranking: Pros, Cons and Practices," in *Performance Management: Putting Research into Action,* ed. James W. Smither and Manuel London (San Francisco: Jossey-Bass, 2009), 411–443.
13. Dominick, "Forced Ranking."
14. Barry R. Nathan and Ralph A. Alexander, "A Comparison of Criteria for Test Validation: A Meta-Analytic Investigation," *Personnel Psychology* 41, no. 3 (1988): 517–535.
15. 案例改寫自：Richard D. Goffin and James M. Olson, "Is It All Relative? Comparative Judgments and the Possible Improvement of Self-Ratings and Ratings of Others," *Perspectives on Psychological Science* 6, no. 1 (2011): 48–60.
16. M. Buckingham and A. Goodall, "Reinventing Performance Management," *Harvard Business Review,* April 1, 2015, 1–16, doi:ISSN: 0017-8012.
17. 源於企業領導力委員會（Corporate Leadership Council）的研究，資料引用自：S. Adler et al., "Getting Rid of Performance Ratings: Genius or Folly? A Debate," *Industrial and Organizational Psychology* 9 (2016): 219–252。
18. Pulakos, Mueller-Hanson, and Arad, "Evolution of Performance Management," 250.
19. A. Tavis and P. Cappelli, "The Performance Management Revolution," *Harvard Business Review,* October 2016, 1–17.
20. Frank J. Landy and James L. Farr, "Performance Rating," *Psychological Bulletin* 87, no. 1 (1980): 72–107.
21. D. J. Woehr and A. I. Huffcutt, "Rater Training for Performance Appraisal: A Quantitative Review," *Journal of Occupational and Organizational Psychology* 67 (1994): 189–205; S. G. Roch, D. J. Woehr, V. Mishra, and U. Kieszczynska, "Rater Training Revisited: An Updated Meta-Analytic Review of FrameofReference Training," *Journal of Occupational and Organizational Psychology* 85 (2012): 370–395; and M. H. Tsai, S. Wee, and B. Koh, "Restructured Frame-of-Reference Training Improves Rating Accuracy," *Journal of Organizational Behavior* (2019): 1–18, doi:10.1002/job.2368.
22. 圖18中左半部說明改寫自：Richard Goffin and James M. Olson, "Is It All Relative? Comparative Judgments and the Possible Improvement of Self-Ratings and Ratings of Others," *Perspectives on Psychological Science* 6, no. 1 (2011): 48–60.
23. Roch et al., "Rater Training Revisited."

24. Ernest O'Boyle and Herman Aguinis, "The Best and the Rest: Revisiting the Norm of Normality of Individual Performance," *Personnel Psychology* 65, no. 1 (2012): 79–119; and Herman Aguinis and Ernest O'Boyle, "Star Performers in Twenty-First Century Organizations," *Personnel Psychology* 67, no. 2 (2014): 313–350.

第24章　人員召募結構化

1. A. I. Huffcutt and S. S. Culbertson, "Interviews," in S. Zedeck, ed., *APA Handbook of Industrial and Organizational Psychology* (Washington, DC: American Psychological Association, 2010), 185–203.
2. N. R. Kuncel, D. M. Klieger, and D. S. Ones, "In Hiring, Algorithms Beat Instinct," *Harvard Business Review* 92, no. 5 (2014): 32.
3. R. E. Ployhart, N. Schmitt, and N. T. Tippins, "Solving the Supreme Problem: 100 Years of Selection and Recruitment at the *Journal of Applied Psychology,*" *Journal of Applied Psychology* 102 (2017): 291–304.
4. 其他研究請參考：M. McDaniel, D. Whetzel, F. L. Schmidt, and S. Maurer, "Meta Analysis of the Validity of Employment Interviews," *Journal of Applied Psychology* 79 (1994): 599–616；A. Huffcutt and W. Arthur, "Hunter and Hunter (1984) Revisited: Interview Validity for Entry-Level Jobs," *Journal of Applied Psychology* 79 (1994): 2; F. L. Schmidt and J. E. Hunter, "The Validity and Utility of Selection Methods in Personnel Psychology: Practical and Theoretical Implications of 85 Years of Research Findings," *Psychology Bulletin* 124 (1998): 262–274；以及F. L. Schmidt and R. D. Zimmerman, "A Counterintuitive Hypothesis About Employment Interview Validity and Some Supporting Evidence," *Journal of Applied Psychology* 89 (2004): 553–561。請注意，研究裡的某些次集合所展現的效度較高，尤其是如果研究採用的績效評等是專門爲了效度而建構，而不是採用現有的行政評等。
5. S. Highhouse, "Stubborn Reliance on Intuition and Subjectivity in Employee Selection," *Industrial and Organizational Psychology* 1 (2008): 333–342; D. A. Moore, "How to Improve the Accuracy and Reduce the Cost of Personnel Selection," *California Management Review* 60 (2017): 8–17.
6. L. A. Rivera, "Hiring as Cultural Matching: The Case of Elite Professional Service Firms," *American Sociology Review* 77 (2012): 999–1022.
7. Schmidt and Zimmerman, "Counterintuitive Hypothesis"; Timothy A. Judge, Chad A. Higgins, and Daniel M. Cable, "The Employment Interview: A Review of Recent Research and Recommendations for Future Research," *Human Resource Management Review* 10 (2000): 383–406；另請參閱：A. I. Huffcutt, S. S. Culbertson, and W. S. Weyhrauch, "Employment Interview Reliability: New Meta-Analytic Estimates by Structure and Format," *International Journal of Selection and Assessment* 21 (2013): 264–276.
8. M. R. Barrick et al., "Candidate Characteristics Driving Initial Impressions During Rapport Building: Implications for Employment Interview Validity," *Journal of Occupational and Organizational Psychology* 85 (2012): 330–352; M. R. Barrick, B.

W. Swider, and G. L. Stewart, "Initial Evaluations in the Interview: Relationships with Subsequent Interviewer Evaluations and Employment Offers," *Journal of Applied Psychology* 95 (2010): 1163.

9. G. L. Stewart, S. L. Dustin, M. R. Barrick, and T. C. Darnold, "Exploring the Handshake in Employment Interviews," *Journal of Applied Psychology* 93 (2008): 1139–1146.
10. T. W. Dougherty, D. B. Turban, and J. C. Callender, "Confirming First Impressions in the Employment Interview: A Field Study of Interviewer Behavior," *Journal of Applied Psychology* 79 (1994): 659–665.
11. J. Dana, R. Dawes, and N. Peterson, "Belief in the Unstructured Interview: The Persistence of an Illusion," *Judgment and Decision Making* 8 (2013): 512–520.
12. Nathan R. Kuncel et al., "Mechanical versus Clinical Data Combination in Selection and Admissions Decisions: A Meta-Analysis," *Journal of Applied Psychology* 98, no. 6 (2013): 1060–1072.
13. 參考拉茲洛・博克與亞當・布萊恩特（Adam Bryant）的訪談，出處：*The New York Times*, June 19, 2013。另請參閱：Laszlo Bock, *Work Rules!: Insights from Inside Google That Will Transform How You Live and Lead* (New York: Hachette, 2015).
14. C. Fernandez-Araoz, "Hiring Without Firing," *Harvard Business Review,* July 1, 1999.
15. 關於結構化面試，如需更容易入門的指南，可參閱：Michael A. Campion, David K. Palmer, and James E. Campion, "Structuring Employment Interviews to Improve Reliability, Validity and Users' Reactions," *Current Directions in Psychological Science* 7, no. 3 (1998): 77–82。
16. J. Levashina, C. J. Hartwell, F. P. Morgeson, and M. A. Campion, "The Structured Employment Interview: Narrative and Quantitative Review of the Research Literature," *Personnel Psychology* 67 (2014): 241–293.
17. McDaniel et al., "Meta Analysis"; Huffcutt and Arthur, "Hunter and Hunter (1984) Revisited"; Schmidt and Hunter, "Validity and Utility"; and Schmidt and Zimmerman, "Counterintuitive Hypothesis."
18. Schmidt and Hunter, "Validity and Utility."
19. Kahneman, *Thinking, Fast and Slow,* 229.
20. Kuncel, Klieger, and Ones, "Algorithms Beat Instinct"；另請參閱：Campion, Palmer, and Campion, "Structuring Employment Interviews"。
21. Dana, Dawes, and Peterson, "Belief in the Unstructured Interview."

第25章　中介評估法

1. Daniel Kahneman, Dan Lovallo, and Olivier Sibony, "A Structured Approach to Strategic Decisions: Reducing Errors in Judgment Requires a Disciplined Process," *MIT Sloan Management Review* 60 (2019): 67–73.
2. Andrew H. Van De Ven and Andre Delbecq, "The Effectiveness of Nominal, Delphi, and Interacting Group Decision Making Processes," *Academy of Management Journal* 17, no. 4 (1974): 605–621；另請參閱本書第21章。

第六部　雜訊的最適水準

1. Kate Stith and Jose A. Cabranes, *Fear of Judging: Sentencing Guidelines in the Federal Courts* (Chicago: University of Chicago Press, 1998), 177.

第26章　減少雜訊的成本

1. Albert O. Hirschman, *The Rhetoric of Reaction: Perversity, Futility, Jeopardy* (Cambridge, MA: Belknap Press, 1991).
2. Stith and Cabranes, *Fear of Judging.*
3. 例如，可參閱：Three Strikes Basics, Stanford Law School, https://law.stanford.edu/stanford-justice-advocacy-project/three-strikes-basics/.
4. 428 U.S. 280 (1976).
5. Cathy O'Neil, *Weapons of Math Destruction: How Big Data Increases Inequality and Threatens Democracy* (New York: Crown, 2016).
6. Will Knight, "Biased Algorithms Are Everywhere, and No One Seems to Care," *MIT Technology Review,* July 12, 2017.
7. Jeff Larson, Surya Mattu, Lauren Kirchner, and Julia Angwin, "How We Analyzed the COMPAS Recidivism Algorithm," *ProPublica,* May 23, 2016, www.propublica.org/article/howweanalyzed-the-compas-recidivism-algorithm.這個例子裡的偏誤主張有爭議，而偏誤的定義不同，可能導出相反的結論。欲知這個案例的觀點，以及在演算法偏誤的定義與衡量更廣泛的討論，請參考本章注釋10。
8. Aaron Shapiro, "Reform Predictive Policing," *Nature* 541, no. 7638 (2017): 458–460.
9. 雖然這種顧慮是在以人工智慧爲基礎的模型下再度浮現，卻不是人工智慧獨有。早在1972年，保羅．斯洛維奇（Paul Slovic）就注意到建立模型的直覺會保留並強化（或許甚至還會放大）現有的認知偏誤。參閱：Paul Slovic, "Psychological Study of Human Judgment: Implications for Investment Decision Making," *Journal of Finance* 27 (1972): 779.
10. 想要了解COMPAS累犯預測演算法爭議在這方面的辯論，請參閱：Larson et al., "COMPAS Recidivism Algorithm"; William Dieterich et al., "COMPAS Risk Scales: Demonstrating Accuracy Equity and Predictive Parity," Northpointe, Inc., July 8, 2016, http://go.volarisgroup.com/rs/430-MBX-989/images/ProPublica_Commentary_Final_070616.pdf; Julia Dressel and Hany Farid, "The Accuracy, Fairness, and Limits of Predicting Recidivism," *Science Advances* 4, no. 1 (2018): 1–6; Sam Corbett-Davies et al., "A Computer Program Used for Bail and Sentencing Decisions Was Labeled Biased Against Blacks. It's Actually Not That Clear," *Washington Post,* October 17, 2016, www.washingtonpost.com/news/monkey-cage/wp/2016/10/17/can-an-algorithm-be-racist-our-analysis-is-more-cautious-than-propublicas; Alexandra Chouldechova, "Fair Prediction with Disparate Impact: A Study of Bias in Recidivism Prediction Instruments," *Big Data* 153 (2017): 5; 以及Jon Kleinberg, Sendhil Mullainathan, and Manish Raghavan, "Inherent Trade-Offs in the Fair Determination of Risk Scores," Leibniz International Proceedings in Informatics, January 2017.

第27章　尊嚴

1. Tom R. Tyler, *Why People Obey the Law*, 2nd ed. (New Haven, CT: Yale University Press, 2020).
2. *Cleveland Bd. of Educ. v. LaFleur*, 414 U.S. 632 (1974).
3. Laurence H. Tribe, "Structural Due Process," *Harvard Civil Rights–Civil Liberties Law Review* 10, no. 2 (spring 1975): 269.
4. Stith and Cabranes, *Fear of Judging,* 177.
5. 例如，可參閱：Philip K. Howard, *The Death of Common Sense: How Law Is Suffocating America* (New York: Random House, 1995)，以及 Philip K. Howard, *Try Common Sense: Replacing the Failed Ideologies of Right and Left* (New York: W. W. Norton & Company, 2019).

第28章　規定或準則

1. Community Standards, www.facebook.com/communitystandards/hate_speech.
2. Andrew Marantz, "Why Facebook Can't Fix Itself," *The New Yorker*, October 12, 2020.
3. Jerry L. Mashaw, *Bureaucratic Justice* (New Haven, CT: Yale University Press, 1983).
4. David M. Trubek, "Max Weber on Law and the Rise of Capitalism," *Wisconsin Law Review* 720 (1972): 733, n. 22 (引自 Max Weber, *The Religion of China* [1951], 149).

財經企管 BCB733B

雜訊

人類判斷的缺陷

Noise: A Flaw in Human Judgment

作者 — 丹尼爾・康納曼　Daniel Kahneman、奧利維・席波尼　Olivier Sibony、
凱斯・桑思汀　Cass R. Sunstein
譯者 — 廖月娟、周宜芳

總編輯 — 吳佩穎
書系主編 — 蘇鵬元
責任編輯 — 蘇鵬元、賴虹伶、王映茹
封面設計 — 張議文

出版者 — 遠見天下文化出版股份有限公司
創辦人 — 高希均、王力行
遠見・天下文化 事業群榮譽董事長 — 高希均
遠見・天下文化 事業群董事長 — 王力行
天下文化社長 — 王力行
天下文化總經理 — 鄧瑋羚
國際事務開發部兼版權中心總監 — 潘欣
法律顧問 — 理律法律事務所陳長文律師
著作權顧問 — 魏啟翔律師
地址 — 台北市 104 松江路 93 巷 1 號 2 樓
讀者服務專線 —（02）2662-0012 ｜傳真 —（02）2662-0007；2662-0009
電子郵件信箱 — cwpc@cwgv.com.tw
郵政劃撥 — 1326703-6 號　遠見天下文化出版股份有限公司
出版登記 — 局版台業字第 2517 號

電腦排版 — 立全電腦印前排版有限公司
製版廠 — 東豪印刷事業有限公司
印刷廠 — 祥峰印刷事業有限公司
裝訂廠 — 精益裝訂股份有限公司
總經銷 — 大和書報圖書股份有限公司 電話｜（02）8990-2588
出版日期 — 2021 年 5 月 31 日第一版第 1 次印行
2024 年 7 月 11 日第二版第 2 次印行

國家圖書館出版品預行編目(CIP)資料

雜訊：人類判斷的缺陷／丹尼爾・康納曼（Daniel Kahneman）、奧利維・席波尼（Olivier Sibony）、凱斯・桑思汀（Cass R. Sunstein）著；廖月娟、周宜芳譯. -- 第一版. -- 臺北市：遠見天下文化出版股份有限公司；2021.05
544面14.8 X 21公分. --（財經企管；BCB733）
譯自；Noise : A Flaw in Human Judgment

ISBN 978-986-525-179-6(精裝)

1.決策管理 2.經濟學

494.1　　110007407

定價 — 700 元
條碼 — 4713510944523
書號 — BCB733B
天下文化官網 — bookzone.cwgv.com.tw

天下文化
BELIEVE IN READING